电子与嵌入式系统
设计丛书

嵌入式实时操作系统
RT-Thread设计与实现

邱祎 熊谱翔 朱天龙 著

机械工业出版社
China Machine Press

图书在版编目（CIP）数据

嵌入式实时操作系统：RT-Thread 设计与实现 / 邱祎，熊谱翔，朱天龙著 . —北京：机械工业出版社，2019.3（2024.5 重印）
（电子与嵌入式系统设计丛书）

ISBN 978-7-111-61934-5

I. 嵌⋯　II. ①邱⋯　②熊⋯　③朱⋯　III. 微控制器 – 系统开发　IV. TP332.3

中国版本图书馆 CIP 数据核字（2019）第 025553 号

嵌入式实时操作系统：RT-Thread 设计与实现

出版发行：机械工业出版社（北京市西城区百万庄大街 22 号　邮政编码：100037）

责任编辑：郎亚妹　　　　　　　　　　　　责任校对：李秋荣

印　　刷：北京建宏印刷有限公司　　　　　版　次：2024 年 5 月第 1 版第 11 次印刷

开　　本：186mm×240mm　1/16　　　　　印　张：21.75

书　　号：ISBN 978-7-111-61934-5　　　　定　价：89.00 元

客服电话：（010）88361066　68326294

前　　言

为什么要写这本书

自 2006 年发布 V0.01 版起，到今年正式发布 V4.0 版，RT-Thread 历经 12 年的累积发展，凭借良好的口碑和开源免费的策略，已经拥有了一个国内最大的嵌入式开源社区，积聚了数十万的软件爱好者。RT-Thread 广泛应用于能源、车载、医疗、消费电子等众多行业，已成为国人自主开发、最成熟稳定和装机量最大的开源嵌入式操作系统。

深处于行业之中，我们深刻地感受到近年来国内芯片产业和物联网产业快速崛起的趋势，行业发展迫切需要更多人才，尤其是掌握嵌入式操作系统等底层技术的人才，我们希望通过本书让 RT-Thread 触达更多人群，让更多的人了解集聚国人智慧的 RT-Thread 操作系统，从而让 RT-Thread 赋能更多行业，真正做到"积识成睿，慧泽百川"。

另外，高校学生是 RT-Thread 非常重视的群体，从 2018 年起，RT-Thread 启动了一系列大学生计划，包括送书计划、培训计划、合作开课、赞助竞赛等，以帮助学生了解和学习RT-Thread，本书编写尽可能做到简单、易懂，让大学生能够轻松上手 RT-Thread。希望本书能够加快 RT-Thread 在高校的普及。

总之，本书的初衷在于降低 RT-Thread 的学习门槛，让更多人能轻松学习、掌握 RT-Thread，从而参与开发 RT-Thread，共同打造开源、开放、小而美的物联网操作系统。

读者对象

❏ 所有使用 C/C++ 进行编程的开发人员；

❏ 嵌入式软硬件工程师、电子工程师、物联网开发工程师；

❏ 高校计算机 / 电子 / 自动化 / 通信类专业学生、老师；

❏ 其他对嵌入式操作系统感兴趣的人员。

如何阅读本书

为了能够阅读本书，建议先学习 C 语言和 STM32 编程知识，如果有数据结构和面向对象编程基础则更佳。学习本书时，大多数章节都有配套示例代码，这些代码都可以实际运行，建议边阅读边实战，读完一章的同时完成该章示例实验。

本书分为两大部分，共 16 章：第 1 ~ 10 章为内核篇；第 11 ~ 16 章为组件篇。

第 1 ~ 9 章介绍 RT-Thread 内核，首先对 RT-Thread 进行总体介绍，在随后各章中分别介绍 RT-Thread 的线程管理、时钟管理、线程间同步、线程间通信、内存管理、中断管理，每章都有配套的示例代码，这部分示例可运行在 Keil MDK 模拟器环境下，不需要任何硬件。

第 10 章介绍 RT-Thread 内核移植，读完本章，可以将 RT-Thread 移植到实际的硬件板上运行。

第 11 ~ 16 章介绍 RT-Thread 组件部分，分别介绍 Env 开发环境、FinSH 控制台、设备管理、文件系统和网络框架，这部分配套示例可以运行在硬件板上，分别完成外设访问、文件系统读写、网络通信功能。

本书配套资料包括实验源码及相关工具软件、硬件资料，可以通过关注微信公众号"RTThread 物联网操作系统"获得。

配套硬件

本书配套硬件为 RT-Thread 与正点原子联合开发的 IoT Board 开发板，基于 STM32L475 主芯片，本书组件篇配套的示例代码都基于 IoT Board。

IoT Board 开发板

本书第 16 章需要用到如下图所示的 ENC28J60 模块实现网络示例功能。

ENC28J60 网络模块

如果已经购买其他开发板，如下图所示的野火和正点原子开发板，也可以配合本书进行学习，前提是根据第 10 章的介绍完成开发板上的 RT-Thread 内核移植，然后实现相关的外设驱动。

野火和正点原子开发板

勘误和支持

由于笔者水平有限，编写时间仓促，书中难免会存在一些错误或者不准确的地方，恳请读者到论坛发帖指正，RT-Thread 官方论坛地址为 https://www.rt-thread.org/qa/。在学习过程中遇到任何问题，也可以发帖交流，期待能够得到你们的真诚反馈，在技术之路上互勉共进。

致谢

本书由诸多 RT-Thread 开发者小伙伴集体完成，除封面作者外，杨洁、罗娇、虞昊迪、张源、邹诚、姚金润也参与了本书编写工作，郭占鑫、韩方黎、杨广亮、赵盼盼等参与了本书校对工作，王卓然对书稿开发提出了宝贵建议，感谢大家为本书出版做出的贡献。

感谢机械工业出版社的编辑帮助和引导我们顺利完成全部书稿。

邱 祎

2018 年 11 月

目　录

前言

第一篇　内核篇

第1章　嵌入式实时操作系统 ······· 2
1.1　嵌入式系统 ······················ 3
1.2　实时系统 ························· 4
1.3　嵌入式实时操作系统 ············ 6
　　1.3.1　主流嵌入式实时操作系统 ····· 7
　　1.3.2　发展趋势 ················ 8
1.4　本章小结 ····················· 8

第2章　了解与快速上手 RT-Thread ······················ 9
2.1　RT-Thread 概述 ··············· 9
2.2　RT-Thread 的架构 ············ 10
2.3　RT-Thread 的获取 ············ 11
2.4　RT-Thread 快速上手 ·········· 12
　　2.4.1　准备环境 ··············· 13
　　2.4.2　初识 RT-Thread ········· 16
　　2.4.3　跑马灯的例子 ·········· 20
2.5　本章小结 ····················· 21

第3章　内核基础 ················ 22
3.1　RT-Thread 内核介绍 ·········· 22

3.2　RT-Thread 启动流程 ·········· 24
3.3　RT-Thread 程序内存分布 ········· 26
3.4　RT-Thread 自动初始化机制 ······· 28
3.5　RT-Thread 内核对象模型 ········· 29
　　3.5.1　静态对象和动态对象 ······· 29
　　3.5.2　内核对象管理架构 ········· 31
　　3.5.3　对象控制块 ············· 33
　　3.5.4　内核对象管理方式 ········· 34
3.6　RT-Thread 内核配置示例 ········· 36
3.7　常见宏定义说明 ············· 38
3.8　本章小结 ····················· 39

第4章　线程管理 ················ 40
4.1　线程管理的功能特点 ·········· 40
4.2　线程的工作机制 ············· 41
　　4.2.1　线程控制块 ············· 41
　　4.2.2　线程的重要属性 ·········· 42
　　4.2.3　线程状态切换 ·········· 45
　　4.2.4　系统线程 ··············· 46
4.3　线程的管理方式 ············· 46
　　4.3.1　创建和删除线程 ·········· 47
　　4.3.2　初始化和脱离线程 ········· 48
　　4.3.3　启动线程 ··············· 49
　　4.3.4　获得当前线程 ·········· 50
　　4.3.5　使线程让出处理器资源 ······· 50

4.3.6 使线程睡眠 ·················· 50

4.3.7 挂起和恢复线程 ·············· 51

4.3.8 控制线程 ···················· 52

4.3.9 设置和删除空闲钩子 ········ 52

4.3.10 设置调度器钩子 ············ 53

4.4 线程应用示例 ···················· 53

4.4.1 创建线程示例 ·············· 54

4.4.2 线程时间片轮转调度示例 ··· 56

4.4.3 线程调度器钩子示例 ········ 57

4.5 本章小结 ························ 59

第 5 章 时钟管理 ················ 60

5.1 时钟节拍 ························ 60

5.1.1 时钟节拍的实现方式 ········ 60

5.1.2 获取时钟节拍 ·············· 61

5.2 定时器管理 ···················· 62

5.2.1 RT-Thread 定时器介绍 ······ 62

5.2.2 定时器的工作机制 ·········· 63

5.2.3 定时器的管理方式 ·········· 65

5.3 定时器应用示例 ················ 69

5.4 高精度延时 ···················· 72

5.5 本章小结 ························ 73

第 6 章 线程间同步 ·············· 74

6.1 信号量 ·························· 75

6.1.1 信号量的工作机制 ·········· 75

6.1.2 信号量控制块 ·············· 75

6.1.3 信号量的管理方式 ·········· 76

6.1.4 信号量应用示例 ············ 79

6.1.5 信号量的使用场合 ·········· 85

6.2 互斥量 ·························· 87

6.2.1 互斥量的工作机制 ·········· 87

6.2.2 互斥量控制块 ·············· 89

6.2.3 互斥量的管理方式 ·········· 89

6.2.4 互斥量应用示例 ············ 92

6.2.5 互斥量的使用场合 ·········· 97

6.3 事件集 ·························· 97

6.3.1 事件集的工作机制 ·········· 97

6.3.2 事件集控制块 ·············· 98

6.3.3 事件集的管理方式 ·········· 99

6.3.4 事件集应用示例 ··········· 101

6.3.5 事件集的使用场合 ········· 104

6.4 本章小结 ······················ 104

第 7 章 线程间通信 ············· 105

7.1 邮箱 ··························· 105

7.1.1 邮箱的工作机制 ··········· 105

7.1.2 邮箱控制块 ··············· 106

7.1.3 邮箱的管理方式 ··········· 106

7.1.4 邮箱使用示例 ············· 110

7.1.5 邮箱的使用场合 ··········· 112

7.2 消息队列 ······················ 113

7.2.1 消息队列的工作机制 ······· 113

7.2.2 消息队列控制块 ··········· 114

7.2.3 消息队列的管理方式 ······· 115

7.2.4 消息队列应用示例 ········· 118

7.2.5 消息队列的使用场合 ······· 121

7.3 信号 ··························· 123

7.3.1 信号的工作机制 ··········· 123

7.3.2 信号的管理方式 ··········· 124

7.3.3 信号应用示例 ············· 126

7.4 本章小节 ······················ 128

第 8 章 内存管理 ··············· 129

8.1 内存管理的功能特点 ··········· 129

8.2 内存堆管理 ···················· 130

8.2.1 小内存管理算法 ··········· 131

8.2.2 slab 管理算法 ············ 132

8.2.3 memheap 管理算法 ······· 133

8.2.4 内存堆配置和初始化 ····· 134

8.2.5 内存堆的管理方式 ······· 134

8.2.6 内存堆管理应用示例 ····· 136

8.3 内存池 ··························· 138

8.3.1 内存池的工作机制 ······· 139

8.3.2 内存池的管理方式 ······· 140

8.3.3 内存池应用示例 ·········· 143

8.4 本章小结 ······················· 145

第 9 章 中断管理 ···················· 146

9.1 Cortex-M CPU 架构基础 ·········· 146

9.1.1 寄存器介绍 ················ 147

9.1.2 操作模式和特权级别 ····· 148

9.1.3 嵌套向量中断控制器 ····· 148

9.1.4 PendSV 系统调用 ········· 149

9.2 RT-Thread 中断工作机制 ········· 149

9.2.1 中断向量表 ················ 149

9.2.2 中断处理过程 ············· 151

9.2.3 中断嵌套 ··················· 153

9.2.4 中断栈 ····················· 154

9.2.5 中断的底半处理 ·········· 154

9.3 RT-Thread 中断管理接口 ········· 156

9.3.1 中断服务程序挂接 ········ 157

9.3.2 中断源管理 ················ 158

9.3.3 全局中断开关 ············· 158

9.3.4 中断通知 ··················· 160

9.4 中断与轮询 ····················· 161

9.5 全局中断开关使用示例 ········· 162

9.6 本章小结 ······················· 164

第 10 章 内核移植 ·················· 165

10.1 CPU 架构移植 ················· 165

10.1.1 实现全局中断开关 ······· 166

10.1.2 实现线程栈初始化 ······· 167

10.1.3 实现上下文切换 ·········· 168

10.1.4 实现时钟节拍 ············· 174

10.2 BSP 移植 ······················ 175

10.3 内核移植示例 ················· 175

10.3.1 准备裸机工程 ············· 176

10.3.2 建立 RT-Thread 工程 ······ 177

10.3.3 实现时钟管理 ············· 179

10.3.4 实现控制台输出 ·········· 180

10.3.5 实现动态堆内存管理 ····· 181

10.3.6 移植到更多开发板 ······· 183

10.4 本章小结 ······················ 184

第二篇 组件篇

第 11 章 Env 辅助开发环境 ······· 186

11.1 Env 简介 ······················ 186

11.2 Env 的功能特点 ··············· 187

11.3 Env 工程构建示例 ············· 189

11.4 构建更多 MDK 工程 ··········· 196

11.4.1 创建外设示例工程 ······· 196

11.4.2 创建文件系统示例工程 ··· 198

11.4.3 创建网络示例工程 ······· 202

11.5 本章小结 ······················ 206

第 12 章 FinSH 控制台 ············· 207

12.1 FinSH 介绍 ···················· 207

12.2 FinSH 内置命令 ··············· 209

12.2.1 显示线程状态 ············· 210

12.2.2　显示信号量状态 ………… 210

12.2.3　显示事件状态 …………… 210

12.2.4　显示互斥量状态 ………… 210

12.2.5　显示邮箱状态 …………… 211

12.2.6　显示消息队列状态 ……… 211

12.2.7　显示内存池状态 ………… 211

12.2.8　显示定时器状态 ………… 212

12.2.9　显示设备状态 …………… 212

12.2.10　显示动态内存状态 ……… 212

12.3　自定义 FinSH 命令 ………… 213

12.3.1　自定义 msh 命令 ……… 213

12.3.2　自定义 C-Style 命令和
变量 ……………………… 213

12.3.3　自定义命令重命名 ……… 214

12.4　FinSH 功能配置 …………… 214

12.5　FinSH 应用示例 …………… 216

12.5.1　自定义 msh 命令示例 …… 216

12.5.2　带参数的 msh 命令
示例 ……………………… 217

12.6　本章小结 …………………… 218

第 13 章　I/O 设备管理 ………… 219

13.1　I/O 设备介绍 ……………… 219

13.1.1　I/O 设备管理框架 ……… 219

13.1.2　I/O 设备模型 …………… 221

13.1.3　I/O 设备类型 …………… 222

13.2　创建和注册 I/O 设备 ……… 223

13.3　访问 I/O 设备 ……………… 226

13.3.1　查找设备 ………………… 226

13.3.2　初始化设备 ……………… 227

13.3.3　打开和关闭设备 ………… 227

13.3.4　控制设备 ………………… 228

13.3.5　读写设备 ………………… 229

13.3.6　数据收发回调 …………… 229

13.3.7　设备访问示例 …………… 230

13.4　本章小结 …………………… 231

第 14 章　通用外设接口 ………… 232

14.1　UART 串口 ………………… 232

14.1.1　串口设备管理 …………… 233

14.1.2　创建和注册串口设备 …… 233

14.1.3　访问串口设备 …………… 235

14.1.4　串口设备使用示例 ……… 235

14.2　GPIO …………………………… 237

14.2.1　PIN 设备管理 …………… 238

14.2.2　创建和注册 PIN 设备 …… 238

14.2.3　访问 PIN 设备 …………… 239

14.2.4　PIN 设备使用示例 ……… 242

14.3　SPI 总线 …………………… 243

14.3.1　SPI 设备管理 …………… 244

14.3.2　创建和注册 SPI 总线
设备 ……………………… 246

14.3.3　创建和挂载 SPI 从
设备 ……………………… 247

14.3.4　访问 SPI 从设备 ………… 249

14.3.5　特殊使用场景 …………… 254

14.3.6　SPI 设备使用示例 ……… 255

14.4　I2C 总线 …………………… 256

14.4.1　I2C 设备管理 …………… 258

14.4.2　创建和注册 I2C 总线
设备 ……………………… 258

14.4.3　访问 I2C 设备 …………… 259

14.4.4　I2C 设备应用示例 ……… 260

14.5　运行设备应用示例 ………… 263

14.5.1　运行 PIN 设备示例 ……… 264

14.5.2　运行 SPI 设备示例 ……… 265

14.5.3 运行 I2C 设备示例 ……… 266

14.5.4 运行串口设备示例 ……… 266

14.6 本章小结 …………………… 267

第 15 章 虚拟文件系统 ………… 268

15.1 DFS 介绍 ……………………… 268

15.1.1 DFS 架构 ………………… 269

15.1.2 POSIX 接口层 …………… 269

15.1.3 虚拟文件系统层 ………… 270

15.1.4 设备抽象层 ……………… 270

15.2 文件系统挂载管理 ………… 271

15.2.1 DFS 组件初始化 ………… 271

15.2.2 注册文件系统 …………… 271

15.2.3 将存储设备注册为块
设备 …………………… 271

15.2.4 格式化文件系统 ………… 272

15.2.5 挂载文件系统 …………… 273

15.2.6 卸载文件系统 …………… 273

15.3 文件管理 …………………… 273

15.3.1 打开和关闭文件 ………… 273

15.3.2 读写数据 ………………… 274

15.3.3 重命名 …………………… 275

15.3.4 获取状态 ………………… 275

15.3.5 删除文件 ………………… 275

15.3.6 同步文件数据到存储
设备 …………………… 276

15.3.7 查询文件系统相关
信息 …………………… 276

15.3.8 监视 I/O 设备状态 ……… 276

15.4 目录管理 …………………… 277

15.4.1 创建和删除目录 ………… 277

15.4.2 打开和关闭目录 ………… 277

15.4.3 读取目录 ………………… 278

15.4.4 获取目录流的读取
位置 …………………… 278

15.4.5 设置下次读取目录的
位置 …………………… 278

15.4.6 重设读取目录的位置为
开头位置 ……………… 279

15.5 DFS 功能配置 ……………… 279

15.6 DFS 应用示例 ……………… 279

15.6.1 准备工作 ………………… 280

15.6.2 读写文件示例 …………… 283

15.6.3 更改文件名称示例 ……… 284

15.6.4 获取文件状态示例 ……… 285

15.6.5 创建目录示例 …………… 286

15.6.6 读取目录示例 …………… 286

15.6.7 设置读取目录位置示例 … 287

15.7 本章小结 …………………… 289

第 16 章 网络框架 ……………… 290

16.1 TCP/IP 网络协议简介 ……… 290

16.1.1 OSI 参考模型 …………… 290

16.1.2 TCP/IP 参考模型 ………… 291

16.1.3 TCP/IP 参考模型和 OSI
参考模型的区别 ……… 291

16.1.4 IP 地址 …………………… 292

16.1.5 子网掩码 ………………… 292

16.1.6 MAC 地址 ……………… 292

16.2 RT-Thread 网络框架介绍 …… 292

16.3 网络框架工作流程 ………… 294

16.3.1 网络协议簇注册 ………… 294

16.3.2 网络数据接收流程 ……… 295

16.3.3 网络数据发送流程 ……… 296

16.4 网络套接字编程 …………… 296

16.4.1 TCP socket 通信流程 …… 296

16.4.2 UDP socket 通信流程 ····· 297
16.4.3 创建套接字 ················· 298
16.4.4 绑定套接字 ················· 298
16.4.5 建立 TCP 连接 ············· 299
16.4.6 数据传输 ··················· 300
16.4.7 关闭网络连接 ············· 301
16.5 网络功能配置 ··················· 302
16.6 网络应用示例 ··················· 303

16.6.1 准备工作 ··················· 303
16.6.2 TCP 客户端示例 ·········· 306
16.6.3 UDP 客户端示例 ·········· 310
16.7 本章小结 ························· 312

附录 A menuconfig 配置选项 ····· 313
附录 B SCons 构建系统 ··········· 317

第一篇
内　核　篇

第 1 章　嵌入式实时操作系统

第 2 章　了解与快速上手 RT-Thread

第 3 章　内核基础

第 4 章　线程管理

第 5 章　时钟管理

第 6 章　线程间同步

第 7 章　线程间通信

第 8 章　内存管理

第 9 章　中断管理

第 10 章　内核移植

第 1 章
嵌入式实时操作系统

操作系统是指管理和控制计算机硬件与软件资源的计算机程序，是直接运行在计算机上的最基本的系统软件，任何其他软件都必须在操作系统的支持下才能运行。按应用领域来划分，操作系统可分为桌面操作系统、服务器操作系统、移动操作系统和嵌入式操作系统几类。

桌面操作系统是指运行在个人电脑上的操作系统，当前主流的桌面操作系统是微软的Windows 操作系统，此外，Linux、Mac OS 也是桌面操作系统。

服务器操作系统是指运行在大型服务器上的操作系统，例如云服务器、数据库服务器、网络服务器等，当前主流的服务器操作系统是 Linux，微软的 Windows 服务器操作系统也有部分市场份额。

移动操作系统是指运行在手机、平板、智能电视上的操作系统，谷歌的 Android 和苹果的 iOS 都属于移动操作系统，传统的移动设备，如手机、平板，也属于嵌入式设备，只是随着移动设备使用的芯片越来越强大，它们跟传统的嵌入式设备差异明显变大，因此也将移动操作系统单独分类。

嵌入式操作系统指用在嵌入式系统的操作系统。嵌入式系统使用非常广泛，可以理解为除了服务器、个人电脑、移动设备外的计算机都是嵌入式设备。从军事到民用，从工业控制到网络应用，嵌入式系统在我们的生活中无处不在。以下是一些典型的嵌入式设备举例，图 1-1 中也列出了一些嵌入式操作系统的应用实物的图片。

图 1-1　常见嵌入式操作系统的应用

图 1-1　（续）

- ❏ **军用**：各种武器控制（火炮控制、导弹控制、智能炸弹制导引爆装置）、坦克、舰艇、轰炸机等陆海空各种军用电子装备，雷达、电子对抗军事通信装备，野战指挥作战使用的各种专用设备等。
- ❏ **消费电子**：各种信息家电产品，如数字电视机、机顶盒、数码相机、音响设备、可视电话、家庭网络设备、洗衣机、电冰箱、智能玩具等。
- ❏ **工业控制**：各种智能测量仪表、数控装置、可编程控制器、控制机、分布式控制系统、现场总线仪表及控制系统、工业机器人、机电一体化机械设备、汽车电子设备等。
- ❏ **网络应用**：网络基础设施、接入设备、移动终端设备、共享单车、水电气表、物联网终端设备等。
- ❏ **其他**：各类收款机、POS 系统、电子秤、条形码阅读机、商用终端、银行点钞机、IC 卡输入设备、取款机、自动柜员机、自动服务终端、防盗系统，以及各种银行专业外围设备与各种医疗电子仪器，无一不用到嵌入式系统。

1.1　嵌入式系统

嵌入式系统是一种完全嵌入在装置或设备内部为满足特定需求而设计的计算机系统，生活中常见的嵌入式系统就有：电视机顶盒、路由器、电冰箱、微波炉与移动电话等。它们都具有某种特定的功能：对于电视机顶盒而言，它用来播放网络中的电视节目；同样，路由器用于选择最优路径并正确转发网络报文。这类系统专用性强、功能相对单一，通常只针对特定的外部输入进行处理，然后给出相应的结果，这样的特点使得嵌入式系统只需具备相匹配的少量硬件资源，就可完成所需的特定功能，因而能使成本得到有效的控制。

通用计算机系统则恰恰相反，它们并不针对特定的需求，而是尽可能地去满足各种需求，甚至在构造硬件系统时还会考虑未来几年的需求变化。例如，在人们购买电脑时，在自身有限的资金情况下，都希望尽可能获得更高端的性能，用于多媒体、游戏及工作等。

如图 1-2 所示，嵌入式系统的硬件设备由一些芯片及电路组成，包括主控芯片、电源管理、开发调试时用到的 JTAG 接口，也可能包含一些数据采集模块、通信模块及音频 / 视频模块等。

图 1-2　嵌入式系统硬件框图

1.2　实时系统

系统的实时性指的是在固定的时间内正确地对外部事件做出响应。在这段"时间内"，系统内部会做一些处理，例如输入数据的分析计算、加工处理等。而在这段时间之外，系统可能会空闲下来，做一些空余的事。以一个手机终端为例：当一个电话拨入的时候，系统应当及时发出振铃、声音提示以通知主人有来电，询问是否进行接听；而在非电话拨入的时候，人们可以用它进行一些其他操作，例如听音乐、玩游戏等。

从上面的例子我们可以看出，实时系统是一种需求倾向性的系统，对于实时的任务需要在第一时间内做出回应，而对非实时任务则可以在实时事件到达时为之让路——被抢占。所以也可以将实时系统看成是一个等级系统，不同重要性的任务具有不同的优先等级：重要的任务能够优先被响应执行，非重要的任务可以适当往后推迟。

实时计算可以定义成这样一类计算，即系统的正确性不仅取决于计算的逻辑结果，还依赖于产生结果的时间。有两个关键点，即正确地完成和在给定的时间内完成，且两者重要性是等同的。如果计算结果出错，这将不是一个正确的系统，而计算结果正确，但计算所耗费的时间已经偏离需求设定的时间，那么这也不是一个实时系统。图 1-3 描述了一个实时系统。

对于输入的信号、事件，实时系统必须能够在规定的时间内得到正确的响应，而不管这些事件是单一事件、多重事件，还是同步信号或异步信号。

举一个例子说明：假设一颗子弹从 20 米外射向一个玻璃杯，子弹的速度是 v 米 / 秒，

那么经过 $t_1=20/v$ 秒后，子弹将击碎玻璃杯。而如果有一个保护系统在检测到子弹射出后，把玻璃杯拿走了，假设整个过程持续 t_2 秒的时间，如果 $t_2 < t_1$，玻璃杯就不会被击碎，那么就可以将这个系统看成是一个实时系统。

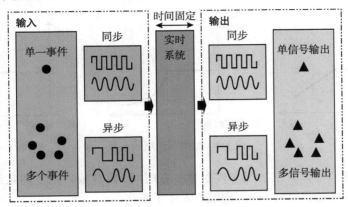

图 1-3　实时系统

和嵌入式系统类似，实时系统中也存在一定的计算单元，这些单元可对系统的环境及其内部的应用做出预计，这也就是很多关于实时系统的书中所谈及的可确定性，即系统可以在给定的时间（t 秒）内对一个给定事件做出响应。多个事件、多个输入的系统响应的可确定性构成了整个实时系统的可确定性（实时系统并不代表着对所有输入事件具备实时响应，而是在指定的时间内完成对事件的响应）。嵌入式系统的应用领域十分广泛，我们并不是要求所有的专用功能都具备实时性，只有当系统对任务有严格时间限定时，我们才关注它的实时性问题。具体的例子包括实验控制、过程控制设备、机器人、空中交通管制、远程通信、军事指挥与控制系统等。而对打印机这样一个嵌入式应用系统，人们并没有严格的时间限定，只有一个"尽可能快"的期望要求，因此，这样的系统称不上是实时系统。

软实时与硬实时

正如上面所描述的，实时系统关注的不外乎两点，即**时间的正确性和功能的正确性**。事实上，衡量一个实时系统的正确性正是如此，就是要求系统能在给定的时间内正确地完成相应的任务。但现实中也存在这样一种系统，即在多数情况下，它能够严格地在规定的时间内完成任务，但偶尔它也会稍微超出这个给定的时间范围才能正确地完成任务，我们通常把这种系统称为软实时系统。从系统对规定时间的敏感性的要求来看，实时系统可以分为硬实时系统和软实时系统。

硬实时系统严格限定在规定的时间内完成任务，否则就可能导致灾难的发生，例如导弹拦截系统，汽车引擎系统等，当这些系统不能满足规定的响应时间时，即使只是偶尔，也将导致车毁人亡等重大灾难的发生。

软实时系统，可以允许偶尔出现一定的时间偏差，但是随着时间的偏移，整个系统的正确性也会随之下降，例如可以将一个 DVD 播放系统看成一个软实时系统，允许它偶尔出现画面或声音延迟。

图 1-4 绘制了这三种系统（非实时系统、软实时系统和硬实时系统）的时效关系。

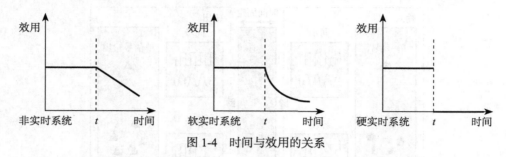

图 1-4　时间与效用的关系

从图 1-4 中我们可以看出，当事件触发，在时间 t 内完成，则三类系统的效用是相同的。但是当完成时间超出时间 t 时，则效用发生了变化。

❑ 非实时系统：超过规定的时间 t 后，其效用缓慢下降。
❑ 软实时系统：超过规定的时间 t 后，其效用迅速下降。
❑ 硬实时系统：超过规定的时间 t 后，其效用立即归零。

1.3　嵌入式实时操作系统

　　在嵌入式设备中，除嵌入式操作系统之外，还有裸机程序，在主函数中编写一个大循环，循环中是各个任务的功能实现，而所有的任务都是平级顺序执行，下一个任务必须等待上一个任务运行完毕才能开始运行，这个运行着的大循环我们称之为后台程序。中断可以打断系统当前的后台任务优先执行，等中断处理完毕，再回到原先后台被中断处继续执行后台程序，中断处理程序称为前台程序。图 1-5 所示是一个前后台系统。

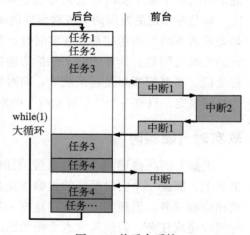

图 1-5　前后台系统

　　这样的前后台系统在实时性处理方面存在缺陷，例如任务 1 是重要任务，需要能够得到及时响应，在运行任务 4 的时候，产生中断，执行任务 1 的条件被满足，最理想的快速响应方式是任务 1 立即被投入运行，但是在前后台程序中做不到，因为任务是被顺序执行的，即使任务 1 焦急万分，也必须等待任务 4 处理完毕后才能被运行。

　　嵌入式实时操作系统被设计成为一个抢占式系统，能够解决上述的实时性问题，它把

任务分为不同的优先级，当运行条件被满足时，高优先级任务可以打断低优先级任务优先
运行，从而极大地提高了系统实时性。实
时操作系统执行任务示意图如图1-6所示。

当然，嵌入式实时操作系统相比前后
台程序，不仅有实时性方面的进步，它在
多任务管理、任务间通信、内存管理、定
时器管理、设备管理等方面，也提供了一
套完整的机制，极大程度上便利了嵌入式
应用程序的开发、管理和维护。如果要和
桌面操作系统进行类比，那么前后台程序
开发好比直接使用 BIOS 进行开发，而使
用嵌入式实时操作系统好比在 Windows 上进行应用开发。

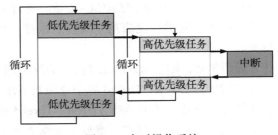

图 1-6　实时操作系统

总体来说，嵌入式操作系统是应用于嵌入式系统的软件，用来对接嵌入式底层硬件与
上层应用软件，操作系统将底层驱动封装起来为开发者提供功能接口，极大地提高了应用
程序的开发效率。

1.3.1　主流嵌入式实时操作系统

uC/OS 是美国的一款 RTOS，发布于 1992 年。2001 年，北航的邵贝贝教授第一次将
有关 uC/OS 的书籍翻译成中文，该书出版后获得了大量好评，当时该书遇上了"嵌入式系
统开发"风口，大量的高校学生开始学习嵌入式系统，将该书作为学习嵌入式操作系统的
入门书籍，将学习的内容带入各类项目和产品后，它的特点才渐渐崭露头角。在 2010 年以
前，uC/OS 一直是国内大多企业的首选 RTOS。2010 年以后，开源免费的 RTOS 开始流行，
而 uC/OS 本身的商业收费策略一直未能及时调整，导致很多厂商转而选择开源免费的操作
系统，如 FreeRTOS、RT-Thread。

FreeRTOS 诞生于 2003 年，按照开源、免费的策略发布，可用于任何商业和非商业
场合。2004 年，英国的 ARM 公司推出第一款基于 ARMv7-M 架构的 Cortex-M3 IP 核，
主打高性价比的 MCU 市场，随后美国德州仪器公司推出了第一款基于 Cortex-M3 内核
的 MCU，接下来意法半导体、恩智浦、飞思卡尔、爱特梅尔等欧美厂商相继推出了基于
Cortex-M 内核的 MCU，出于性价比的考虑，这些厂商都选择了 FreeRTOS 作为芯片默认使
用的嵌入式操作系统，趁着这波热潮，FreeRTOS 迅速崛起，在国内外流行开来。

RT-Thread 是国内的一款嵌入式实时操作系统，诞生于 2006 年，许可证类似
FreeRTOS，以开源、免费的方式进行发布。与 FreeRTOS 和 uC/OS 不同的是，RT-Thread
自创建之初的定位就不仅是一个 RTOS 内核，而是包含网络、文件系统、GUI 界面等组件
的中间件平台，它秉承开源、免费的思想，积聚吸收社区的力量来不断发展壮大。经过十
多年的积淀，RT-Thread 已经成为一款知名度较高、口碑极佳、高度稳定可靠的实时操作系

统。RT-Thread 支持市面上所有的主流编译工具,如 IAR、GCC、Keil 等;在硬件支持方面,它完成了超过 50 款 MCU 芯片和所有主流 CPU 架构上的移植工作,包括 ARM、MIPS、C-Sky、Xtensa、Andes 与 RISC-V 等。在行业应用上,因为 RT-Thread 的高可靠性和组件丰富等特点,它被广泛应用于安防、医疗、新能源、车载、北斗导航以及消费电子等众多行业。

近两年来,随着 RT-Thread 推广力度的加大、文档资料的不断完善及周边生态合作伙伴支持热情的高涨,RT-Thread 的企业项目需求显著增加,RT-Thread 开发者的数量也呈现出加速增长的态势。线下活动方面,RT-Thread 借助社区力量,定期组织一系列技术沙龙活动,活动覆盖多数一二线城市,受到了初学者和开发者的欢迎,参与线下技术沙龙成为他们学习 RT-Thread、线下交流互勉的一个重要渠道。除此之外,移动微信、QQ 社群的运营,线上培训讲座和设计竞赛的陆续展开都成为生态建设的重要部分,推动着 RT-Thread 社区的健康发展。

1.3.2 发展趋势

在传统嵌入式时代,设备之间相互孤立,系统和应用都较为简单,操作系统的价值也相对较低。各个厂商采用一个开源的 RTOS 内核,根据垂直应用领域的不同,构建、开发各自的上层软件,工作量可控,也基本能满足自身、客户和行业的需求。

进入物联网时代之后,原有的格局和模式将会被完全打破,联网设备的开发难度也呈几何级数增加,可靠性、长待机、低成本、通信方式和传输协议、手机兼容性、二次开发、云端对接等都成为必须考虑与解决的问题。

对于企业来说,带有丰富中间层组件和标准 API 接口的 OS 平台无疑能大大降低联网终端开发的难度,也能简化对多种云平台的对接,为未来各种 IoT 服务应用的部署和更新铺平道路。

国产物联网芯片的逐渐崛起,产业链持续增强的优势,为国产 IoT OS 的成功提供了良好的机遇和土壤,也为 RT-Thread 提供了更多的用武之地。物联网终端对软件能力的要求大大提高,RT-Thread 作为一款 IoT OS,它具有丰富的组件和高度可扩展的特性,这正是市场所需要的,因而越来越多的芯片厂商纷纷将它选为原生操作系统,和芯片一同推向市场。

在物联网时代,相信 RT-Thread 能和其他国内厂商一起,耐住寂寞、踏实前行、勇于创新、相互提携,实现物联网时代自主操作系统的梦想。

1.4 本章小结

本章主要对嵌入式实时系统做了简单的介绍,嵌入式操作系统是嵌入式系统的操作系统,是应用于嵌入式系统的软件,生活中无处不在。嵌入式操作系统又分为实时操作系统与非实时操作系统,本书将重点介绍嵌入式实时操作系统。

第 2 章
了解与快速上手 RT-Thread

作为一名 RTOS 的初学者，也许你对 RT-Thread 还比较陌生。然而，随着深入接触，你会逐渐发现 RT-Thread 的魅力和它相较其他同类型 RTOS 的优越之处。RT-Thread 是一款完全由国内团队开发维护的嵌入式实时操作系统（RTOS），具有完全的自主知识产权。经过近 12 年的沉淀，伴随着物联网的兴起，RT-Thread 正演变成为一个功能强大、组件丰富的物联网操作系统。

在讲解 RT-Thread 各部分工作原理之前，首先介绍一下 RT-Thread 的基础知识。

2.1 RT-Thread 概述

RT-Thread 全称是 Real Time-Thread，顾名思义，它是一个嵌入式实时多线程操作系统，其基本属性之一是支持多任务，允许多个任务同时运行并不意味着处理器在同一时刻真正执行了多个任务。事实上，一个处理器核心在某一时刻只能执行一个任务，由于每次对一个任务的执行时间很短且任务与任务之间通过任务调度器进行非常快速的切换（调度器根据优先级决定此刻该执行的任务），因此给人造成多个任务在一个时刻同时运行的错觉。在 RT-Thread 系统中，任务是通过线程实现的，RT-Thread 中的线程调度器也就是以上提到的任务调度器。

RT-Thread 主要采用 C 语言编写，浅显易懂，方便移植。它把面向对象的设计方法应用到实时系统设计中，使得代码风格优雅、架构清晰、系统模块化，并且可裁剪性非常好。针对资源受限的微控制器（MCU）系统，RT-Thread 可通过方便易用的工具，裁剪出仅需要 3KB Flash、1.2KB RAM 内存资源的 NANO 版本（NANO 是 RT-Thread 官方于 2017 年 7 月发布的一个极简版内核）；而对于资源丰富的物联网设备，RT-Thread 又能使用在线的软件包管理工具，配合系统配置工具实现直观而快速的模块化裁剪，无缝地导入丰富的软件功能包，实现类似 Android 的图形界面及触摸滑动效果、智能语音交互效果等复杂功能。

相较于 Linux 操作系统，RT-Thread 体积小、成本低、功耗低、启动快速，除此以外，RT-Thread 具有实时性高、占用资源小等特点，非常适用于各种资源受限（如成本、功耗限制等）的场合。虽然 32 位 MCU 是它的主要运行平台，实际上很多带有 MMU 和基于 ARM9、ARM11 甚至 Cortex-A 系列 CPU 的应用处理器在特定应用场合也适合使用 RT-Thread。

2.2 RT-Thread 的架构

近年来，物联网市场发展迅猛，嵌入式设备的联网已是大势所趋。终端联网使得软件复杂性大幅增加，传统的 RTOS 内核已经越来越难满足市场需求，在这种情况下，物联网操作系统（IoT OS）的概念应运而生。**物联网操作系统是指以操作系统内核（可以是 RTOS、Linux 等）为基础，包括如文件系统、图形库等较为完整的中间层组件，具备低功耗、安全、通信协议支持和云端连接能力的软件平台。** RT-Thread 就是一个 IoT OS。

RT-Thread 与其他很多 RTOS（如 FreeRTOS、uC/OS）的主要区别之一是，它**不仅仅是一个实时内核，还具备丰富的中间层组件**，如图 2-1 所示，它具体包括以下部分。

（1）内核层：RT-Thread 内核，是 RT-Thread 的核心部分，包括内核系统中对象的实现，例如多线程及其调度、信号量、邮箱、消息队列、内存管理、定时器等；libcpu/BSP（芯片移植相关文件 / 板级支持包）与硬件密切相关，由外设驱动和 CPU 移植构成。

（2）组件和服务层：组件是基于 RT-Thread 内核之上的上层软件，例如虚拟文件系统、FinSH 命令行界面、网络框架、设备框架等。这一层采用模块化设计，做到组件内部高内聚，组件之间低耦合。

（3）RT-Thread 软件包：运行于 RT-Thread 物联网操作系统平台上，面向不同应用领域的通用软件组件，由描述信息、源代码或库文件组成。RT-Thread 提供了开放的软件包平台，这里存放了官方提供或开发者提供的软件包，该平台为开发者提供了众多可重用软件包的选择，这也是 RT-Thread 生态的重要组成部分。软件包生态对于操作系统的选择至关重要，因为这些软件包具有很强的可重用性，模块化程度很高，极大地方便了应用开发者在最短时间内打造出自己想要的系统。RT-Thread 已经支持的软件包数量已经达到 60 多个，举例如下。

① 物联网相关的软件包：Paho MQTT、WebClient、Mongoose、WebTerminal 等。
② 脚本语言相关的软件包：目前支持 JerryScript、MicroPython。
③ 多媒体相关的软件包：OpenMV、MuPDF。
④ 工具类软件包：CmBacktrace、EasyFlash、EasyLogger、SystemView。
⑤ 系统相关的软件包：RTGUI、Persimmon UI、lwext4、partition、SQLite 等。
⑥ 外设库与驱动类软件包：RealTek RTL8710BN SDK。
⑦ 其他。

从图 2-1 中可以看出，RT-Thread 涵盖了非常多的功能模块，由于篇幅有限，本书不会涉及所有功能模块，本书主要介绍 RT-Thread 内核、FinSH 控制台、I/O 设备管理、DFS 虚拟文件系统、网络框架等最为核心和基础的部分，通过这些内容的介绍，带领读者进入 RT-

Thread 的大门。

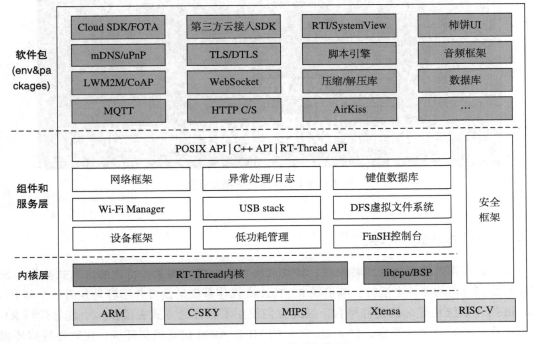

图 2-1　RT-Thread 软件框架图

2.3　RT-Thread 的获取

1. 许可协议

RT-Thread 系统完全开源，3.1.0 及以前的版本遵循 GPL V2+ 开源许可协议。3.1.0 以后的版本遵循 Apache License 2.0 开源许可协议，可以免费在商业产品中使用，并且不需要公开私有代码。

2. 源代码与文档下载

官方提供了三个途径来下载 RT-Thread 源代码：RT-Thread 官方网站（https://www.rt-thread.org/）、GitHub 网站（https://github.com/RT-Thread/rt-thread）及码云网站（https://gitee.com/rtthread/rt-thread）。在 RT-Thread 官方网站首页（见图 2-2），单击主菜单上的"资源"选项，出现下拉菜单，再单击"下载"，进入下载页面，可选择进入 Git 库下载或网盘下载：在 Git 库中下载 RT-Thread 的最新开发代码，在网盘中下载 RT-Thread 发布版本，本书使用的 RT-Thread 发布版本为 3.1.0。

同时官方网站首页的文档中心也有很多文档供广大用户下载和学习，在开发过程中遇到的任何问题都可以通过社区寻求帮助或者寻找答案！

图 2-2　RT-Thread 官方网站首页

2.4　RT-Thread 快速上手

嵌入式操作系统因为它的特殊性，往往和硬件平台密切相关，特定的嵌入式操作系统往往只能在特定的硬件上运行。刚接触 RT-Thread 操作系统的读者并不容易获得一个和 RT-Thread 操作系统相配套的硬件平台，因此我们使用了软件的方式去模拟一个能够运行 RT-Thread 操作系统的硬件平台，如 ARM 公司的 MDK-ARM 仿真模拟环境；在软件模拟环境中也能达到和硬件环境几乎相同的效果。

MDK-ARM（MDK-ARM Microcontroller Development Kit）软件是一套完整的集成开发环境（IDE），它出自 ARM 公司，包括针对 ARM 芯片（ARM7、ARM9、Cortex-M 系列、Cortex-R 系列等）的高效 C/C++ 编译器；针对各类 ARM 设备、评估板的工程向导和工程管理；用于软件模拟运行硬件平台的模拟器；与市面上常见的（如 ST-Link、JLink 等）在线仿真器相连接，以配合调试目标板的调试器。MDK-ARM 软件中的软件仿真模拟器，采用完全软件模拟方式解释和执行 ARM 的机器指令，并实现外围的一些外设逻辑，从而构成一套完整的虚拟硬件环境，使得用户能够不借助真实的硬件平台就能够在电脑上执行相应的目标程序。

MDK-ARM 集成开发环境因为其完全的 STM32F103 软件仿真环境，也让我们有机会在不使用真实硬件环境的情况下直接在电脑上运行目标代码。这套软件仿真模拟器能够完整地虚拟出 ARM Cortex-M3 的各种运行模式、外设，如中断异常、时钟定时器、串口等，这几乎和真实的硬件环境完全一致。实践也证明，本章使用的这份 RT-Thread 入门例程，在编译成二进制代码后，不仅能够在模拟器上模拟运行，也能够无须修改地在真实的硬件平台上正常运行。

下面我们将选择 MDK-ARM 集成开发环境模拟目标硬件平台来观察 RT-Thread 操作系统是如何运行的。

2.4.1　准备环境

在运行 RT-Thread 操作系统前,我们需要安装 MDK-ARM 5.24(正式版或评估版,5.14 版本及以上版本均可),这个版本也是当前比较新的版本,它能够提供相对完善的调试功能。这里采用了 16K 编译代码限制的评估版 5.24 版本,如果要解除 16K 编译代码限制,请购买 MDK-ARM 正式版。先从 www.keil.com 官方网站下载 MDK-ARM 评估版:http://www.keil.com/download/。

在下载时,需要填写一些个人基本信息,请填写相应的完整信息,然后开始下载。

步骤 1　下载完成后,鼠标双击运行,会出现如图 2-3 所示的软件安装界面,这是 MDK-ARM 的安装说明,单击"Next"按钮进入下一步骤。

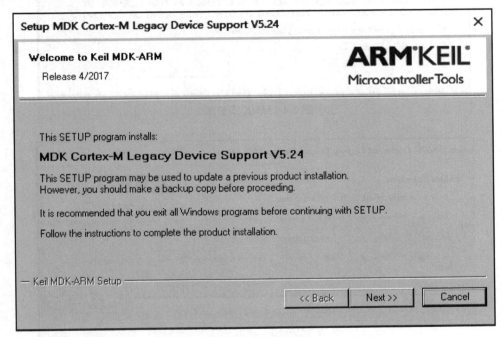

图 2-3　MDK 安装图 1

步骤 2　出现如图 2-4 所示的界面,选中"I agree to all the terms of the preceding License Agreement"复选框,并单击"Next"按钮进入下一步。

步骤 3　出现如图 2-5 所示的界面,单击"Browse"按钮选择 MDK-ARM 的安装目录或者直接在"Destination Folder"下的文本框中输入安装路径,这里我们默认"C:\Keil_v5"即可,然后单击"Next"进入下一步。

步骤 4　出现如图 2-6 所示的界面,在"First Name"文本框中输入你的名字,"Last Name"文本框中输入你的姓,"Company Name"文本框中输入你的公司名称,"E-mail"文本框中输入你的邮箱地址,然后单击"Next"按钮进行安装。

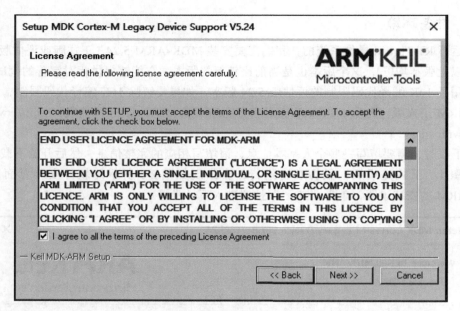

图 2-4　MDK 安装图 2

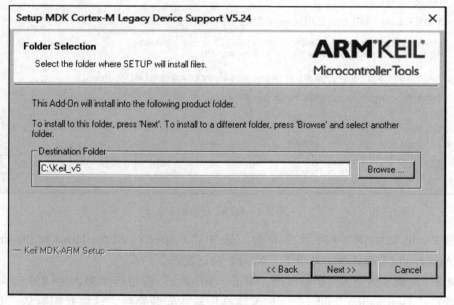

图 2-5　MDK 安装图 3

步骤 5　出现如图 2-7 所示的界面，等待一段时间后，安装结束。

步骤 6　出现如图 2-8 所示的界面，图中的默认选择不需改动，在这里可以单击 " Finish "
按钮完成整个 MDK-ARM 软件的安装。

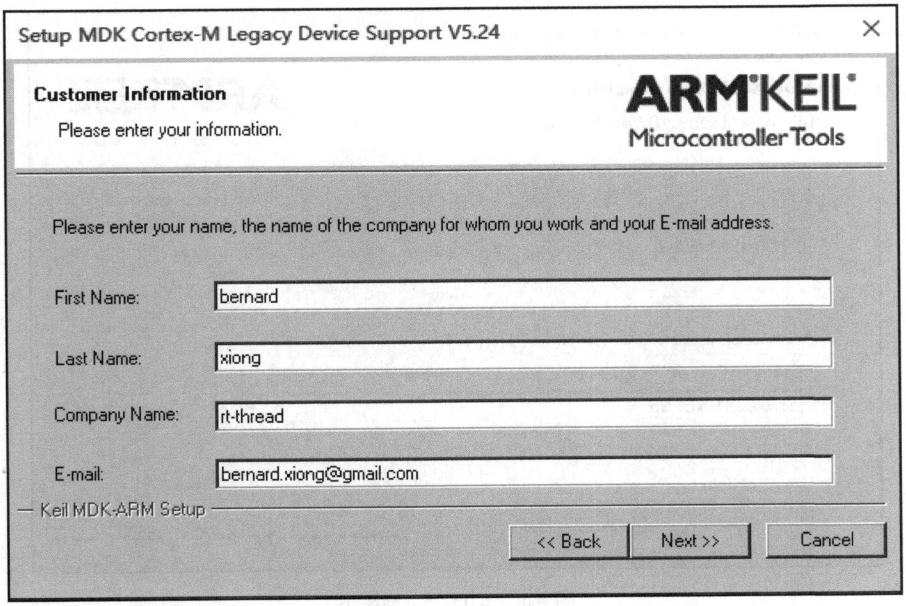

图 2-6　MDK 安装图 4

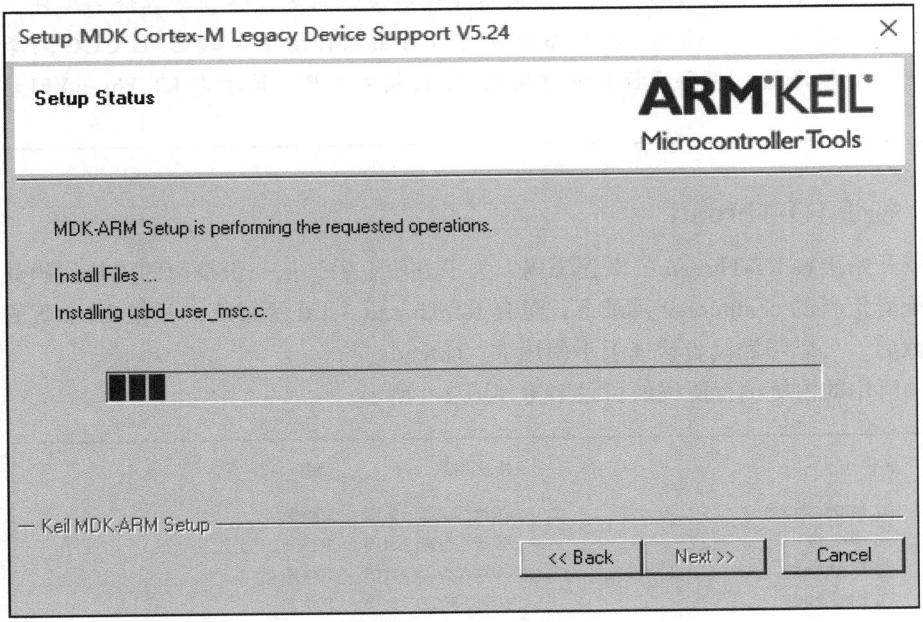

图 2-7　MDK 安装图 5

有了 MDK-ARM 这个利器，就可以轻松开始 RT-Thread 操作系统之旅，探索实时操作系统的奥秘了。

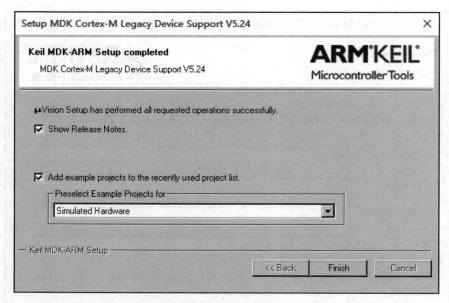

图 2-8 MDK 安装图 6

> **注意：** MDK-ARM 正式版是收费的，如果希望能够编译出更大体积的二进制文件，请购买 MDK-ARM 正式版。RT-Thread 操作系统也支持自由软件基金会的 GNU GCC 编译器，这是一款开源的编译器，想要了解如何使用 GNU 的相关工具，请参考 RT-Thread 网站上的相关文档。

2.4.2 初识 RT-Thread

本节开始接触 RT-Thread 的例程源码，为了方便上手，从一份精简的内核代码开始，代码位于配套资料的 chapter1-9 目录下，源自 RT-Thread 3.1.0 发布版，并在 3.1.0 版的基础上进行了裁剪，可以帮助读者快速上手使用 RT-Thread。

本书所用的内核例程源码的目录结构如图 2-9 所示。

名称	修改日期	类型	大小
applications	2018/08/28 15:19	文件夹	
drivers	2018/08/28 15:19	文件夹	
Libraries	2018/08/28 15:19	文件夹	
packages	2018/08/28 15:18	文件夹	
rt-thread	2018/08/28 15:19	文件夹	
project.uvprojx	2018/08/27 18:00	礴ision5 Project	39 KB
rtconfig.h	2018/08/21 18:40	H 文件	2 KB

图 2-9 工程目录

各个目录所包含的文件类型的描述如表 2-1 所示。

表 2-1　RT-Thread 例程文件夹目录

目录名	描述
applications	RT-Thread 的用户例程
rt-thread	RT-Thread 的源文件
|- components	RT-Thread 的各个组件代码，例如 FinSH 等
|- include	RT-Thread 内核的头文件
|- libcpu	各类芯片的移植代码，此处包含了 STM32 的移植文件
|- src	RT-Thread 内核的源文件
drivers	RT-Thread 的驱动，不同平台的底层驱动具体实现
Libraries	ST 的 STM32 固件库文件
packages	示例代码

在目录下，有一个 project.uvprojx 文件，它是这里所引述的例程中的一个 MDK5 工程文件，双击 project.uvprojx 图标，打开此工程文件，如图 2-10 所示。

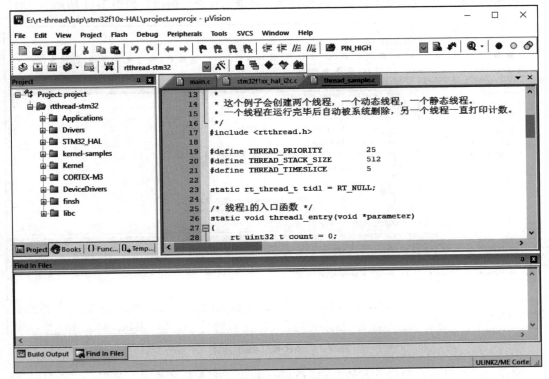

图 2-10　MDK 工程图

在工程主窗口左侧的 Project 栏里可以看到该工程的文件列表，这些文件被分别存放到如表 2-2 中所示的几个组内。

表 2-2　RT-Thread 例程工程目录

目录组	描述
Applications	对应的目录为 chapter1-9/applications，它用于存放用户应用代码，含例程
Drivers	对应的目录为 chapter1-9/drivers，它用于存放 RT-Thread 底层的驱动代码
STM32_HAL	对应的目录为 chapter1-9/Libraries/CMSIS/Device/ST/STM32F1xx，它用于存放 STM32 的固件库文件
kernel-samples	内核示例代码
Kernel	对应的目录为 chapter1-9/rt-thread/src，它用于存放 RT-Thread 内核核心代码
CORTEX-M3	对应的目录为 chapter1-9/rt-thread/libcpu，它用于存放 ARM Cortex-M3 移植代码
DeviceDrivers	对应的目录为 chapter1-9/rt-thread/components/drivers，它用于存放 RT-Thread 驱动框架源码
finsh	对应的目录为 chapter1-9/rt-thread/components/finsh，它用于存放 RT-Thread FinSH 命令行组件
libc	对应的目录为 chapter1-9/rt-thread/components/libc，它用于存放 RT-Thread 使用的 C 库函数

现在我们单击窗口上方工具栏中的按钮🔨，对该工程进行编译，如图 2-11 所示。

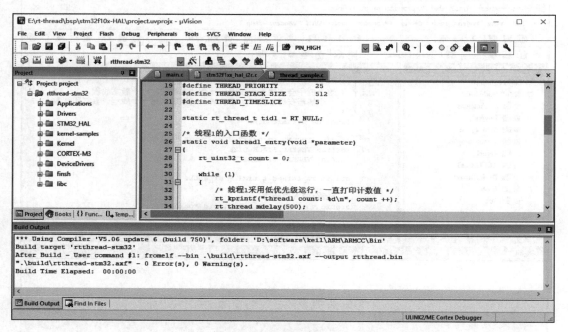

图 2-11　MDK 工程编译图

编译的结果显示在窗口下方的 Build Output 栏中，若无特殊情况，最后一行会显示 "0 Error(s), 0 Warning(s)."，即无任何错误和警告。

在编译完 RT-Thread/STM32 后，我们可以通过 MDK-ARM 的模拟器来仿真运行 RT-Thread。单击窗口右上方的🔍按钮或直接按 Ctrl+F5 组合键进入仿真环境，单击▣按钮或直接按 F5 开始仿真。

　　然后单击该图工具栏中的 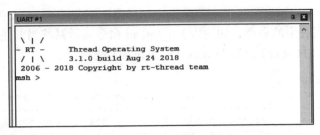 ▾ 按钮或者依次选择菜单栏中的 " View → Serial Windows → UART#1" 命令, 打开串口 1 窗口, 可以看到串口输出了 RT-Thread 的 Logo, 其模拟运行的结果如图 2-12 所示。

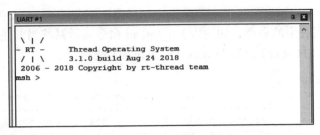

图 2-12　MDK 模拟仿真图

　　RT-Thread 提供 FinSH 功能, 用于调试或查看系统信息, 图 2-12 中的 msh 表示 FinSH 处于一种传统命令行模式, 此模式下可以使用类似于 Dos/Bash 等传统的 Shell 命令。

　　比如, 我们可以通过输入 " help+ 回车" 组合键或者直接按下 Tab 键, 输出当前系统所支持的所有命令, 如下:

```
msh >help
RT-Thread shell commands:
thread_sample         - thread sample
timer_sample          - timer sample
semaphore_sample      - semaphore sample
mutex_sample          - mutex sample
event_sample          - event sample
mailbox_sample        - mailbox sample
msgq_sample           - msgq sample
signal_sample         - signal sample
mempool_sample        - mempool sample
dynmem_sample         - dynmem sample
interrupt_sample      - interrupt sample
idle_hook_sample      - idle hook sample
producer_consumer     - producer_consumer sample
timeslice_sample      - timeslice sample
scheduler_hook        - scheduler_hook sample
pri_inversion         - prio_inversion sample
version               - show RT-Thread version information
list_thread           - list thread
list_sem              - list semaphore in system
list_event            - list event in system
list_mutex            - list mutex in system
list_mailbox          - list mail box in system
list_msgqueue         - list message queue in system
list_memheap          - list memory heap in system
list_mempool          - list memory pool in system
list_timer            - list timer in system
```

```
list_device         - list device in system
help                - RT-Thread shell help.
ps                  - List threads in the system.
time                - Execute command with time.
free                - Show the memory usage in the system.

msh >
```

此时可以输入列表中的命令，如输入 list_thread 命令显示系统当前正在运行的线程，结果显示为 tshell（FinSH 线程）线程与 tidle（空闲线程）线程：

```
msh >list_thread
thread pri  status   sp         stack size  max used  left tick   error
------ ---  -------  ---------- ----------  ------    ----------  ---
tshell 20   ready    0x00000080 0x00001000  07%       0x0000000a  000
tidle  31   ready    0x00000054 0x00000100  32%       0x00000016  000
msh >
```

FinSH 具有命令自动补全功能，输入命令的部分字符（前几个字母，注意区分大小写），按下 Tab 键，则系统会根据当前已输入的字符，从系统中查找已经注册好的相关命令，如果找到与输入相关的命令，则会将完整的命令显示在终端上。例如，要使用 version 命令，可以先输入"v"，再按下 Tab 键，可以发现系统在下方补全了有关"v"开头的命令 version，此时只需要按回车键，即可查看该命令的执行结果。

2.4.3 跑马灯的例子

对于从事电子方面开发的技术工程师来说，跑马灯大概是最简单的例子，这类似于每种编程语言中程序员接触的第一个程序 Hello World，所以这个例子就从跑马灯开始，让它定时地对 LED 进行更新（亮或灭），详见代码清单 2-1。

代码清单2-1　跑马灯例程

```c
#include <rtthread.h>
#include <rtdevice.h>

#define LED_PIN         3

int main(void)
{
    static rt_uint8_t count;
    rt_pin_mode(LED_PIN, PIN_MODE_OUTPUT);

    for(count = 0 ; count < 10 ;count++)
        {
            rt_pin_write(LED_PIN, PIN_HIGH);
            rt_kprintf("led on, count : %d\r\n", count);
            rt_thread_mdelay(500);

            rt_pin_write(LED_PIN, PIN_LOW);
            rt_kprintf("led off\r\n");
```

```
                rt_thread_mdelay(500);
        }
        return 0;
    }
```

这是一个简单的 LED 跑马灯例程，代码清单中的 rt_thread_mdelay() 函数用于 ms 延时，使 LED 亮（500ms）灭（500ms）交替执行，每亮一次执行一次计数，10 次之后退出执行。

仿真运行结果如下：

```
 \ | /
- RT -     Thread Operating System
 / | \     3.1.0 build Aug 24 2018
 2006 - 2018 Copyright by rt-thread team
led on, count : 0
msh >led off
led on, count : 1
led off
led on, count : 2
led off
led on, count : 3
...
led on, count : 9
led off
```

2.5　本章小结

本章对 RT-Thread 进行了简单介绍，它不仅仅是一个实时内核，还具备丰富的中间层组件，其特点是内核资源占用极小、实时性高、系统可裁剪、具备口碑极佳的调试工具 FinSH 等。由于 RT-Thread 完全开源，因此可以在官方网站直接获取源代码及文档，在开发过程中遇到的任何问题都可以通过社区寻求帮助或者寻找答案！

希望各位读者能认真领会本章内容，代码部分则需要上手操作，从现在起，我们将正式踏上学习 RT-Thread 的道路！

第 3 章
内 核 基 础

本章从软件架构入手讲解实时内核的组成与实现，学完本章，读者将知道内核的组成部分、系统如何启动、内存分布情况以及内核配置方法。

3.1 RT-Thread 内核介绍

内核是操作系统最基础也是最重要的部分。图 3-1 为 RT-Thread 内核架构图，内核处于硬件层之上，内核部分包括内核库、实时内核实现。

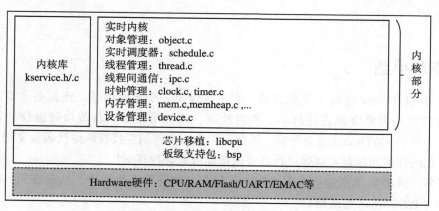

图 3-1　RT-Thread 内核及底层结构

内核库是为了保证内核能够独立运行的一套小型的类似 C 库[⊖]的函数实现子集。这部分根据编译器的不同，自带 C 库的情况也会有些不同，当使用 GNU GCC 编译器时，会携带更多的标准 C 库实现。

实时内核的实现包括：对象管理、线程管理及调度器、线程间通信、时钟管理及内存

⊖　C 库：也叫 C 运行库（C Runtime Library），它提供了类似 strcpy、memcpy 等函数，有些也会包括 printf、scanf 函数的实现。RT-Thread Kernel Service Library 仅提供内核用到的一小部分 C 库函数实现，为了避免与标准 C 库重名，在这些函数前都会添加 rt_ 前缀。

管理等，内核最小的资源占用情况是 3KB ROM、1.2KB RAM。

1. 线程调度

线程是 RT-Thread 操作系统中最小的调度单位，线程调度算法是基于优先级的全抢占式多线程调度算法，即在系统中除了中断处理函数、调度器上锁部分的代码和禁止中断的代码不可抢占之外，系统的其他部分都是可以抢占的，包括线程调度器自身。支持 256 个线程优先级（也可通过配置文件更改为最大支持 32 个或 8 个线程优先级，针对 STM32 默认配置是 32 个线程优先级），0 优先级代表最高优先级，最低优先级留给空闲线程使用；同时它也支持创建多个具有相同优先级的线程，相同优先级的线程间采用时间片的轮转调度算法进行调度，使每个线程运行相同时间；另外调度器在寻找那些处于就绪状态的具有最高优先级的线程时，所经历的时间是恒定的，系统也不限制线程数量的多少，线程数目只和硬件平台的具体内存相关。

线程管理将在第 4 章中详细介绍。

2. 时钟管理

RT-Thread 的时钟管理以时钟节拍为基础，时钟节拍是 RT-Thread 操作系统中最小的时钟单位。RT-Thread 的定时器提供两类定时器机制：第一类是单次触发定时器，这类定时器在启动后只会触发一次定时器事件，然后定时器自动停止。第二类是周期触发定时器，这类定时器会周期性地触发定时器事件，直到用户手动停止定时器，否则将永远持续执行下去。

另外，根据超时函数执行时所处的上下文环境，RT-Thread 的定时器可以设置为 HARD_TIMER 模式或者 SOFT_TIMER 模式。

通常使用定时器定时回调函数（即超时函数），完成定时服务。用户根据自己对定时处理的实时性要求选择合适类型的定时器。

定时器将在第 5 章中展开讲解。

3. 线程间同步

RT-Thread 采用信号量、互斥量与事件集实现线程间同步。线程通过对信号量、互斥量的获取与释放进行同步；互斥量采用优先级继承的方式解决了实时系统常见的优先级翻转问题。线程同步机制支持线程按优先级等待或按先进先出方式获取信号量或互斥量。线程通过对事件的发送与接收进行同步；事件集支持多事件的"或触发"和"与触发"，适合线程等待多个事件的情况。

信号量、互斥量与事件集的概念将在第 6 章中详细介绍。

4. 线程间通信

RT-Thread 支持邮箱和消息队列等通信机制。邮箱中一封邮件的长度固定为 4 字节大小；消息队列能够接收非固定长度的消息，并把消息缓存在自己的内存空间中。邮箱效率较消息队列更为高效。邮箱和消息队列的发送动作可安全用于中断服务例程中。通信机制支持线程按优先级等待或按先进先出方式获取。

邮箱和消息队列的概念将在第 7 章中详细介绍。

5. 内存管理

RT-Thread 支持静态内存池管理及动态内存堆管理。当静态内存池具有可用内存时，系统对内存块分配的时间将是恒定的；当静态内存池为空时，系统将申请内存块的线程挂起或阻塞掉（即线程等待一段时间后仍未获得内存块就放弃申请并返回，或者立刻返回。等待的时间取决于申请内存块时设置的等待时间参数），当其他线程释放内存块到内存池时，如果有挂起的待分配内存块的线程存在的话，则系统会将这个线程唤醒。

在系统资源不同的情况下，动态内存堆管理模块分别提供了面向小内存系统的内存管理算法及面向大内存系统的 slab 内存管理算法。

还有一种动态内存堆管理叫作 memheap，适用于系统含有多个地址可不连续的内存堆。使用 memheap 可以将多个内存堆 "粘贴" 在一起，让用户操作起来像是在操作一个内存堆。

内存管理的概念将在第 8 章展开讲解。

6. I/O 设备管理

RT-Thread 将 PIN、I^2C、SPI、USB、UART 等作为外设设备，统一通过设备注册完成。实现了按名称访问的设备管理子系统，可按照统一的 API 界面访问硬件设备。在设备驱动接口上，根据嵌入式系统的特点，对不同的设备可以挂接相应的事件。当设备事件触发时，由驱动程序通知给上层的应用程序。

I/O 设备管理的概念将在第 13 章及第 14 章展开讲解。

3.2 RT-Thread 启动流程

要了解一份代码大多从启动部分开始，这里也采用这种方式，先寻找启动的源头。以 MDK-ARM 为例，MDK-ARM 的用户程序入口为 main() 函数，位于 main.c 文件中。系统启动后先从汇编代码 startup_stm32f103xe.s 开始运行，然后跳转到 C 代码，进行 RT-Thread 系统功能初始化，最后进入用户程序入口 main()。

为了在进入 main() 之前完成 RT-Thread 系统功能初始化，我们使用了 MDK 的扩展功能 \$Sub\$\$ 和 \$Super\$\$。可以给 main 添加 \$Sub\$\$ 的前缀符号作为一个新功能函数 \$Sub\$\$main，这个 \$Sub\$\$main 可以先调用一些要补充在 main 之前的功能函数（这里添加 RT-Thread 系统初始化功能），再调用 \$Super\$\$main 转到 main() 函数执行，这样可以让用户不用去管 main() 之前的系统初始化操作。

关于 \$Sub\$\$ 和 \$Super\$\$ 扩展功能的使用，详见 ARM® Compiler v5.06 for μVision® armlink User Guide。

下面我们来看看在 components.c 中定义的这段代码：

```
/* $Sub$$main 函数 */
int $Sub$$main(void)
```

```
{
    rtthread_startup();
    return 0;
}
```

在这里 $Sub$$main 函数仅仅调用了 rtthread_startup() 函数。RT-Thread 支持多种平台和多种编译器，而 rtthread_startup() 函数是 RT-Thread 规定的统一入口点，所以 $Sub$$main 函数只需调用 rtthread_startup() 函数即可（例如采用 GNU GCC 编译器编译的 RT-Thread，就是直接从汇编启动代码部分跳转到 rtthread_startup() 函数中，并开始第一个 C 代码的执行）。在 components.c 的代码中找到 rtthread_startup() 函数，我们看到 RT-Thread 的启动流程如图 3-2 所示。

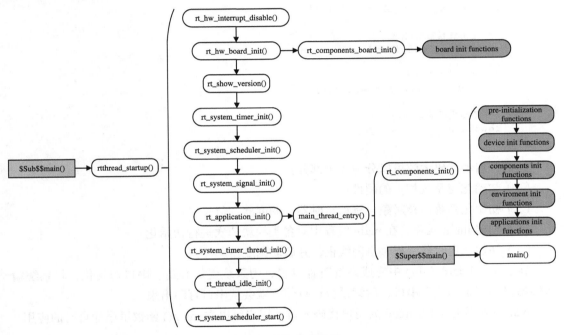

图 3-2 系统启动流程

其中 rtthread_startup() 函数的代码如下所示：

```
int rtthread_startup(void)
{
    rt_hw_interrupt_disable();

    /* 板级初始化：需在该函数内部进行系统堆的初始化 */
    rt_hw_board_init();

    /* 打印 RT-Thread 版本信息 */
    rt_show_version();

    /* 定时器初始化 */
```

```
    rt_system_timer_init();

    /* 调度器初始化 */
    rt_system_scheduler_init();

#ifdef RT_USING_SIGNALS
    /* 信号初始化 */
    rt_system_signal_init();
#endif

    /* 由此创建一个用户main()线程 */
    rt_application_init();

    /* 定时器线程初始化 */
    rt_system_timer_thread_init();

    /* 空闲线程初始化 */
    rt_thread_idle_init();

    /* 启动调度器 */
    rt_system_scheduler_start();

    /* 不会执行至此 */
    return 0;
}
```

这部分启动代码大致可以分为 4 个部分：

（1）初始化与系统相关的硬件；

（2）初始化系统内核对象，例如定时器、调度器、信号；

（3）创建 main 线程，在 main 线程中对各类模块依次进行初始化；

（4）初始化定时器线程、空闲线程，并启动调度器。

在 rt_hw_board_init() 中完成系统时钟设置，为系统提供心跳、串口初始化，将系统输入输出终端绑定到这个串口，后续系统运行信息就会从串口打印出来。

main() 函数是 RT-Thread 的用户代码入口，用户可以在 main() 函数里添加自己的应用。

```
int main(void)
{
    /* user app entry */
    return 0;
}
```

3.3 RT-Thread 程序内存分布

一般 MCU 包含的存储空间有片内 Flash 与片内 RAM，RAM 相当于内存，Flash 相当于硬盘。编译器会将一个程序分类为好几个部分，分别存储在 MCU 不同的存储区。

Keil 工程在编译完之后，会有相应的程序所占用的空间提示信息，如下所示：

```
linking...
Program Size: Code=48008 RO-data=5660 RW-data=604 ZI-data=2124
 After Build - User command #1: fromelf --bin .\build\rtthread-stm32.axf
--output rtthread.bin
 ".\build\rtthread-stm32.axf" - 0 Error(s), 0 Warning(s).
Build Time Elapsed:  00:00:07
```

上面提到的 Program Size 包含以下几个部分。

（1）Code：代码段，存放程序的代码部分。

（2）RO-data：只读数据段，存放程序中定义的常量。

（3）RW-data：读写数据段，存放初始化为非 0 值的全局变量。

（4）ZI-data：0 数据段，存放未初始化的全局变量及初始化为 0 的变量。

编译完工程后会生成一个 .map 文件，该文件说明了各个函数占用的尺寸和地址，在该文件的最后几行也说明了上面几个字段的关系：

```
Total RO  Size (Code + RO Data)               53668 ( 52.41kB)
Total RW  Size (RW Data + ZI Data)             2728 (  2.66kB)
Total ROM Size (Code + RO Data + RW Data)     53780 ( 52.52kB)
```

（1）RO Size 包含了 Code 及 RO-data，表示程序占用 Flash 空间的大小；

（2）RW Size 包含了 RW-data 及 ZI-data，表示运行时占用的 RAM 的大小；

（3）ROM Size 包含了 Code、RO Data 以及 RW Data，表示烧写程序所占用的 Flash 空间的大小。

程序运行之前，需要有文件实体被烧录到 STM32 的 Flash 中，一般是 bin 或者 hex 文件，该被烧录文件称为可执行映像文件。图 3-3 中左图是可执行映像文件烧录到 STM32 后的内存分布，它包含 RO 段和 RW 段两个部分：其中 RO 段中保存了 Code、RO-data 的数据，RW 段中保存了 RW-data 的数据，由于 ZI-data 都是 0，所以未包含在映像文件中。

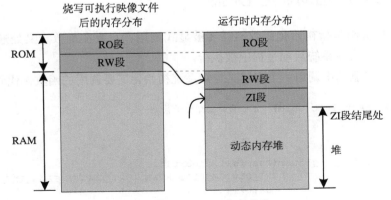

图 3-3　RT-Thread 内存分布

STM32 在上电启动之后默认从 Flash 启动，启动之后会将 RW 段中的 RW-data（初始化的全局变量）搬运到 RAM 中，但不会搬运 RO 段，即 CPU 的执行代码从 Flash 中读取，另外根据编译器给出的 ZI 地址和大小分配出 ZI 段，并将这块 RAM 区域清零。

其中动态内存堆为未使用的 RAM 空间，应用程序申请和释放的内存块都来自该空间。如下面的例子所示：

```
rt_uint8_t* msg_ptr;
msg_ptr = (rt_uint8_t*) rt_malloc (128);
rt_memset(msg_ptr, 0, 128);
```

代码中的 msg_ptr 指针指向的 128 字节内存空间位于动态内存堆空间中。

而一些全局变量则存放于 RW 段和 ZI 段中，RW 段存放的是具有初始值的全局变量（而常量形式的全局变量则放置在 RO 段中，是只读属性的），ZI 段存放的系统未初始化的全局变量，如下面的例子所示：

```
#include <rtthread.h>

const static rt_uint32_t sensor_enable = 0x000000FE;
rt_uint32_t sensor_value;
rt_bool_t sensor_inited = RT_FALSE;

void sensor_init()
{
    /* ... */
}
```

sensor_value 存放在 ZI 段中，系统启动后会自动初始化为零（由用户程序或编译器提供的一些库函数初始化为零）。sensor_inited 变量则存放在 RW 段中，而 sensor_enable 存放在 RO 段中。

3.4 RT-Thread 自动初始化机制

自动初始化机制是指初始化函数不需要被显式调用，只要在函数定义处通过宏定义的方式进行声明，就会在系统启动过程中被执行。

例如，在串口驱动中调用一个宏定义告知系统初始化需要调用的函数，代码如下：

```
int rt_hw_usart_init(void)   /* 串口初始化函数 */
{
    ... ...
    /* 注册串口 1 设备 */
    rt_hw_serial_register(&serial1, "uart1",
                          RT_DEVICE_FLAG_RDWR | RT_DEVICE_FLAG_INT_RX,
                          uart);
    return 0;
}
INIT_BOARD_EXPORT(rt_hw_usart_init);    /* 使用组件自动初始化机制 */
```

示例代码最后的 INIT_BOARD_EXPORT(rt_hw_usart_init) 表示使用自动初始化功能，

按照这种方式，rt_hw_usart_init() 函数就会被系统自动调用，那么它是在哪里被调用的呢？

在图 3-2 中，有两个函数 rt_components_board_init() 与 rt_components_init()，其后面带底色方框内部的函数表示被自动初始化的函数，其中：

（1）board init functions 为所有通过 INIT_BOARD_EXPORT(fn) 声明的初始化函数。

（2）pre-initialization functions 为所有通过 INIT_PREV_EXPORT(fn) 声明的初始化函数。

（3）device init functions 为所有通过 INIT_DEVICE_EXPORT(fn) 声明的初始化函数。

（4）components init functions 为所有通过 INIT_COMPONENT_EXPORT(fn) 声明的初始化函数。

（5）enviroment init functions 为所有通过 INIT_ENV_EXPORT(fn) 声明的初始化函数。

（6）application init functions 为所有通过 INIT_APP_EXPORT(fn) 声明的初始化函数。

rt_components_board_init() 函数执行得比较早，主要初始化相关硬件环境，执行这个函数时将会遍历通过 INIT_BOARD_EXPORT(fn) 声明的初始化函数表，并调用各个函数。

rt_components_init() 函数会在操作系统运行之后创建的 main 线程里被调用执行，这个时候硬件环境和操作系统已经初始化完成，可以执行应用相关代码。rt_components_init() 函数会遍历通过剩下的其他几个宏声明的初始化函数表。

RT-Thread 的自动初始化机制使用了自定义 RTI 符号段，将需要在启动时进行初始化的函数指针放到了该段中，形成一张初始化函数表，系统在启动过程中会遍历该表，并调用表中的函数，达到自动初始化的目的。

用来实现自动初始化功能的宏接口定义详细描述如表 3-1 所示。

表 3-1　组件初始化相关宏接口

初始化顺序	宏接口	描述
1	INIT_BOARD_EXPORT(fn)	非常早期的初始化，此时调度器还未启动
2	INIT_PREV_EXPORT(fn)	主要用于纯软件的初始化、没有太多依赖的函数
3	INIT_DEVICE_EXPORT(fn)	外设驱动初始化相关，比如网卡设备
4	INIT_COMPONENT_EXPORT(fn)	组件初始化，比如文件系统或者 LWIP
5	INIT_ENV_EXPORT(fn)	系统环境初始化，比如挂载文件系统
6	INIT_APP_EXPORT(fn)	应用初始化，比如 GUI 应用

初始化函数主动通过这些宏接口进行声明，如 INIT_BOARD_EXPORT(rt_hw_usart_init)，链接器会自动收集所有被声明的初始化函数，放到 RTI 符号段中，该符号段位于内存分布的 RO 段中，该 RTI 符号段中的所有函数在系统初始化时会被自动调用。

3.5　RT-Thread 内核对象模型

3.5.1　静态对象和动态对象

RT-Thread 内核采用面向对象的设计思想进行设计，系统级的基础设施都是内核对象，例如线程、信号量、互斥量、定时器等。内核对象分为两类，即静态内核对象和动态内核对象，静态内核对象通常放在 RW 段和 ZI 段中，系统启动后在程序中初始化；动态内核对象则是从内存堆中创建的，而后进行手工初始化。

代码清单 3-1 就是一个关于静态线程和动态线程的例子。

代码清单3-1　静态对象和动态对象示例

```
/* 线程 1 的对象和运行时用到的栈 */
static struct rt_thread thread1;
static rt_uint8_t thread1_stack[512];

/* 线程 1 入口 */
void thread1_entry(void* parameter)
{
    int i;

    while (1)
    {
        for (i = 0; i < 10; i ++)
        {
            rt_kprintf("%d\n", i);

            /* 延时 100ms */
            rt_thread_mdelay(100);
        }
    }
}

/* 线程 2 入口 */
void thread2_entry(void* parameter)
{
    int count = 0;
    while (1)
    {
        rt_kprintf("Thread2 count:%d\n", ++count);

        /* 延时 50ms */
        rt_thread_mdelay(50);
    }
}

/* 线程例程初始化 */
int thread_sample_init()
{
    rt_thread_t thread2_ptr;
    rt_err_t result;

    /* 初始化线程 1 */
    /* 线程的入口是 thread1_entry，参数是 RT_NULL
     * 线程栈是 thread1_stack
     * 优先级是 200，时间片是 10 个 OS Tick
     */
```

```
        result = rt_thread_init(&thread1,
                                "thread1",
                                thread1_entry, RT_NULL,
                                &thread1_stack[0], sizeof(thread1_stack),
                                200, 10);

        /* 启动线程 */
        if (result == RT_EOK) rt_thread_startup(&thread1);

        /* 创建线程 2 */
        /* 线程的入口是 thread2_entry, 参数是 RT_NULL
         * 栈空间是 512, 优先级是 250, 时间片是 25 个 OS Tick
         */
        thread2_ptr = rt_thread_create("thread2",
                                       thread2_entry, RT_NULL,
                                       512, 250, 25);

        /* 启动线程 */
        if (thread2_ptr != RT_NULL) rt_thread_startup(thread2_ptr);

        return 0;
    }
```

在这个例子中，thread1 是一个静态线程对象，而 thread2 是一个动态线程对象。thread1 对象的内存空间，包括线程控制块 thread1 与栈空间 thread1_stack，都是编译时决定的，因为代码中都不存在初始值，统一放在未初始化数据段中。thread2 运行中用到的空间都是动态分配的，包括线程控制块（thread2_ptr 指向的内容）和栈空间。

静态对象会占用 RAM 空间，不依赖于内存堆管理器，内存分配时间确定。动态对象则依赖于内存堆管理器，运行时申请 RAM 空间，当对象被删除后，占用的 RAM 空间被释放。这两种方式各有利弊，可以根据实际环境需求选择具体使用方式。

3.5.2　内核对象管理架构

RT-Thread 采用内核对象管理系统来访问 / 管理所有内核对象，内核对象包含内核中绝大部分设施，这些内核对象可以是静态分配的静态对象，也可以是从系统内存堆中分配的动态对象。

通过这种内核对象的设计方式，RT-Thread 做到了不依赖于具体的内存分配方式，系统的灵活性得到了极大的提高。

RT-Thread 内核对象包括线程、信号量、互斥量、事件、邮箱、消息队列和定时器、内存池、设备驱动等。对象容器中包含每类内核对象的信息，包括对象类型、大小等。对象容器给每类内核对象分配了一个链表，所有的内核对象都被链接到该链表上，RT-Thread 的内核对象容器及链表如图 3-4 所示。

图 3-5 则显示了 RT-Thread 中各类内核对象的派生和继承关系。对于每一种具体内核对象和对象控制块，除了基本结构外，还有自己的扩展属性（私有属性），例如，对于线程控

制块，在基类对象基础上进行扩展，增加了线程状态、优先级等属性。这些属性在基类对象的操作中不会用到，只有在与具体线程相关的操作中才会使用。因此，从面向对象的观点上来说，可以认为每一种具体对象都是抽象对象的派生，继承了基本对象的属性并在此基础上扩展了与自己相关的属性。

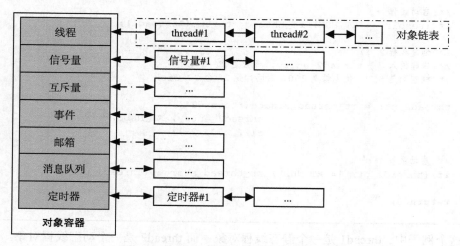

图 3-4　RT-Thread 的内核对象容器及链表

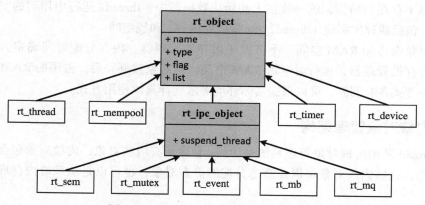

图 3-5　RT-Thread 内核对象的继承关系

在对象管理模块中，定义了通用的数据结构，用来保存各种对象的共同属性，各种具体对象只需要在此基础上加上自己的某些特别的属性，就可以清楚地表示自己的特征。

这种设计方法的优点如下。

（1）提高了系统的可重用性和扩展性，增加新的对象类别很容易，只需要继承通用对象的属性再加少量扩展即可。

（2）提供统一的对象操作方式，简化了各种具体对象的操作，提高了系统的可靠性。

图 3-5 中由对象控制块 rt_object 派生的有：线程对象、内存池对象、定时器对象、设

备对象和 IPC 对象（IPC 即 Inter-Process Communication，进程间通信。在 RT-Thread 实时操作系统中，IPC 对象的作用是进行线程间的同步与通信）；由 IPC 对象派生出信号量、互斥量、事件、邮箱与消息队列等对象。

3.5.3　对象控制块

内核对象控制块的数据结构如下。

```
struct rt_object
{
    /* 内核对象名称     */
    char        name【RT_NAME_MAX】;
    /* 内核对象类型     */
    rt_uint8_t  type;
    /* 内核对象的参数   */
    rt_uint8_t  flag;
    /* 内核对象管理链表 */
    rt_list_t   list;
};
```

目前内核对象支持的类型如下：

```
enum rt_object_class_type
{
    RT_Object_Class_Thread = 0,           /* 对象为线程类型       */
#ifdef RT_USING_SEMAPHORE
    RT_Object_Class_Semaphore,            /* 对象为信号量类型     */
#endif
#ifdef RT_USING_MUTEX
    RT_Object_Class_Mutex,                /* 对象为互斥量类型     */
#endif
#ifdef RT_USING_EVENT
    RT_Object_Class_Event,                /* 对象为事件类型       */
#endif
#ifdef RT_USING_MAILBOX
    RT_Object_Class_MailBox,              /* 对象为邮箱类型       */
#endif
#ifdef RT_USING_MESSAGEQUEUE
    RT_Object_Class_MessageQueue,         /* 对象为消息队列类型   */
#endif
#ifdef RT_USING_MEMPOOL
    RT_Object_Class_MemPool,              /* 对象为内存池类型     */
#endif
#ifdef RT_USING_DEVICE
    RT_Object_Class_Device,               /* 对象为设备类型       */
#endif
    RT_Object_Class_Timer,                /* 对象为定时器类型     */
#ifdef RT_USING_MODULE
    RT_Object_Class_Module,               /* 对象为模块           */
#endif
    RT_Object_Class_Unknown,              /* 对象类型未知         */
```

```
    RT_Object_Class_Static = 0x80              /* 对象为静态对象        */
};
```

从上面的类型说明可以看出，如果是静态对象，那么对象类型的最高位将是 1（是 RT_Object_Class_Static 与其他对象类型的与操作），否则就是动态对象，系统最多能够容纳的对象类别数目是 127 个。

3.5.4   内核对象管理方式

内核对象容器的数据结构如下。

```
struct rt_object_information
{
    /* 对象类型 */
    enum rt_object_class_type type;
    /* 对象链表 */
    rt_list_t object_list;
    /* 对象大小 */
    rt_size_t object_size;
};
```

一类对象由一个 rt_object_information 结构体来管理，这类对象的每个具体实例都通过链表的形式挂接在 object_list 上。而这类对象的内存块尺寸由 object_size 标识（每一类对象的具体实例所占有的内存块大小都是相同的）。

1. 初始化对象

在使用一个未初始化的静态对象前必须先对其进行初始化。初始化对象使用以下接口：

```
void rt_object_init(struct  rt_object*  object ,
                    enum rt_object_class_type  type ,
                    const char* name)
```

当调用该函数进行对象初始化时，系统会把这个对象放置到对象容器中进行管理，即初始化对象的一些参数，然后把这个对象节点插入到对象容器的对象链表中，对该函数的输入参数的描述如表 3-2 所示。

表 3-2   rt_object_init() 的输入参数

参数	描述
object	需要初始化的对象指针，它必须指向具体的对象内存块，而不能是空指针或野指针
type	对象的类型，必须是 rt_object_class_type 枚举类型中列出的除 RT_Object_Class_Static 以外的类型（对于静态对象或使用 rt_object_init 接口进行初始化的对象，系统会把它标识成 RT_Object_Class_Static 类型）
name	对象的名字。可以为每个对象设置一个名字，名字的最大长度由 RT_NAME_MAX 指定，并且系统不关心它是否由 '\0' 作为终结符

2. 脱离对象

可从内核对象管理器中脱离一个对象。脱离对象使用以下接口：

```
void rt_object_detach(rt_object_t object);
```

调用该接口，可使得一个静态内核对象从内核对象容器中脱离出来，即从内核对象容器链表上删除相应的对象节点。对象脱离后，对象占用的内存并不会被释放。

3. 分配对象

上述描述的都是对象初始化、脱离的接口，都是在面向对象内存块已经有的情况下，而动态对象则可以在需要时申请，不需要时释放内存空间给其他应用使用。申请分配新的对象可以使用以下接口：

```
rt_object_t rt_object_allocate(enum  rt_object_class_type type ,
                               const  char* name)
```

在调用以上接口时，系统首先需要根据对象类型来获取对象信息（特别是对象类型的大小信息，以便系统能够分配正确大小的内存数据块），而后从内存堆中分配对象所对应大小的内存空间，然后再对该对象进行必要的初始化，最后将其插入到它所在的对象容器链表中。对该函数的输入参数的描述如表 3-3 所示。

表 3-3　rt_object_allocate() 的输入参数和返回值

参数	描述
type	分配对象的类型，只能是 rt_object_class_type 中除 RT_Object_Class_Static 以外的类型。并且经过这个接口分配出来的对象类型是动态的，而不是静态的
name	对象的名字。每个对象可以设置一个名字，名字的最大长度由 RT_NAME_MAX 指定，并且系统不关心它是否是由 '\0' 作为终结符
返回	描述
分配成功的对象句柄	分配成功
RT_NULL	分配失败

4. 删除对象

当不再使用一个动态对象时，可以调用如下接口删除该对象，并释放相应的系统资源：

```
void rt_object_delete(rt_object_t object)
```

当调用以上接口时，首先从对象容器链表中脱离对象，然后释放对象所占用的内存。对该函数的输入参数的描述如表 3-4 所示。

5. 辨别对象

判断指定对象是否是系统对象（静态内核对象）。辨别对象使用以下接口：

表 3-4　rt_object_delete() 的输入参数

参数	描述
object	对象的句柄

```
rt_err_t rt_object_is_systemobject(rt_object_t object);
```

调用 rt_object_is_systemobject 接口可判断一个对象是否是系统对象，在 RT-Thread 操作系统中，一个系统对象就是一个静态对象，对象类型标识上 RT_Object_Class_Static 位置位。通常，使用 rt_object_init() 方式初始化的对象都是系统对象。对该函数的输入参数的描述如表 3-5 所示。

表 3-5 rt_object_is_systemobject() 的输入参数

参数	描述
object	对象的句柄

3.6 RT-Thread 内核配置示例

RT-Thread 的一个重要特性是高度可裁剪性，支持对内核进行精细调整，对组件进行灵活拆卸。其配置主要通过修改工程目录下的 rtconfig.h 文件来进行，用户可以通过打开 / 关闭该文件中的宏定义来对代码进行条件编译，最终达到系统配置和裁剪的目的，如下所示。

（1）RT-Thread 内核部分。

```
/* 表示内核对象的名称的最大长度，若代码中对象名称的最大长度大于宏定义的长度，
 * 多余的部分将被截掉。*/
#define RT_NAME_MAX 8

/* 字节对齐时设定对齐的字节个数。通常使用 ALIGN(RT_ALIGN_SIZE) 进行字节对齐。*/
#define RT_ALIGN_SIZE 4

/* 定义系统线程优先级数；通常用 RT_THREAD_PRIORITY_MAX-1 定义空闲线程的优先级 */
#define RT_THREAD_PRIORITY_MAX 32

/* 定义系统节拍，为 100 时表示 100 个 tick 每秒，一个 tick 为 10ms */
#define RT_TICK_PER_SECOND 100

/* 检查栈是否溢出，未定义则关闭 */
#define RT_USING_OVERFLOW_CHECK

/* 定义该宏开启 debug 模式，未定义则关闭 */
#define RT_DEBUG
/* 开启 debug 模式时：该宏定义为 0 时表示关闭打印组件初始化信息，定义为 1 时表示启用 */
#define RT_DEBUG_INIT 0
/* 开启 debug 模式时：该宏定义为 0 时表示关闭打印线程切换信息，定义为 1 时表示启用 */
#define RT_DEBUG_THREAD 0

/* 定义该宏表示开启钩子函数的使用，未定义则关闭 */
#define RT_USING_HOOK

/* 定义空闲线程的栈大小 */
#define IDLE_THREAD_STACK_SIZE 256
```

（2）线程间同步与通信部分，该部分会用到的对象有信号量、互斥量、事件、邮箱、消息队列、信号等。

```
/* 定义该宏可开启信号量的使用，未定义则关闭 */
#define RT_USING_SEMAPHORE

/* 定义该宏可开启互斥量的使用，未定义则关闭 */
```

```
#define RT_USING_MUTEX

/* 定义该宏可开启事件集的使用，未定义则关闭 */
#define RT_USING_EVENT

/* 定义该宏可开启邮箱的使用，未定义则关闭 */
#define RT_USING_MAILBOX

/* 定义该宏可开启消息队列的使用，未定义则关闭 */
#define RT_USING_MESSAGEQUEUE

/* 定义该宏可开启信号的使用，未定义则关闭 */
#define RT_USING_SIGNALS
```

（3）内存管理部分。

```
/* 开启静态内存池的使用 */
#define RT_USING_MEMPOOL

/* 定义该宏可开启两个或以上内存堆拼接的使用，未定义则关闭 */
#define RT_USING_MEMHEAP

/* 开启小内存管理算法 */
#define RT_USING_SMALL_MEM

/* 关闭 SLAB 内存管理算法 */
/* #define RT_USING_SLAB */

/* 开启堆的使用 */
#define RT_USING_HEAP
```

（4）内核设备对象。

```
/* 表示开启了系统设备的使用 */
#define RT_USING_DEVICE

/* 定义该宏可开启系统控制台设备的使用，未定义则关闭 */
#define RT_USING_CONSOLE
/* 定义控制台设备的缓冲区大小 */
#define RT_CONSOLEBUF_SIZE 128
/* 控制台设备的名称 */
#define RT_CONSOLE_DEVICE_NAME "uart1"
```

（5）自动初始化方式。

```
/* 定义该宏开启自动初始化机制，未定义则关闭 */
#define RT_USING_COMPONENTS_INIT

/* 定义该宏开启设置应用入口为 main 函数 */
#define RT_USING_USER_MAIN
/* 定义 main 线程的栈大小 */
#define RT_MAIN_THREAD_STACK_SIZE 2048
```

（6）FinSH。

```
/* 定义该宏可开启系统 FinSH 调试工具的使用，未定义则关闭 */
#define RT_USING_FINSH

/* 开启系统 FinSH 时：将该线程名称定义为 tshell */
#define FINSH_THREAD_NAME "tshell"

/* 开启系统 FinSH 时：使用历史命令 */
#define FINSH_USING_HISTORY
/* 开启系统 FinSH 时：对历史命令行数的定义 */
#define FINSH_HISTORY_LINES 5

/* 开启系统 FinSH 时：定义该宏开启使用 Tab 键，未定义则关闭 */
#define FINSH_USING_SYMTAB

/* 开启系统 FinSH 时：定义该线程的优先级 */
#define FINSH_THREAD_PRIORITY 20
/* 开启系统 FinSH 时：定义该线程的栈大小 */
#define FINSH_THREAD_STACK_SIZE 4096
/* 开启系统 FinSH 时：定义命令字符长度 */
#define FINSH_CMD_SIZE 80

/* 开启系统 FinSH 时：定义该宏开启 MSH 功能 */
#define FINSH_USING_MSH
/* 开启系统 FinSH 时：开启 MSH 功能时，定义该宏默认使用 MSH 功能 */
#define FINSH_USING_MSH_DEFAULT
/* 开启系统 FinSH 时：定义该宏，仅使用 MSH 功能 */
#define FINSH_USING_MSH_ONLY
```

（7）关于 MCU。

```
/* 定义该工程使用的 MCU 为 STM32F103ZE；系统通过对芯片类型的定义，来定义芯片的管脚 */
#define STM32F103ZE

/* 定义时钟源频率 */
#define RT_HSE_VALUE 8000000

/* 定义该宏开启 UART1 的使用 */
#define RT_USING_UART1
```

注意：在实际应用中，系统配置文件 rtconfig.h 是由配置工具自动生成的，无须手动更改。

3.7 常见宏定义说明

在 RT-Thread 中经常使用一些宏定义，下面列出 Keil 编译环境下一些常见的宏定义。

（1）rt_inline，定义如下，static 关键字的作用是令函数只能在当前的文件中使用；inline 表示内联，用 static 修饰后，在调用函数时会建议编译器进行内联展开。

```
#define rt_inline                    static __inline
```

（2）RT_USED，定义如下，该宏的作用是向编译器说明这段代码有用，即使函数中没有调用也要保留编译。例如，RT-Thread 自动初始化功能使用了自定义的段，使用 RT_USED 会将自定义的代码段保留。

```
#define RT_USED                      __attribute__((used))
```

（3）RT_UNUSED，定义如下，表示函数或变量可能不使用，这个属性可以避免编译器产生警告信息。

```
#define RT_UNUSED                    __attribute__((unused))
```

（4）RT_ WEAK，定义如下，常用于定义函数，编译器在链接函数时会优先链接没有该关键字前缀的函数，如果找不到则链接由 weak 修饰的函数。

```
#define RT_WEAK                      __weak
```

（5）ALIGN(n)，定义如下，其作用是在给某对象分配地址空间时，将其存放的地址按照 n 字节对齐，这里 n 可取 2 的幂次方。字节对齐的作用不仅是便于 CPU 快速访问，同时合理利用字节对齐可以有效地节省存储空间。

```
#define ALIGN(n)                     __attribute__((aligned(n)))
```

（6）RT_ALIGN(size, align)，定义如下，其作用是将 size 提升为 align 定义的整数的倍数，例如，RT_ALIGN(13, 4) 将返回 16。

```
#define RT_ALIGN(size, align)        (((size) + (align) - 1) & ~((align) - 1))
```

3.8 本章小结

本章介绍了 RT-Thread 的内核、内核对象模型、系统配置及系统启动流程。现总结以下要点。

❑ RT-Thread 内核部分的实现包括线程管理及调度器和定时器管理、线程间通信管理以及内存管理等，是操作系统的核心；

❑ 系统配置文件 rtconfig.h 是由配置工具自动生成的，一般情况下无须手动更改。

❑ 使用自动初始化时，需要根据实际需求安排好各个函数的先后执行顺序。

第 4 章
线 程 管 理

在日常生活中，我们要解决一个大问题，一般会将它分解成多个简单的、容易解决的小问题，小问题逐个被解决，大问题也就随之解决了。在多线程操作系统中，同样需要开发人员把一个复杂的应用分解成多个小的、可调度的、序列化的程序单元，当合理地划分任务并正确地执行时，这种设计就能够让系统满足实时系统的性能及时间的要求。例如让嵌入式系统执行这样的任务，即系统通过传感器采集数据，并通过显示屏将数据显示出来，在多线程实时系统中，可以将该任务分解成两个子任务，如图 4-1 所示，任务 1 不间断地读取传感器数据，并将数据写到共享内存中，任务 2 周期性地从共享内存中读取数据，并将传感器数据输出到显示屏上。

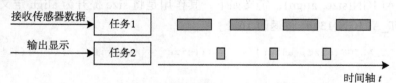

图 4-1　传感器数据接收任务与显示任务的切换执行

在 RT-Thread 中，与上述子任务对应的程序实体就是线程。线程是实现任务的载体，是 RT-Thread 中最基本的调度单位，它描述了一个任务执行的运行环境，也描述了该任务所处的优先等级。重要的任务可设置相对较高的优先级，非重要的任务可以设置较低的优先级，不同的任务还可以设置相同的优先级，轮流运行。

当线程运行时，它会认为自己是以独占 CPU 的方式在运行，线程执行时的运行环境称为上下文，具体来说就是各个变量和数据，包括所有的寄存器变量、堆栈、内存信息等。

本章将分成 5 节内容对 RT-Thread 线程管理进行介绍，读完本章，读者会对 RT-Thread 的线程管理机制有比较深入的了解，对于线程有哪些状态、如何创建一个线程、为什么会存在空闲线程等问题，心中也会有一个明确的答案。

4.1　线程管理的功能特点

RT-Thread 线程管理的主要功能是对线程进行管理和调度。系统中共存在两类线程，分

别是系统线程和用户线程，系统线程是由 RT-Thread 内核创建的线程，用户线程是由应用
程序创建的线程。这两类线程都会从内核对象容器中分配线程对象，当线程被删除时，线
程对象也会被从对象容器中删除。如图 4-2 所示，每个线程都有重要的属性，如线程控制
块、线程栈、入口函数等。

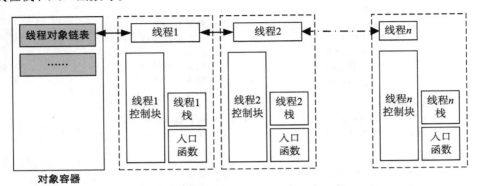

图 4-2　对象容器与线程对象

　　RT-Thread 的线程调度器是抢占式的，其主要工作就是从就绪线程列表中查找最高优先
级线程，保证优先级最高的线程能够被运行，优先级最高的任务一旦就绪，总能得到 CPU
的使用权。

　　当一个运行的线程使一个比它优先级高的线程满足运行条件，则当前线程的 CPU 使用
权就被剥夺了，或者说让出了，高优先级的线程会立刻得到 CPU 的使用权。

　　如果是中断服务程序使一个高优先级的线程满足运行条件，则中断完成时，被中断的
线程挂起，优先级高的线程开始运行。

　　当调度器调度线程切换时，先将当前线程上下文保存起来，当再切回到这个线程时，
线程调度器将恢复该线程的上下文信息。

4.2　线程的工作机制

4.2.1　线程控制块

　　在 RT-Thread 中，线程控制块由结构体 struct rt_thread 表示。线程控制块是操作系统用
于管理线程的数据结构，它会存放线程的一些信息，例如优先级、线程名称、线程状态等，
也包含线程与线程之间连接用的链表结构、线程等待事件集合等，详细定义如下：

```
/* 线程控制块 */
struct rt_thread
{
    /* rt 对象 */
    char          name[RT_NAME_MAX];      /* 线程名称 */
```

```
        rt_uint8_t   type;                    /* 对象类型 */
        rt_uint8_t   flags;                   /* 标志位 */

        rt_list_t    list;                    /* 对象列表 */
        rt_list_t    tlist;                   /* 线程列表 */

        /* 栈指针与入口指针 */
        void        *sp;                      /* 栈指针 */
        void        *entry;                   /* 入口函数指针 */
        void        *parameter;               /* 参数 */
        void        *stack_addr;              /* 栈地址指针 */
        rt_uint32_t stack_size;               /* 栈大小 */

        /* 错误代码 */
        rt_err_t     error;                   /* 线程错误代码 */
        rt_uint8_t   stat;                    /* 线程状态 */

        /* 优先级 */
        rt_uint8_t   current_priority;        /* 当前优先级 */
        rt_uint8_t   init_priority;           /* 初始优先级 */
        rt_uint32_t number_mask;

        ......

        rt_ubase_t   init_tick;               /* 线程初始化计数值 */
        rt_ubase_t   remaining_tick;          /* 线程剩余计数值 */

        struct rt_timer thread_timer;         /* 内置线程定时器 */

        void (*cleanup)(struct rt_thread *tid);  /* 线程退出清除函数 */
        rt_uint32_t user_data;                   /* 用户数据 */
    };
```

其中 init_priority 是线程创建时指定的线程优先级，它在线程运行过程中是不会改变的（除非用户执行线程控制函数手动调整线程优先级）。cleanup 会在线程退出时被空闲线程回调一次，以执行用户设置的清理现场等工作。最后一个成员 user_data 可由用户挂接一些数据信息到线程控制块中，以提供类似线程私有数据的实现。

4.2.2 线程的重要属性

1. 线程栈

RT-Thread 线程具有独立的栈，当进行线程切换时，会将当前线程的上下文保存在栈中，当线程要恢复运行时，再从栈中读取上下文信息进行恢复。

线程栈还用来存放函数中的局部变量：函数中的局部变量从线程栈空间中申请；函数中局部变量初始时从寄存器中分配（ARM 架构），当该函数再调用另一个函数时，这些局部变量将被放入栈中。

第一次运行线程时，可以以手工的方式构造上下文来设置一些初始环境：入口函数（PC

寄存器）、入口参数（R0 寄存器）、返回位置（LR 寄存器）、当前机器运行状态（CPSR 寄存器）。

线程栈的增长方向是与芯片构架密切相关的，RT-Thread 3.1.0 以前的版本均只支持栈由高地址向低地址增长，对于 ARM Cortex M 架构，线程栈的构造如图 4-3 所示。

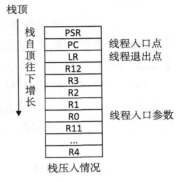

图 4-3 线程栈（ARM）

线程栈大小可以这样设定：对于资源相对较大的 MCU，可以设计较大的线程栈；也可以在初始时设置较大的栈。例如指定大小为 1KB 或 2KB，然后在 FinSH 中用 list_thread 命令查看线程运行过程中线程所使用的栈的大小。通过此命令，能够看到从线程启动运行时到当前时刻点，线程使用的最大栈深度，而后加上适当的余量形成最终的线程栈大小，最后对栈空间大小加以修改。

2. 线程状态

在线程运行过程中，同一时间内只允许一个线程在处理器中运行。从运行的过程上划分，线程有多种不同的运行状态，如初始状态、挂起状态、就绪状态等。在 RT-Thread 中，线程包含 5 种状态，操作系统会自动根据线程运行的情况来动态调整其状态。RT-Thread 中线程的 5 种状态如表 4-1 所示。

表 4-1 线程的 5 种状态

状态	描述
初始状态	当线程刚开始创建且还没开始运行时就处于初始状态；在初始状态下，线程不参与调度。此状态在 RT-Thread 中的宏定义为 RT_THREAD_INIT
就绪状态	在就绪状态下，线程按照优先级排队，等待被执行；一旦当前线程运行完毕让出处理器，操作系统会马上寻找最高优先级的就绪状态线程运行。此状态在 RT-Thread 中的宏定义为 RT_THREAD_READY
运行状态	线程当前正在运行。在单核系统中，只有 rt_thread_self() 函数返回的线程处于运行状态；在多核系统中，可能就不止一个线程处于运行状态。此状态在 RT-Thread 中的宏定义为 RT_THREAD_RUNNING
挂起状态	也称阻塞态。它可能因为资源不可用而挂起等待，或线程主动延时一段时间而挂起。在挂起状态下，线程不参与调度。此状态在 RT-Thread 中的宏定义为 RT_THREAD_SUSPEND
关闭状态	当线程运行结束时将处于关闭状态。关闭状态的线程不参与线程的调度。此状态在 RT-Thread 中的宏定义为 RT_THREAD_CLOSE

3. 线程优先级

RT-Thread 线程的优先级表示线程被调度的优先程度。每个线程都具有优先级，线程越重要，被赋予的优先级就越高，该线程被调度的可能性就越大。

RT-Thread 最大支持 256 个线程优先级（0 ～ 255），数值越小的优先级越高，0 为最高优先级。在一些资源比较紧张的系统中，可以根据实际情况选择只支持 8 个或 32 个优先级的系统配置；对于 ARM Cortex-M 系列，普遍采用 32 个优先级。最低优先级默认分配给空闲线程使用，用户一般不使用。在系统中，当比当前线程优先级更高的线程就绪时，当前线程将立刻被换出，高优先级线程抢占处理器运行。

4. 时间片

每个线程都有时间片参数，但时间片仅对优先级相同的就绪状态线程有效。当系统对优先级相同的就绪状态线程采用时间片轮转的调度方式进行调度时，时间片起到约束线程单次运行时长的作用，其单位是一个系统节拍（OS Tick），详见第 5 章。假设有 2 个优先级相同的就绪状态线程 A 与 B，A 线程的时间片设置为 10，B 线程的时间片设置为 5，那么当系统中不存在比 A 优先级高的就绪状态线程时，系统会在 A、B 线程间来回切换执行，并且每次对 A 线程执行 10 个节拍的时长，对 B 线程执行 5 个节拍的时长，如图 4-4 所示。

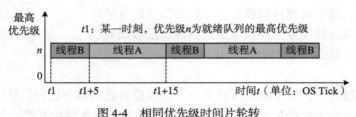

图 4-4 相同优先级时间片轮转

5. 线程的入口函数

线程控制块中的 entry 是线程的入口函数，它是线程实现预期功能的函数。线程的入口函数由用户设计实现，一般有以下两种代码模式。

（1）无限循环模式：在实时系统中，线程通常是被动式的。这是由实时系统的特性所决定的，实时系统通常总是等待外界事件的发生，而后进行相应的服务。

```
void thread_entry(void* paramenter)
{
    while (1)
    {
        /* 等待事件的发生 */

        /* 对事件进行服务、进行处理 */
    }
}
```

线程看似没有什么限制程序执行的因素，似乎所有的操作都可以执行。但是作为一个优先级明确的实时系统，如果一个线程中的程序陷入了死循环，那么比它优先级低的线程都将不能得到执行。所以在实时操作系统中必须注意的一点是：线程中不能陷入死循环操作，必须要有让出 CPU 使用权的动作，如在循环中调用延时函数或者主动挂起。用户设计这种无限循环线程的目的，就是为了让该线程一直被系统循环调度运行，永不删除。

（2）顺序执行或有限次循环模式：简单的顺序语句、do whlie() 或 for() 循环等，此类线程不会循环或不会永久循环，可称它们为"一次性"线程，它们一定会被执行完毕。在执行完毕后，线程将被系统自动删除。

```
static void thread_entry(void* parameter)
{
/* 处理事务 #1 */
...
/* 处理事务 #2 */
...
/* 处理事务 #3 */
}
```

6. 线程错误码

一个线程就是一个执行场景，错误码是与执行环境密切相关的，所以为每个线程配备了一个变量，用于保存错误码。线程的错误码有以下几种：

```
#define RT_EOK          0  /* 无错误 */
#define RT_ERROR        1  /* 普通错误 */
#define RT_ETIMEOUT     2  /* 超时错误 */
#define RT_EFULL        3  /* 资源已满 */
#define RT_EEMPTY       4  /* 无资源 */
#define RT_ENOMEM       5  /* 无内存 */
#define RT_ENOSYS       6  /* 系统不支持 */
#define RT_EBUSY        7  /* 系统忙 */
#define RT_EIO          8  /* IO 错误 */
#define RT_EINTR        9  /* 中断系统调用 */
#define RT_EINVAL      10  /* 非法参数 */
```

4.2.3　线程状态切换

RT-Thread 提供一系列的操作系统调用接口，使得线程的状态在这 5 种状态之间来回切换。几种状态之间的转换关系如图 4-5 所示。

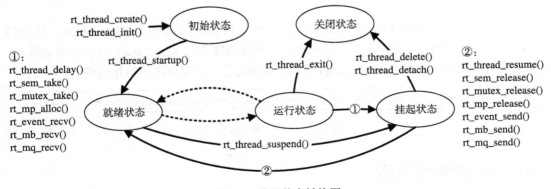

图 4-5　线程状态转换图

线程通过调用函数 rt_thread_create() 或 rt_thread_init() 进入初始状态（RT_THREAD_INIT）；初始状态的线程通过调用函数 rt_thread_startup() 进入就绪状态（RT_THREAD_

READY）；就绪状态的线程被调度器调度后进入运行状态（RT_THREAD_RUNNING）；当处于运行状态的线程调用 rt_thread_delay()、rt_sem_take()、rt_mutex_take()、rt_mb_recv() 等函数或者获取不到资源时，将进入挂起状态（RT_THREAD_SUSPEND）；处于挂起状态的线程，如果等待超时依然未能获得资源或由于其他线程释放了资源，它将返回到就绪状态。挂起状态的线程，如果调用 rt_thread_delete、rt_thread_detach() 函数，将更改为关闭状态（RT_THREAD_CLOSE）；而运行状态的线程，如果运行结束，就会在线程的最后部分执行 rt_thread_exit() 函数，将状态更改为关闭状态。

注意：RT-Thread 中，实际上线程并不存在运行状态，就绪状态和运行状态是等同的。

4.2.4　系统线程

前文中已提到，系统线程是指由系统创建的线程，用户线程是由用户程序调用线程管理接口创建的线程，在 RT-Thread 内核中的系统线程有空闲线程和主线程。

1. 空闲线程

空闲线程是系统创建的最低优先级的线程，线程状态永远为就绪状态。当系统中无其他就绪线程存在时，调度器将调度到空闲线程，它通常是一个死循环，且永远不能被挂起。另外，空闲线程在 RT-Thread 中也有它的特殊用途。

若某线程运行完毕，系统将自动删除线程：自动执行 rt_thread_exit() 函数，先将该线程从系统就绪队列中删除，再将该线程的状态更改为关闭状态，不再参与系统调度，然后挂入 rt_thread_defunct 僵尸队列（资源未回收、处于关闭状态的线程队列）中，最后空闲线程会回收被删除线程的资源。

空闲线程也提供了接口来运行用户设置的钩子函数，在空闲线程运行时会调用该钩子函数，适合钩入功耗管理、看门狗、喂狗等工作。

2. 主线程

在系统启动时，系统会创建 main 线程，它的入口函数为 main_thread_entry()，用户的应用入口函数 main() 就是从这里真正开始的。系统调度器启动后，main 线程就开始运行，过程如图 4-6 所示，用户可以在 main() 函数里添加自己的应用程序初始化代码。

图 4-6　主线程调用过程

4.3　线程的管理方式

本章前面对线程的功能与工作机制进行了概念上的讲解，相信大家对线程已经不再陌生。本节将深入介绍 RT-Thread 线程的各个接口，并给出部分源码，帮助读者在代码层次上理解线程。

图 4-7 描述了线程的相关操作,包括创建 / 初始化线程、启动线程、运行线程、删除 /
脱离线程。可以使用 rt_thread_create() 创建一个动态线程,使用 rt_thread_init() 初始化一个
静态线程,动态线程与静态线程的区别是:动态线程是系统自动从动态内存堆上分配栈空
间与线程句柄(初始化 heap 之后才能使用 create 创建动态线程),静态线程由用户分配栈空
间与线程句柄。

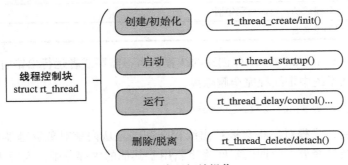

图 4-7　线程相关操作

4.3.1　创建和删除线程

一个线程要成为可执行的对象,就必须由操作系统的内核来为它创建一个线程。可以
通过如下接口创建一个动态线程:

```
rt_thread_t rt_thread_create(const char* name,
                             void (*entry)(void* parameter),
                             void* parameter,
                             rt_uint32_t stack_size,
                             rt_uint8_t priority,
                             rt_uint32_t tick);
```

调用这个函数时,系统会从动态堆内存中分配一个线程句柄并按照参数中指定的栈
大小从动态堆内存中分配相应的空间。分配出来的栈空间按照 rtconfig.h 中配置的 RT_
ALIGN_SIZE 方式对齐。线程创建接口的参数和返回值如表 4-2 所示。

表 4-2　rt_thread_create() 的输入参数和返回值

参数	描述
name	线程的名称;线程名称的最大长度由 rtconfig.h 中的宏 RT_NAME_MAX 指定,多余部分会被自动截掉
entry	线程入口函数
parameter	线程入口函数参数
stack_size	线程栈大小,单位是字节
priority	线程的优先级。优先级范围取决于系统配置情况(rtconfig.h 中的 RT_THREAD_PRIORITY_MAX 宏定义),如果支持的是 256 级优先级,那么范围是 0 ~ 255。数值越小优先级越高,0 代表最高优先级

（续）

参数	描述
tick	线程的时间片大小。时间片（tick）的单位是操作系统的时钟节拍。当系统中存在相同优先级的线程时，这个参数指定线程一次调度能够运行的最大时间长度。这个时间片运行结束时，调度器自动选择下一个就绪状态的同优先级线程运行

返回	描述
thread	线程创建成功，返回线程句柄
RT_NULL	线程创建失败

对于一些使用 rt_thread_create() 创建的线程，当不需要或者运行出错时，我们可以使用下面的函数接口从系统中把线程完全删除掉：

```
rt_err_t rt_thread_delete(rt_thread_t thread);
```

调用该函数后，线程对象将会被移出线程队列并且从内核对象管理器中删除，线程占用的堆栈空间也会被释放，收回的空间将重新用于其他的内存分配。实际上，用 rt_thread_delete() 函数删除线程接口，仅仅是把相应的线程状态更改为 RT_THREAD_CLOSE 状态，然后放入 rt_thread_defunct 队列中；而真正的删除动作（释放线程控制块和释放线程栈）需要到下一次执行空闲线程时，由空闲线程完成最后的线程删除动作。线程删除接口的参数和返回值如表 4-3 所示。

这个函数仅在使能了系统动态堆时才有效（即 RT_USING_HEAP 宏定义已经完成）。

表 4-3 rt_thread_delete() 的输入参数和返回值

参数	描述
thread	要删除的线程句柄
返回	描述
RT_EOK	删除线程成功
-RT_ERROR	删除线程失败

4.3.2 初始化和脱离线程

线程的初始化可以使用下面的函数接口完成，它用于初始化静态线程对象：

```
rt_err_t rt_thread_init(struct rt_thread* thread,
                        const char* name,
                        void (*entry)(void* parameter), void* parameter,
                        void* stack_start, rt_uint32_t stack_size,
                        rt_uint8_t priority, rt_uint32_t tick);
```

静态线程的线程句柄（或者说线程控制块指针）、线程栈由用户提供。静态线程的线程控制块、线程运行栈一般都设置为全局变量，在编译时就被确定和被分配处理，内核不负责动态分配内存空间。需要注意的是，用户提供的栈首地址需进行系统对齐（例如 ARM 上需要进行 4 字节对齐）。线程初始化接口的参数和返回值如表 4-4 所示。

表 4-4 rt_thread_init() 的输入参数和返回值

参数	描述
thread	线程句柄。线程句柄由用户提供，指向对应的线程控制块内存地址

（续）

参数	描述
name	线程的名称；线程名称的最大长度由 rtconfig.h 中定义的 RT_NAME_MAX 宏指定，多余部分会被自动截掉
entry	线程入口函数
parameter	线程入口函数参数
stack_start	线程栈起始地址
stack_size	线程栈大小，单位是字节。在大多数系统中需要进行栈空间地址对齐（例如 ARM 体系结构中需要向 4 字节地址对齐）
priority	线程的优先级。优先级范围取决于系统配置情况（rtconfig.h 中的 RT_THREAD_PRIORITY_MAX 宏定义），如果支持的是 256 级优先级，那么范围是 0 ～ 255。数值越小优先级越高，0 代表最高优先级
tick	线程的时间片大小。时间片（tick）的单位是操作系统的时钟节拍。当系统中存在相同优先级的线程时，这个参数指定线程一次调度能够运行的最大时间长度。这个时间片运行结束时，调度器自动选择下一个就绪状态的同优先级线程运行
返回	描述
RT_EOK	线程创建成功
-RT_ERROR	线程创建失败

对于用 rt_thread_init() 初始化的线程，使用 rt_thread_detach() 将使线程对象从线程队列和内核对象管理器中脱离。线程脱离函数如下：

```
rt_err_t rt_thread_detach (rt_thread_t thread);
```

线程脱离接口的参数和返回值见表 4-5。

这个函数接口是和 rt_thread_delete() 函数相对应的，rt_thread_delete() 函数操作的对象是 rt_thread_create() 创建的句柄，而 rt_thread_detach() 函数操作的对象是使用 rt_thread_init() 函数初始化的线程控制块。同样，线程本身不应调用这个接口脱离线程本身。

表 4-5　rt_thread_detach() 的输入参数和返回值

参数	描述
thread	线程句柄，它应该是由 rt_thread_init() 进行初始化的线程句柄
返回	描述
RT_EOK	线程脱离成功
-RT_ERROR	线程脱离失败

4.3.3　启动线程

创建（初始化）的线程状态处于初始状态，并未进入就绪线程的调度队列，我们可以在线程初始化 / 创建成功后调用下面的函数接口让该线程进入就绪状态：

```
rt_err_t rt_thread_startup(rt_thread_t thread);
```

当调用这个函数时，线程的状态会更改为就绪状态，并且线程会被放到相应优先级队列中等待调度。如果新启动的线程优先级比当前线程优先级高，将立刻切换到这个新线程。线程启动接口的参数和返回值见表 4-6。

表 4-6 rt_thread_startup() 的输入参数和返回值

参数	描述
thread	线程句柄
返回	描述
RT_EOK	线程启动成功
-RT_ERROR	线程起动失败

4.3.4 获得当前线程

在程序运行过程中，一段相同的代码可能会被多个线程执行，在执行的时候可以通过下面的函数接口获得当前执行的线程句柄：

```
rt_thread_t rt_thread_self(void);
```

该接口的返回值见表 4-7。

表 4-7 rt_thread_self() 的返回值

返回	描述
thread	当前运行的线程句柄
RT_NULL	失败，调度器还未启动

4.3.5 使线程让出处理器资源

当前线程的时间片用完或者该线程主动让出处理器资源时，它将不再占有处理器，调度器会选择相同优先级的下一个线程执行。线程调用这个接口后，该线程仍然在就绪队列中。线程让出处理器时使用下面的函数接口：

```
rt_err_t rt_thread_yield(void);
```

调用该函数后，当前线程首先把自己从所在的就绪优先级线程队列中删除，然后把自己挂到该优先级队列链表的尾部，然后激活调度器进行线程上下文切换（如果当前优先级只有这一个线程，则线程继续执行，不进行上下文切换动作）。

rt_thread_yield() 函数和 rt_schedule() 函数比较相像，但在有相同优先级的其他就绪状态线程存在时，系统的行为却完全不一样。执行 rt_thread_yield() 函数后，当前线程被换出，相同优先级的下一个就绪线程将被执行。而执行 rt_schedule() 函数后，当前线程并不一定被换出，即使被换出，也不会被放到就绪线程链表的尾部，而是在系统中选取就绪的优先级最高的线程执行（如果系统中没有比当前线程优先级更高的线程存在，那么执行完 rt_schedule() 函数后，系统将继续执行当前线程）。

4.3.6 使线程睡眠

在实际应用中，我们有时需要让当前运行的线程延迟一段时间，即在指定的时间到达后重新运行，这就叫作"线程睡眠"。线程睡眠可使用以下 3 个函数接口：

```
rt_err_t rt_thread_sleep(rt_tick_t tick);
rt_err_t rt_thread_delay(rt_tick_t tick);
rt_err_t rt_thread_mdelay(rt_int32_t ms);
```

这 3 个函数接口的作用相同，调用它们可以使当前线程挂起一段指定的时间，当这个时间过后，线程会被唤醒并再次进入就绪状态。这些函数接受一个参数，该参数指定线程的休眠时间。线程睡眠接口的参数和返回值见表 4-8。

表 4-8 rt_thread_sleep/delay/mdelay() 的输入参数和返回值

参数	描述
tick/ms	线程睡眠的时间 sleep/delay 的传入参数 tick 以 1 个 OS Tick 为单位 mdelay 的传入参数 ms 以 1ms 为单位
返回	描述
RT_EOK	操作成功

4.3.7 挂起和恢复线程

当线程调用 rt_thread_delay() 时，线程将主动挂起；当调用 rt_sem_take()、rt_mb_recv() 等函数时，资源不可使用也将导致线程挂起。处于挂起状态的线程，如果其等待的资源超时（超过其设定的等待时间），那么该线程将不再等待这些资源，而是返回到就绪状态；或者，当其他线程释放掉该线程所等待的资源时，该线程也会返回到就绪状态。

线程挂起使用下面的函数接口：

`rt_err_t rt_thread_suspend (rt_thread_t thread);`

线程挂起接口的参数和返回值见表 4-9。

表 4-9 rt_thread_suspend() 的输入参数和返回值

参数	描述
thread	线程句柄
返回	描述
RT_EOK	线程挂起成功
-RT_ERROR	线程挂起失败，因为该线程的状态并不是就绪状态

注意：通常不应该使用这个函数来挂起线程本身，如果确实需要采用 rt_thread_suspend() 函数挂起当前任务，需要在调用 rt_thread_suspend() 函数后立刻调用 rt_schedule() 函数进行手动的线程上下文切换。用户只需要了解该接口的作用，不推荐使用该接口。

恢复线程就是让挂起的线程重新进入就绪状态，并将线程放入系统的就绪队列中；如果被恢复线程在所有就绪状态线程中位于最高优先级链表的第一位，那么系统将进行线程上下文的切换。线程恢复使用下面的函数接口：

`rt_err_t rt_thread_resume (rt_thread_t thread);`

线程恢复接口的参数和返回值见表 4-10。

表 4-10 rt_thread_resume() 的输入参数和返回值

参数	描述
thread	线程句柄

(续)

返回	描述
RT_EOK	线程恢复成功
-RT_ERROR	线程恢复失败,因为该线程的状态并不是 RT_THREAD_SUSPEND 状态

4.3.8 控制线程

当需要对线程进行一些其他控制时,例如动态更改线程的优先级,可以调用如下函数接口:

```
rt_err_t rt_thread_control(rt_thread_t thread, rt_uint8_t cmd, void* arg);
```

线程控制接口的参数和返回值见表 4-11。

指示控制命令 cmd 当前支持的命令如下。

❑ RT_THREAD_CTRL_CHANGE_ PRIORITY :动态更改线程的优先级。

❑ RT_THREAD_CTRL_STARTUP : 开始运行一个线程,等同于 rt_ thread_startup() 函数调用。

表 4-11 rt_thread_control() 的输入参数和返回值

参数	描述
thread	线程句柄
cmd	指示控制命令
arg	控制参数
返回	描述
RT_EOK	控制执行正确
-RT_ERROR	失败

❑ RT_THREAD_CTRL_CLOSE:关闭一个线程,等同于 rt_thread_delete() 函数调用。

4.3.9 设置和删除空闲钩子

空闲钩子函数是空闲线程的钩子函数,如果设置了空闲钩子函数,就可以在系统执行空闲线程时自动执行空闲钩子函数来做一些其他事情,比如系统指示灯。设置和删除空闲钩子的接口如下:

```
rt_err_t rt_thread_idle_sethook(void (*hook)(void));
rt_err_t rt_thread_idle_delhook(void (*hook)(void));
```

设置空闲钩子函数的输入参数和返回值如表 4-12 所示。

表 4-12 rt_thread_idle_sethook() 的输入参数和返回值

参数	描述
hook	设置的钩子函数
返回	描述
RT_EOK	设置成功
-RT_EFULL	设置失败

删除空闲钩子函数的输入参数和返回值如表 4-13 所示。

表 4-13　rt_thread_idle_delhook() 的输入参数和返回值

参数	描述
hook	删除的钩子函数
返回	描述
RT_EOK	删除成功
-RT_ENOSYS	删除失败

注意：空闲线程是一个线程状态永远为就绪状态的线程，因此设置的钩子函数必须保证空闲线程在任何时刻都不会处于挂起状态，例如 rt_thread_delay()、rt_sem_take() 等可能会导致线程挂起的函数都不能使用。

4.3.10　设置调度器钩子

在整个系统运行时，系统都处于线程运行、中断触发 – 响应中断、切换到其他线程，甚至是线程间的切换过程中，或者说系统的上下文切换是系统中最普遍的事件。有时用户可能会想知道在某个时刻发生了什么样的线程切换，可以通过调用下面的函数接口设置一个相应的钩子函数。在系统线程切换时，这个钩子函数将被调用：

```
void rt_scheduler_sethook(void (*hook)(struct rt_thread* from, struct rt_thread* to));
```

设置调度器钩子函数的输入参数如表 4-14 所示。

钩子函数 hook() 的声明如下：

表 4-14　rt_scheduler_sethook() 的输入参数

参数	描述
hook	表示用户定义的钩子函数指针

```
void hook(struct rt_thread* from, struct rt_thread* to);
```

调度器钩子函数 hook() 的输入参数如表 4-15 所示。

表 4-15　调度器 hook() 的输入参数

参数	描述
from	表示系统所要切换出的线程控制块指针
to	表示系统所要切换到的线程控制块指针

注意：请仔细编写你的钩子函数，稍有不慎便会导致整个系统运行不正常（在这个钩子函数中，基本上不允许调用系统 API，更不应该导致当前运行的上下文挂起）。

4.4　线程应用示例

下面给出在 Keil 模拟器环境下的应用示例，本书前 9 章的应用示例均在 Keil 模拟器环境下运行。

4.4.1　创建线程示例

下面的例子创建一个动态线程并初始化一个静态线程，一个线程在运行完毕后自动被系统删除，另一个线程一直打印计数，如代码清单 4-1 所示。

代码清单4-1　线程使用示例

```c
#include <rtthread.h>

#define THREAD_PRIORITY         25
#define THREAD_STACK_SIZE       512
#define THREAD_TIMESLICE        5

static rt_thread_t tid1 = RT_NULL;

/* 线程 1 的入口函数 */
static void thread1_entry(void *parameter)
{
    rt_uint32_t count = 0;

    while (1)
    {
        /* 线程 1 采用低优先级运行，一直打印计数值 */
        rt_kprintf("thread1 count: %d\n", count ++);
        rt_thread_mdelay(500);
    }
}

ALIGN(RT_ALIGN_SIZE)
static char thread2_stack[1024];
static struct rt_thread thread2;
/* 线程 2 入口 */
static void thread2_entry(void *param)
{
    rt_uint32_t count = 0;

    /* 线程 2 拥有较高的优先级，可以抢占线程 1 而获得执行 */
    for (count = 0; count < 10 ; count++)
    {
        /* 线程 2 打印计数值 */
        rt_kprintf("thread2 count: %d\n", count);
    }
    rt_kprintf("thread2 exit\n");
    /* 线程 2 运行结束后也将自动被系统删除 */
}

/* 线程示例 */
int thread_sample(void)
{
    /* 创建线程 1，名称是 thread1，入口是 thread1_entry*/
```

```
    tid1 = rt_thread_create("thread1",
                            thread1_entry, RT_NULL,
                            THREAD_STACK_SIZE,
                            THREAD_PRIORITY, THREAD_TIMESLICE);

    /* 如果获得线程控制块，启动这个线程 */
    if (tid1 != RT_NULL)
        rt_thread_startup(tid1);

    /* 初始化线程 2，名称是 thread2，入口是 thread2_entry */
    rt_thread_init(&thread2,
                   "thread2",
                   thread2_entry,
                   RT_NULL,
                   &thread2_stack[0],
                   sizeof(thread2_stack),
                   THREAD_PRIORITY - 1, THREAD_TIMESLICE);
    rt_thread_startup(&thread2);

    return 0;
}

/* 导出到 msh 命令列表中 */
MSH_CMD_EXPORT(thread_sample, thread sample);
```

仿真运行结果如下：

```
 \ | /
- RT -     Thread Operating System
 / | \     3.1.0 build Aug 24 2018
 2006 - 2018 Copyright by rt-thread team
msh >thread_sample
msh >thread2 count: 0
thread2 count: 1
thread2 count: 2
thread2 count: 3
thread2 count: 4
thread2 count: 5
thread2 count: 6
thread2 count: 7
thread2 count: 8
thread2 count: 9
thread2 exit
thread1 count: 0
thread1 count: 1
thread1 count: 2
thread1 count: 3
...
```

线程 2 计数到一定值时会执行完毕，并被系统自动删除，计数停止。线程 1 一直打印
计数。

注意： 大多数线程都是循环执行的，无须删除；而对于能运行完毕的线程，RT-Thread 在线程运行完毕后自动删除线程，在 rt_thread_exit() 里完成删除动作。用户只需要了解删除线程接口的作用，不推荐使用该接口（可以由其他线程调用此接口或在定时器超时函数中调用此接口删除一个线程，但是这种用法非常少）。

4.4.2　线程时间片轮转调度示例

下面的例子创建两个线程，在执行时会一直打印计数，如代码清单 4-2 所示。

代码清单4-2　线程时间片示例

```c
#include <rtthread.h>

#define THREAD_STACK_SIZE    1024
#define THREAD_PRIORITY      20
#define THREAD_TIMESLICE     10

/* 线程入口 */
static void thread_entry(void* parameter)
{
    rt_uint32_t value;
    rt_uint32_t count = 0;

    value = (rt_uint32_t)parameter;
    while (1)
    {
        if(0 == (count % 5))
        {
            rt_kprintf("thread %d is running ,thread %d count = %d\n", value ,
value , count);

            if(count > 200)
                return;
        }
        count++;
    }
}

int timeslice_sample(void)
{
    rt_thread_t tid = RT_NULL;
    /* 创建线程1 */
    tid = rt_thread_create("thread1",
                    thread_entry, (void*)1,
                    THREAD_STACK_SIZE,
                    THREAD_PRIORITY, THREAD_TIMESLICE);
    if (tid != RT_NULL)
        rt_thread_startup(tid);

    /* 创建线程2 */
```

```
        tid = rt_thread_create("thread2",
                        thread_entry, (void*)2,
                        THREAD_STACK_SIZE,
                        THREAD_PRIORITY, THREAD_TIMESLICE-5);
    if (tid != RT_NULL)
        rt_thread_startup(tid);
    return 0;
}

/* 导出到 msh 命令列表中 */
MSH_CMD_EXPORT(timeslice_sample, timeslice sample);
```

仿真运行结果如下：

```
 \ | /
- RT -     Thread Operating System
 / | \     3.1.0 build Aug 27 2018
 2006 - 2018 Copyright by rt-thread team
msh >timeslice_sample
msh >thread 1 is running ,thread 1 count = 0
thread 1 is running ,thread 1 count = 5
thread 1 is running ,thread 1 count = 10
thread 1 is running ,thread 1 count = 15
...
thread 1 is running ,thread 1 count = 125
thread 1 is rthread 2 is running ,thread 2 count = 0
thread 2 is running ,thread 2 count = 5
thread 2 is running ,thread 2 count = 10
thread 2 is running ,thread 2 count = 15
thread 2 is running ,thread 2 count = 20
thread 2 is running ,thread 2 count = 25
thread 2 is running ,thread 2 count = 30
thread 2 is running ,thread 2 count = 35
thread 2 is running ,thread 2 count = 40
thread 2 is running ,thread 2 count = 45
thread 2 is running ,thread 2 count = 50
thread 2 is running ,thread 2 count = 55
thread 2 is running ,thread 2 count = 60
thread 2 is running ,thread 2 cunning ,thread 2 count = 65
thread 1 is running ,thread 1 count = 135
...
thread 2 is running ,thread 2 count = 205
```

由运行的计数结果可以看出，线程 2 的运行时间是线程 1 的一半。

4.4.3　线程调度器钩子示例

在线程进行调度切换时，会执行调度，我们可以通过设置一个调度器钩子，在线程切换时做一些额外的事情，下面的例子是在调度器钩子函数中打印线程间的切换信息，如代码清单 4-3 所示。

代码清单4-3 调度器钩子函数使用示例

```c
#include <rtthread.h>

#define THREAD_STACK_SIZE    1024
#define THREAD_PRIORITY      20
#define THREAD_TIMESLICE     10

/* 针对每个线程的计数器 */
volatile rt_uint32_t count[2];

/* 线程 1、2 共用一个入口，但入口参数不同 */
static void thread_entry(void* parameter)
{
    rt_uint32_t value;

    value = (rt_uint32_t)parameter;
    while (1)
    {
        rt_kprintf("thread %d is running\n", value);
        rt_thread_mdelay(1000); // 延时一段时间
    }
}

static rt_thread_t tid1 = RT_NULL;
static rt_thread_t tid2 = RT_NULL;

static void hook_of_scheduler(struct rt_thread* from, struct rt_thread* to)
{
    rt_kprintf("from: %s -->  to: %s \n", from->name , to->name);
}

int scheduler_hook(void)
{
    /* 设置调度器钩子 */
    rt_scheduler_sethook(hook_of_scheduler);

    /* 创建线程 1 */
    tid1 = rt_thread_create("thread1",
                        thread_entry, (void*)1,
                        THREAD_STACK_SIZE,
                        THREAD_PRIORITY, THREAD_TIMESLICE);
    if (tid1 != RT_NULL)
        rt_thread_startup(tid1);

    /* 创建线程 2 */
    tid2 = rt_thread_create("thread2",
                        thread_entry, (void*)2,
                        THREAD_STACK_SIZE,
                        THREAD_PRIORITY,THREAD_TIMESLICE - 5);
    if (tid2 != RT_NULL)
        rt_thread_startup(tid2);
    return 0;
}
```

```
/* 导出到 msh 命令列表中 */
MSH_CMD_EXPORT(scheduler_hook, scheduler_hook sample);
```

仿真运行结果如下：

```
 \ | /
- RT -     Thread Operating System
 / | \     3.1.0 build Aug 27 2018
 2006 - 2018 Copyright by rt-thread team
msh > scheduler_hook
msh >from: tshell -->  to: thread1
thread 1 is running
from: thread1 -->  to: thread2
thread 2 is running
from: thread2 -->  to: tidle
from: tidle -->  to: thread1
thread 1 is running
from: thread1 -->  to: tidle
from: tidle -->  to: thread2
thread 2 is running
from: thread2 -->  to: tidle
...
```

由仿真结果可以看出，对线程进行切换时，设置的调度器钩子函数是在正常工作的，即一直在打印线程切换的信息，包括切换到空闲线程。

4.5　本章小结

本章讲述了线程的概念、功能特点、工作机制和接口等，在这里总结以下几个要点。

（1）普通线程不能陷入死循环操作，必须要有让出 CPU 使用权的动作。

（2）线程调度基于优先级抢占的方式进行，优先级相同的线程通过时间片轮询执行。

（3）动态线程的创建与删除调用接口是 rt_thread_create() 与 rt_thread_delete()；静态线程的初始化与脱离调用接口是 rt_thread_init() 与 rt_thread_detach()。要注意的是，由于能执行完毕的线程会被系统自动删除，所以不推荐用户使用删除／脱离线程接口。

除上述内容之外，读者也可以尝试自己创建线程处理一些任务，使用仿真工具核对结果的正确性。

第 5 章
时 钟 管 理

时间是非常重要的概念，和朋友出去游玩需要约定时间，完成任务也需要花费时间，生活离不开时间。操作系统也一样需要通过时间来规范其任务的执行。操作系统中最小的时间单位是时钟节拍（OS Tick）。本章主要介绍时钟节拍和基于时钟节拍的定时器，读完本章，我们将了解时钟节拍是如何产生的，并学会如何使用 RT-Thread 定时器。

5.1　时钟节拍

任何操作系统都需要提供一个时钟节拍，以供系统处理所有与时间有关的事件，如线程的延时、线程的时间片轮转调度以及定时器超时等。时钟节拍是特定的周期性中断，这个中断可以被看作系统心跳，中断之间的时间间隔取决于不同的应用，一般是 1 ～ 100ms。时钟节拍率越快，系统的额外开销就越大，从系统启动开始计数的时钟节拍数称为系统时间。

RT-Thread 中，时钟节拍的长度可以根据 RT_TICK_PER_SECOND 的定义来调整，等于 1/RT_TICK_PER_SECOND 秒。

5.1.1　时钟节拍的实现方式

时钟节拍由配置为中断触发模式的硬件定时器产生，当中断到来时，将调用一次 void rt_tick_increase(void)，通知操作系统已经过去一个系统时钟。不同硬件定时器的中断实现都不同，下面的中断函数以 STM32 定时器作为示例。

```
void SysTick_Handler(void)
{
    /* 进入中断 */
    rt_interrupt_enter();
    ......
    rt_tick_increase();
    /* 退出中断 */
    rt_interrupt_leave();
}
```

在中断函数中调用 rt_tick_increase() 对全局变量 rt_tick 进行自加，代码如下所示：

```
void rt_tick_increase(void)
{
    struct rt_thread *thread;

    /* 全局变量 rt_tick 自加 */
    ++ rt_tick;

    /* 检查时间片 */
    thread = rt_thread_self();

    -- thread->remaining_tick;
    if (thread->remaining_tick == 0)
    {
        /* 重新赋初值 */
        thread->remaining_tick = thread->init_tick;

        /* 线程挂起 */
        rt_thread_yield();
    }

    /* 检查定时器 */
    rt_timer_check();
}
```

可以看到全局变量 rt_tick 每经过一个时钟节拍，值就会加 1，rt_tick 的值表示系统从启动开始总共经过的时钟节拍数，即系统时间。此外，每经过一个时钟节拍时，都会检查当前线程的时间片是否用完，以及是否有定时器超时。

注意：中断中的 **rt_timer_check()** 用于检查系统硬件定时器链表，如果有定时器超时，将调用相应的超时函数。所有定时器在定时超时后都会从定时器链表中被移除，而周期性定时器会在它再次启动时被加入定时器链表。

5.1.2　获取时钟节拍

由于全局变量 rt_tick 每经过一个时钟节拍，值就会加 1，通过调用 rt_tick_get 会返回当前 rt_tick 的值，即可以获取当前的时钟节拍值。此接口可用于记录系统的运行时间长短，或者测量某任务运行的时间。接口函数如下：

```
rt_tick_t rt_tick_get(void);
```

表 5-1 描述了该函数的返回值。

表 5-1　rt_tick_get() 的返回值

返回	描述
rt_tick	当前时钟节拍值

5.2   定时器管理

定时器的功能是从指定的时刻开始，经过指定时间后触发一个事件，例如定个时间提醒第二天能够按时起床。定时器有硬件定时器和软件定时器两种。

（1）**硬件定时器**是芯片本身提供的定时功能。一般是由外部晶振提供给芯片输入时钟，芯片向软件模块提供一组配置寄存器，接受控制输入，到达设定时间值后芯片中断控制器产生时钟中断。硬件定时器的精度一般很高，可以达到纳秒级别，并且是中断触发方式。

（2）**软件定时器**是由操作系统提供的一类系统接口，它构建在硬件定时器基础之上，使系统能够提供不受数目限制的定时器服务。

RT-Thread 操作系统提供软件实现的定时器，以时钟节拍（OS Tick）的时间长度为单位，即定时数值必须是 OS Tick 的整数倍，例如一个 OS Tick 是 10ms，那么上层软件定时器只能是 10ms、20ms、100ms 等，而不能定时为 15ms。RT-Thread 的定时器也提供了基于时钟节拍整数倍的定时能力。

5.2.1   RT-Thread 定时器介绍

RT-Thread 定时器提供两类定时器机制：第一类是单次触发定时器，这类定时器在启动后只会触发一次定时器事件，然后定时器自动停止。第二类是周期触发定时器，这类定时器会周期性地触发定时器事件，直到用户手动停止，否则将永远执行下去。

另外，根据超时函数执行时所处的上下文环境，RT-Thread 的定时器可以分为 HARD_TIMER 模式与 SOFT_TIMER 模式，如图 5-1 所示。

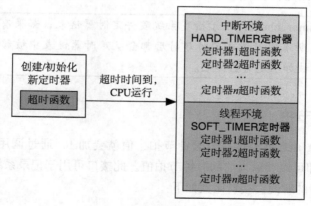

图 5-1   定时器上下文环境

1. HARD_TIMER 模式

HARD_TIMER 模式的定时器超时函数在中断上下文环境中执行，可以在初始化 / 创建定时器时使用参数 RT_TIMER_FLAG_HARD_TIMER 来指定。

在中断上下文环境中执行时，对于超时函数的要求与中断服务例程的要求相同：执行时间应该尽量短，执行时不应导致当前上下文挂起、等待，例如在中断上下文中执行的超时函数不应该试图去申请动态内存、释放动态内存等。

RT-Thread 定时器默认采用 HARD_TIMER 模式，即定时器超时后，超时函数是在系统时钟中断的上下文环境中运行的。在中断上下文中的执行方式决定了定时器的超时函数不应该调用任何会让当前上下文挂起的系统函数；也不能够执行非常长的时间，否则会导致其他中断的响应时间加长或抢占了其他线程执行的时间。

2. SOFT_TIMER 模式

SOFT_TIMER 模式可配置，通过宏定义 RT_USING_TIMER_SOFT 来决定是否启用该模式。该模式被启用后，系统会在初始化时创建一个 timer 线程，然后 SOFT_TIMER 模式的定时器超时函数会在 timer 线程的上下文环境中执行。可以在初始化 / 创建定时器时使用参数 RT_TIMER_FLAG_SOFT_TIMER 来设置 SOFT_TIMER 模式。

5.2.2　定时器的工作机制

下面以一个例子来说明 RT-Thread 定时器的工作机制。在 RT-Thread 定时器模块中维护着两个重要的全局变量：

（1）当前系统经过的 tick 时间 rt_tick（当硬件定时器中断来临时，它将加 1）。

（2）定时器链表 rt_timer_list。系统新创建并激活的定时器都会以超时时间排序的方式插入 rt_timer_list 链表中。

如图 5-2 所示，系统当前 tick 值为 20，在当前系统中已经创建并启动了三个定时器，分别是定时时间为 50 个 tick 的 timer1、100 个 tick 的 timer2 和 500 个 tick 的 timer3，这三个定时器分别加上系统当前时间 rt_tick=20，按从小到大的顺序链接在 rt_timer_list 链表中，形成如图 5-2 所示的定时器链表结构。

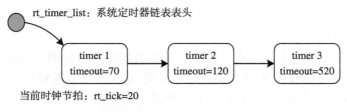

图 5-2　定时器链表示意图

而 rt_tick 随着硬件定时器的触发一直在增长（每一次硬件定时器中断来临，rt_tick 变量就会加 1），50 个 tick 以后，rt_tick 从 20 增长到 70，与 timer1 的 timeout 值相等，这时会触发与 timer1 定时器相关联的超时函数，同时将 timer1 从 rt_timer_list 链表上删除。同理，100 个 tick 和 500 个 tick 过去后，与 timer2 和 timer3 定时器相关联的超时函数会被触发，接着将 time2 和 timer3 定时器从 rt_timer_list 链表中删除。

如果系统当前定时器状态在 10 个 tick 以后（rt_tick=30）有一个任务新创建了一个 tick

值为 300 的 timer4 定时器，由于 timer4 定时器的 timeout=rt_tick+300=330，因此它将被插入到 timer2 和 timer3 定时器中间，形成如图 5-3 所示的链表结构。

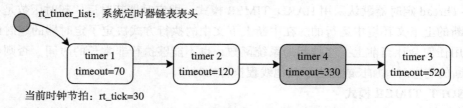

图 5-3　定时器链表插入示意图

1. 定时器控制块

在 RT-Thread 操作系统中，定时器控制块是操作系统用于管理定时器的一个数据结构，会存储定时器的一些信息，例如初始节拍数、超时节拍数，也包含定时器与定时器之间连接用的链表结构、超时回调函数等。

定时器控制块由 struct rt_timer 结构体定义并形成定时器内核对象，再链接到内核对象容器中进行管理，list 成员则用于把一个激活的（已经启动的）定时器链接到 rt_timer_list 链表中。

```
struct rt_timer
{
    struct rt_object parent;
    rt_list_t row[RT_TIMER_SKIP_LIST_LEVEL];    /* 定时器链表节点 */

    void (*timeout_func)(void *parameter);      /* 定时器超时调用的函数 */
    void    *parameter;                         /* 超时函数的参数 */
    rt_tick_t init_tick;                        /* 定时器初始超时节拍数 */
    rt_tick_t timeout_tick;                     /* 定时器实际超时的节拍数 */
};
typedef struct rt_timer *rt_timer_t;
```

2. 定时器跳表算法

在前面介绍定时器的工作方式时说过，系统新创建并激活的定时器都会按照超时时间排序的方式插入 rt_timer_list 链表中，也就是说 rt_timer_list 链表是一个有序链表，RT-Thread 中使用了跳表（Skip List）算法来加快搜索链表元素的速度。

跳表是一种基于并联链表的数据结构，实现简单，插入、删除、查找的时间复杂度均为 $O(\log n)$。跳表是链表的一种，但它在链表的基础上增加了"跳跃"功能，正是这个功能，使得跳表在查找元素时能够提供 $O(\log n)$ 的时间复杂度，举例如下。

有一个有序链表，如图 5-4 所示，从该有序链表中搜索元素 {13, 39}，需要比较的次数分别为 {3, 5}，总共比较的次数为 3 + 5 = 8。

图 5-4　有序链表示意图

使用跳表算法后可以采用类似二叉搜索树的方法，把一些节点提取出来作为索引，得到如图 5-5 所示的结构。

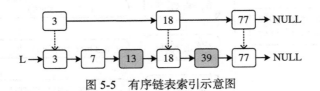

图 5-5　有序链表索引示意图

在这个结构中把 {3, 18, 77} 提取出来作为一级索引，这样在搜索时就可以减少比较次数，例如在搜索 39 时仅比较了 3 次（通过比较 3、18、39）。当然我们还可以再从一级索引提取出一些元素作为二级索引，这样能加速元素搜索。图 5-6 为三层跳表示意图。

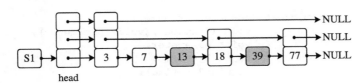

图 5-6　三层跳表示意图

所以，定时器跳表可以通过上层的索引，在搜索时减少比较次数，提升查找的效率，这是一种通过"空间来换取时间"的算法。在 RT-Thread 中通过宏定义 RT_TIMER_SKIP_LIST_LEVEL 来配置跳表的层数，默认为 1，表示采用如图 5-4 的有序链表算法，每增加 1，表示在原链表基础上增加一级索引。

5.2.3　定时器的管理方式

前面介绍了 RT-Thread 定时器并对定时器的工作机制进行了概念上的讲解，本节将深入介绍定时器的各个接口，帮助读者在代码层次上理解 RT-Thread 定时器。

在系统启动时需要初始化定时器管理系统。可以通过下面的函数接口完成：

```
void rt_system_timer_init(void);
```

如果需要使用 SOFT_TIMER，则系统初始化时，应该调用下面的函数接口：

```
void rt_system_timer_thread_init(void);
```

定时器控制块中含有定时器相关的重要参数，它们在定时器各种状态间起到纽带的作用。定时器的相关操作如图 5-7 所示，包括：创建 / 初始化定时器、启动定时器、停止 / 控制定时器、删除 / 脱离定时器。所有定时器在定时超时后都会从定时器链表中被移除，而周期性定时器会在它再次启动时被加入定时器链表，这与定时器参数设置相关。在每次的操作系统时钟中断发生时，都会更改已经超时的定时器状态参数。

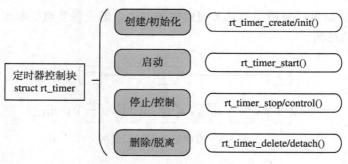

图 5-7 定时器相关操作

1. 创建和删除定时器

当动态创建一个定时器时，可使用下面的函数接口：

```
rt_timer_t rt_timer_create(const char* name,
                    void (*timeout)(void* parameter),
                    void* parameter,
                    rt_tick_t time,
                    rt_uint8_t flag);
```

调用该函数接口后，内核首先从动态内存堆中分配一个定时器控制块，然后对该控制块进行基本的初始化。其中的各参数和返回值说明见表 5-2。

表 5-2 rt_timer_create() 的输入参数和返回值

参数	描述
name	定时器的名称
void (timeout) (void parameter)	定时器超时函数指针（当定时器超时时，系统会调用这个函数）
parameter	定时器超时函数的入口参数（当定时器超时时，调用超时回调函数会把这个参数作为入口参数传递给超时函数）
time	定时器的超时时间，单位是时钟节拍
flag	定时器创建时的参数，支持的值包括单次定时、周期定时、硬件定时器、软件定时器等（可以用"或"关系取多个值）
返回	**描述**
RT_NULL	创建失败（通常会由于系统内存不够而返回 RT_NULL）
定时器的句柄	定时器创建成功

include/rtdef.h 中定义了一些定时器相关的宏，如下所示：

```
#define RT_TIMER_FLAG_ONE_SHOT      0x0      /* 单次定时    */
#define RT_TIMER_FLAG_PERIODIC      0x2      /* 周期定时    */

#define RT_TIMER_FLAG_HARD_TIMER    0x0      /* 硬件定时器  */
#define RT_TIMER_FLAG_SOFT_TIMER    0x4      /* 软件定时器  */
```

上面两组值可以用"或"逻辑的方式赋给 flag。当指定的 flag 为 RT_TIMER_FLAG_

HARD_TIMER 时，如果定时器超时，定时器的回调函数将在时钟中断的服务例程上下文中被调用；当指定的 flag 为 RT_TIMER_FLAG_SOFT_TIMER 时，如果定时器超时，定时器的回调函数将在系统时钟 timer 线程的上下文中被调用。

系统不再使用动态定时器时，可使用下面的函数接口：

```
rt_err_t rt_timer_delete(rt_timer_t timer);
```

调用该函数接口后，系统会把定时器从 rt_timer_list 链表中删除，然后释放相应的定时器控制块占有的内存，其中的各参数和返回值说明见表 5-3。

表 5-3　rt_timer_delete() 的输入参数和返回值

参数	描述
timer	定时器句柄，指向要删除的定时器
返回	描述
RT_EOK	删除成功（如果参数 timer 句柄是一个 RT_NULL，将会导致一个 ASSERT 断言）

2. 初始化和脱离定时器

当选择静态创建定时器时，可利用 rt_timer_init 接口来初始化该定时器，函数接口如下：

```
void rt_timer_init(rt_timer_t timer,
                   const char* name,
                   void (*timeout)(void* parameter),
                   void* parameter,
                   rt_tick_t time, rt_uint8_t flag);
```

使用该函数接口时会初始化相应的定时器控制块、定时器名称、定时器超时函数等，其中的各参数和返回值说明见表 5-4。

表 5-4　rt_timer_init() 的输入参数

参数	描述
timer	定时器句柄，指向要初始化的定时器控制块
name	定时器的名称
void (timeout) (void parameter)	定时器超时函数指针（当定时器超时时，系统会调用这个函数）
parameter	定时器超时函数的入口参数（当定时器超时时，调用超时回调函数会把这个参数作为入口参数传递给超时函数）
time	定时器的超时时间，单位是时钟节拍
flag	定时器创建时的参数，支持的值包括单次定时、周期定时、硬件定时器、软件定时器（可以用"或"关系取多个值）

当一个静态定时器不需要再使用时，可以使用下面的函数接口：

```
rt_err_t rt_timer_detach(rt_timer_t timer);
```

脱离定时器时，系统会把定时器对象从内核对象容器中脱离，但是定时器对象所占有的内存不会被释放，其中的各参数和返回值说明见表 5-5。

表 5-5　rt_timer_detach() 的输入参数和返回值

参数	描述
timer	定时器句柄，指向要脱离的定时器控制块
返回	描述
RT_EOK	脱离成功

3. 启动和停止定时器

当定时器被创建或者初始化以后，并不会被立即启动，必须在调用启动定时器函数接口后才开始工作，启动定时器函数接口如下：

```
rt_err_t rt_timer_start(rt_timer_t timer);
```

调用定时器启动函数接口后，定时器的状态将更改为激活状态（RT_TIMER_FLAG_ACTIVATED），并按照超时顺序插入 rt_timer_list 队列链表中，其中的各参数和返回值说明见表 5-6。

表 5-6　rt_timer_start() 的输入参数和返回值

参数	描述
timer	定时器句柄，指向要启动的定时器控制块
返回	描述
RT_EOK	启动成功

启动定时器的例子请参考代码清单 5-1 与代码清单 5-2。

启动定时器以后，若想使它停止，可以使用下面的函数接口：

```
rt_err_t rt_timer_stop(rt_timer_t timer);
```

调用定时器停止函数接口后，定时器状态将更改为停止状态，并从 rt_timer_list 链表中脱离出来，不参与定时器超时检查。当一个（周期性）定时器超时时，也可以调用该函数接口停止（周期性）定时器本身，其中的各参数和返回值说明见表 5-7。

表 5-7　rt_timer_stop() 的输入参数和返回值

参数	描述
timer	定时器句柄，指向要停止的定时器控制块
返回	描述
RT_EOK	成功停止定时器
- RT_ERROR	timer 已经处于停止状态

4. 控制定时器

除了上述提供的一些编程接口之外，RT-Thread 还提供了定时器控制函数接口，以获取或设置更多定时器的信息。控制定时器函数接口如下：

```
rt_err_t rt_timer_control(rt_timer_t timer, rt_uint8_t cmd, void* arg);
```

控制定时器函数接口可根据命令类型参数来查看或改变定时器的设置，其中的各参数和返回值说明见表 5-8。

表 5-8 rt_timer_control() 的输入参数和返回值

参数	描述
timer	定时器句柄，指向要控制的定时器控制块
cmd	用于控制定时器的命令，当前支持 4 个命令，分别是设置定时时间、查看定时时间、设置单次触发和设置周期触发
arg	与 cmd 相对应的控制命令参数。比如，cmd 为设定超时时间时，就可以将超时时间参数通过 arg 进行设定
返回	描述
RT_EOK	成功

函数参数 cmd 支持的命令：

```
#define RT_TIMER_CTRL_SET_TIME      0x0    /* 设置定时器超时时间      */
#define RT_TIMER_CTRL_GET_TIME      0x1    /* 获得定时器超时时间      */
#define RT_TIMER_CTRL_SET_ONESHOT   0x2    /* 设置定时器为单次定时器   */
#define RT_TIMER_CTRL_SET_PERIODIC  0x3    /* 设置定时器为周期性定时器 */
```

5.3 定时器应用示例

下面是一个创建定时器的例子，该例程会创建两个动态定时器，一个是单次定时，一个是周期定时并让周期性定时器运行一段时间后停止，如代码清单 5-1 所示。

代码清单5-1 创建动态定时器例程

```c
#include <rtthread.h>

/* 定时器的控制块 */
static rt_timer_t timer1;
static rt_timer_t timer2;
static int cnt = 0;

/* 定时器 1 超时函数 */
static void timeout1(void *parameter)
{
    rt_kprintf("periodic timer is timeout %d\n", cnt);

    /* 运行第 10 次，停止周期性定时器 */
    if (cnt++ >= 9)
    {
        rt_timer_stop(timer1);
        rt_kprintf("periodic timer was stopped! \n");
    }
```

```
    }

    /* 定时器 2 超时函数 */
    static void timeout2(void *parameter)
    {
        rt_kprintf("one shot timer is timeout\n");
    }

    int timer_sample(void)
    {
        /* 创建定时器 1  周期性定时器 */
        timer1 = rt_timer_create("timer1", timeout1,
                        RT_NULL, 10,
                        RT_TIMER_FLAG_PERIODIC);

        /* 启动定时器 1 */
        if (timer1 != RT_NULL) rt_timer_start(timer1);

        /* 创建定时器 2 单次定时器 */
        timer2 = rt_timer_create("timer2", timeout2,
                        RT_NULL,  30,
                        RT_TIMER_FLAG_ONE_SHOT);

        /* 启动定时器 2 */
        if (timer2 != RT_NULL) rt_timer_start(timer2);
        return 0;
    }

    /* 导出到 msh 命令列表中 */
    MSH_CMD_EXPORT(timer_sample, timer sample);
```

仿真运行结果如下：

```
 \ | /
- RT -     Thread Operating System
 / | \     3.1.0 build Aug 24 2018
 2006 - 2018 Copyright by rt-thread team
msh >timer_sample
msh >periodic timer is timeout 0
periodic timer is timeout 1
one shot timer is timeout
periodic timer is timeout 2
periodic timer is timeout 3
periodic timer is timeout 4
periodic timer is timeout 5
periodic timer is timeout 6
periodic timer is timeout 7
periodic timer is timeout 8
periodic timer is timeout 9
periodic timer was stopped!
```

周期性定时器的超时函数每 10 个 OS Tick 运行 1 次，共运行 10 次（10 次后调用 rt_

timer_stop 使定时器 1 停止运行）；单次定时器的超时函数在第 30 个 OS Tick 时运行一次。

　　初始化定时器的例子与创建定时器的例子类似，这个程序会初始化两个静态定时器，一个是单次定时，一个是周期定时，如代码清单 5-2 代码所示。

代码清单5-2　初始化静态定时器例程

```c
#include <rtthread.h>

/* 定时器的控制块 */
static struct rt_timer timer1;
static struct rt_timer timer2;
static int cnt = 0;

/* 定时器 1 超时函数 */
static void timeout1(void* parameter)
{
    rt_kprintf("periodic timer is timeout\n");
    /* 运行 10 次 */
    if (cnt++ >= 9)
    {
        rt_timer_stop(&timer1);
    }
}

/* 定时器 2 超时函数 */
static void timeout2(void* parameter)
{
    rt_kprintf("one shot timer is timeout\n");
}

int timer_static_sample(void)
{
    /* 初始化定时器 */
    rt_timer_init(&timer1, "timer1",  /* 定时器名字是 timer1 */
                    timeout1, /* 超时时回调的处理函数 */
                    RT_NULL, /* 超时函数的入口参数 */
                    10, /* 定时长度, 以 OS Tick 为单位, 即 10 个 OS Tick */
                    RT_TIMER_FLAG_PERIODIC); /* 周期性定时器 */
    rt_timer_init(&timer2, "timer2",   /* 定时器名字是 timer2 */
                    timeout2, /* 超时时回调的处理函数 */
                    RT_NULL, /* 超时函数的入口参数 */
                    30, /* 定时长度为 30 个 OS Tick */
                    RT_TIMER_FLAG_ONE_SHOT); /* 单次定时器 */

    /* 启动定时器 */
    rt_timer_start(&timer1);
    rt_timer_start(&timer2);
    return 0;
}
/* 导出到 msh 命令列表中 */
MSH_CMD_EXPORT(timer_static_sample, timer_static sample);
```

仿真运行结果如下：

```
     \ | /
- RT -     Thread Operating System
   / | \     3.1.0 build Aug 24 2018
 2006 - 2018 Copyright by rt-thread team
msh >timer_static_sample
msh >periodic timer is timeout
periodic timer is timeout
one shot timer is timeout
periodic timer is timeout
periodic timer is timeout
periodic timer is timeout
periodic timer is timeout
periodic timer is timeout
periodic timer is timeout
periodic timer is timeout
periodic timer is timeout
```

周期性定时器的超时函数每 10 个 OS Tick 运行 1 次，共运行 10 次（10 次后调用 rt_timer_stop 使定时器 1 停止运行）；单次定时器的超时函数在第 30 个 OS Tick 时运行一次。

5.4   高精度延时

RT-Thread 定时器的最小精度是由系统时钟节拍所决定的（1 OS Tick = 1/RT_TICK_PER_SECOND 秒，RT_TICK_PER_SECOND 值在 rtconfig.h 文件中定义），定时器设定的时间必须是 OS Tick 的整数倍。当需要实现更短时间长度的系统定时时，例如 OS Tick 是 10ms，而程序需要实现 1ms 的定时或延时，这种时候操作系统定时器将不能够满足要求，只能读取系统某个硬件定时器的计数器或直接使用硬件定时器。

在 Cortex-M 系列中，SysTick 已经被 RT-Thread 作为 OS Tick 使用，它被配置成 1/RT_TICK_PER_SECOND 秒后触发一次中断的方式，中断处理函数使用 Cortex-M3 默认的名字 SysTick_Handler。在 Cortex-M3 的 CMSIS（Cortex Microcontroller Software Interface Standard）规范中规定了 SystemCoreClock 代表芯片的主频，所以基于 SysTick 以及 SystemCoreClock，我们能够使用 SysTick 获得一个精确的延时函数，下例所示为 Cortex-M3 上基于 SysTick 的精确延时（需要系统在使能 SysTick 后使用）。

```
#include <board.h>
void rt_hw_us_delay(rt_uint32_t us)
{
    rt_uint32_t delta;
    /* 获得延时经过的 tick 数 */
    us = us * (SysTick->LOAD/(1000000/RT_TICK_PER_SECOND));
    /* 获得当前时间 */
    delta = SysTick->VAL;
    /* 循环获得当前时间，直到达到指定的时间后退出循环 */
```

```
    while (delta - SysTick->VAL< us);
}
```

其中入口参数 us 指示需要延时的微秒数，该函数只能支持低于 1 OS Tick 的延时，否则 SysTick 会出现溢出错误而不能够获得指定的延时时间。

5.5 本章小结

本章介绍了定时器及其工作机制、定时器管理接口和一些注意事项。下面回顾一下使用定时器时要注意的几个要点。

（1）HARD_TIMER 定时器的超时函数在（系统时钟）中断上下文环境中执行，可以在定时器控制块中使用参数 RT_TIMER_FLAG_HARD_TIMER 来指定。HARD_TIMER 定时器的超时函数的要求与中断服务例程的要求相同：执行时间应该尽量短，执行时不应导致当前上下文挂起、等待。

（2）SOFT_TIMER 定时器的超时函数在线程的上下文环境中执行，可以在定时器控制块中使用参数 RT_TIMER_FLAG_SOFT_TIMER 来指定。

（3）动态定时器的创建与删除调用接口 rt_timer_create 与 rt_timer_delete；静态定时器的初始化与脱离调用接口 rt_timer_init 与 rt_timer_detach。

（4）当需要实现更短时间长度的系统定时时，例如 OS Tick 是 10ms，而程序需要实现 1ms 的定时或延时，这种时候操作系统定时器将不能够满足要求，只能通过读取系统某个硬件定时器的计数器或直接使用硬件定时器的方式来实现。

读者可以自己编写几个定时器并进行仿真，亲身体验一下定时器接口中各个参数的意义。

第 6 章

线程间同步

在多线程实时系统中，一项工作往往可以通过多个线程协调的方式来共同完成，那么多个线程之间如何"默契"协作才能使这项工作无差错地执行呢？下面举个例子说明。

例如，一项工作中有两个线程，一个线程从传感器中接收数据并且将数据写到共享内存中，同时另一个线程周期性地从共享内存中读取数据并发送出去以输出显示，图 6-1 描述了两个线程间的数据传递。

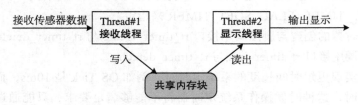

图 6-1　线程间数据传递示意图

如果对共享内存的访问不是排他性的，那么各个线程间可能同时访问它，这将引起数据一致性的问题。例如，在显示线程试图显示数据之前，接收线程还未完成数据的写入，那么显示将包含不同时间采样的数据，从而造成显示数据的错乱。

将传感器数据写入共享内存块的接收线程 Thread#1 和将传感器数据从共享内存块中读出的显示线程 Thread#2 都会访问同一块内存。为了防止出现数据的差错，两个线程访问的动作必须是互斥进行的，即在一个线程对共享内存块操作完成后，才允许另一个线程去操作，这样，接收线程与显示线程才能正常配合，使此项工作正确地执行。

同步是指按预定的先后次序运行，线程同步是指多个线程通过特定的机制（如互斥量、事件对象、临界区）来控制线程之间的执行顺序，也可以说是在线程之间通过同步建立起执行顺序的关系，如果没有同步，那么线程之间将是无序的。

如果多个线程操作 / 访问同一块区域（代码），这块代码就称为临界区，上述例子中的共享内存块就是临界区。线程互斥是指对于临界区资源访问的排他性。当多个线程都要使用临界区资源时，任何时刻最多只允许一个线程使用，其他要使用该资源的线程必须等待，直到占用资源者释放该资源为止。可以将线程互斥看成是一种特殊的线程同步。

线程的同步方式有很多种，其核心思想都是**在访问临界区的时候只允许一个（或一类）**

线程运行。进入 / 退出临界区的方式如下。

（1）调用 rt_hw_interrupt_disable() 进入临界区，调用 rt_hw_interrupt_enable() 退出临界区；详见 9.3 节的内容。

（2）调用 rt_enter_critical() 进入临界区，调用 rt_exit_critical() 退出临界区。

本章将介绍多种同步方式：**信号量**（semaphore）、**互斥量**（mutex）和**事件集**（event）。学习完本章，大家将学会如何使用信号量、互斥量、事件集进行线程间的同步。

6.1　信号量

下面以生活中的停车场为例来介绍信号量的概念。

（1）当停车场空的时候，停车场的管理员发现有很多空车位，此时会让外面的车陆续进入停车场获得停车位；

（2）当停车场的车位满的时候，管理员发现已经没有空车位，将禁止外面的车进入停车场，车辆在外排队等候；

（3）当停车场内有车离开时，管理员发现有空的车位让出，允许外面的车进入停车场；待空车位填满后，又禁止外部车辆进入。

在此例子中，管理员就相当于信号量，管理员手中空车位的个数就是信号量的值（非负数，动态变化）；停车位相当于公共资源（临界区），车辆相当于线程。车辆通过获得管理员的允许取得停车位，类似于线程通过获得信号量访问公共资源。

6.1.1　信号量的工作机制

信号量是一种轻型的用于解决线程间同步问题的内核对象，线程可以获取或释放它，从而达到同步或互斥的目的。

信号量工作示意图如图 6-2 所示，每个信号量对象都有一个信号量值和一个线程等待队列，信号量的值对应信号量对象的实例数目、资源数目，假如信号量值为 5，则表示共有 5 个信号量实例（资源）可以被使用，当信号量实例数目为零时，再申请该信号量的线程就会被挂起在该信号量的等待队列上，等待可用的信号量实例（资源）。

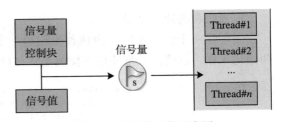

图 6-2　信号量工作示意图

6.1.2　信号量控制块

在 RT-Thread 中，信号量控制块是操作系统用于管理信号量的一个数据结构，由结构体

struct rt_semaphore 表示。另外一种 C 表达方式 rt_sem_t 表示的是信号量的句柄，在 C 语言中的实现是指向信号量控制块的指针。信号量控制块结构的详细定义如下。

```
struct rt_semaphore
{
    struct rt_ipc_object parent;   /* 继承自 ipc_object 类 */
    rt_uint16_t value;             /* 信号量的值 */
};
/* rt_sem_t 是指向 semaphore 结构体的指针类型 */
typedef struct rt_semaphore* rt_sem_t;
```

rt_semaphore 对象从 rt_ipc_object 中派生，由 IPC 容器所管理，信号量的最大值是65535。

6.1.3 信号量的管理方式

信号量控制块中含有信号量相关的重要参数，在信号量的功能实现中起着重要的作用。信号量相关接口如图 6-3 所示，对一个信号量的操作包含创建 / 初始化信号量、获取信号量、释放信号量、删除 / 脱离信号量。

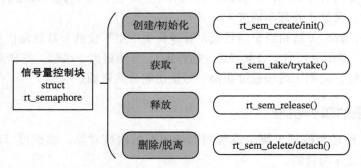

图 6-3　信号量相关接口

1. 创建和删除信号量

当创建一个信号量时，内核首先创建一个信号量控制块，然后对该控制块进行基本的初始化工作，创建信号量使用下面的函数接口：

```
rt_sem_t rt_sem_create(const char *name,
                       rt_uint32_t value,
                       rt_uint8_t flag);
```

当调用该函数时，系统将先从对象管理器中分配一个 semaphore 对象，并初始化这个对象，然后初始化父类 IPC 对象以及与 semaphore 相关的部分。在创建信号量指定的参数中，信号量标志参数决定了当信号量不可用时多个线程等待的排队方式。当选择 RT_IPC_FLAG_FIFO（先进先出）方式时，那么等待线程队列将按照先进先出的方式排队，先进入的线程将先获得等待的信号量；当选择 RT_IPC_FLAG_PRIO（优先级等待）方式时，等待线程队列将按照优先级进行排队，优先级高的等待线程将先获得等待的信号量。表 6-1 描述了该函数的输入参数与返回值。

表 6-1　rt_sem_create() 的输入参数和返回值

参数	描述
name	信号量名称
value	信号量初始值
flag	信号量标志，它可以取如下数值：RT_IPC_FLAG_FIFO 或 RT_IPC_FLAG_PRIO
返回	描述
RT_NULL	创建失败
信号量的控制块指针	创建成功

系统不再使用信号量时，可通过删除信号量释放系统资源，这适用于动态创建的信号量。删除信号量使用下面的函数接口：

```
rt_err_t rt_sem_delete(rt_sem_t sem);
```

调用该函数时，系统将删除该信号量。如果删除该信号量时，有线程正在等待该信号量，那么删除操作会先唤醒等待在该信号量上的线程（等待线程的返回值是 -RT_ERROR），再释放信号量的内存资源。表 6-2 描述了该函数的输入参数与返回值。

表 6-2　rt_sem_delete() 的输入参数和返回值

参数	描述
sem	rt_sem_create() 创建的信号量对象
返回	描述
RT_EOK	删除成功

2. 初始化和脱离信号量

对于静态信号量对象，它的内存空间在编译时期就被编译器分配出来，放在读写数据段或未初始化数据段上，此时使用信号量时就不再需要使用 rt_sem_create 接口来创建它，而只需在使用前对它进行初始化即可。初始化信号量对象可使用下面的函数接口：

```
rt_err_t rt_sem_init(rt_sem_t     sem,
                     const char   *name,
                     rt_uint32_t  value,
                     rt_uint8_t   flag)
```

当调用该函数时，系统将对 semaphore 对象进行初始化，然后初始化 IPC 对象以及与 semaphore 相关的部分。信号量标志可用上面创建信号量函数里提到的标志。表 6-3 描述了该函数的输入参数与返回值。

表 6-3　rt_sem_init() 的输入参数和返回值

参数	描述
sem	信号量对象的句柄
name	信号量名称
value	信号量初始值

（续）

参数	描述
flag	信号量标志，它可以取如下数值：RT_IPC_FLAG_FIFO 或 RT_IPC_FLAG_PRIO
返回	描述
RT_EOK	初始化成功

脱离信号量就是让信号量对象从内核对象管理器中脱离，这适用于静态初始化的信号量。脱离信号量使用下面的函数接口：

```
rt_err_t rt_sem_detach(rt_sem_t sem);
```

使用该函数后，内核先唤醒所有挂在该信号量等待队列上的线程，然后将该信号量从内核对象管理器中脱离。原来挂起在信号量上的等待线程将获得 -RT_ERROR 的返回值。表 6-4 描述了该函数的输入参数与返回值。

表 6-4　rt_sem_detach() 的输入参数和返回值

参数	描述
sem	信号量对象的句柄
返回	描述
RT_EOK	脱离成功

3. 获取信号量

线程通过获取信号量来获得信号量资源实例，当信号量值大于零时，线程将获得信号量，并且相应的信号量值会减 1，获取信号量使用下面的函数接口：

```
rt_err_t rt_sem_take (rt_sem_t sem, rt_int32_t time);
```

在调用该函数时，如果信号量的值等于零，那么说明当前信号量资源实例不可用，申请该信号量的线程将根据 time 参数的情况选择直接返回、挂起等待一段时间或永久等待，直到其他线程或中断释放该信号量。如果在参数 time 指定的时间内依然得不到信号量，线程将超时返回，返回值是 -RT_ETIMEOUT。表 6-5 描述了该函数的输入参数与返回值。

表 6-5　rt_sem_take() 的输入参数和返回值

参数	描述
sem	信号量对象的句柄
time	指定的等待时间，单位是操作系统时钟节拍（OS Tick）
返回	描述
RT_EOK	成功获得信号量
-RT_ETIMEOUT	超时依然未获得信号量
-RT_ERROR	其他错误

4. 无等待获取信号量

当用户不想在申请的信号量上挂起线程进行等待时，可以使用无等待方式获取信号量，无等待获取信号量使用下面的函数接口：

```
rt_err_t rt_sem_trytake(rt_sem_t sem);
```

该函数与 rt_sem_take(sem, 0) 的作用相同，即当线程申请的信号量资源实例不可用的时候，它不会等待在该信号量上，而是直接返回 -RT_ETIMEOUT。表 6-6 描述了该函数的输入参数与返回值。

5. 释放信号量

释放信号量可以唤醒挂起在该信号量上的线程。释放信号量使用下面的函数接口：

```
rt_err_t rt_sem_release(rt_sem_t sem);
```

例如当信号量的值等于零并且有线程等待该信号量时，释放信号量将唤醒等待在该信号量线程队列中的第一个线程，由它获取信号量；否则将把信号量的值加 1。表 6-7 描述了该函数的输入参数与返回值。

表 6-6　rt_sem_trytake() 的输入参数和返回值

参数	描述
sem	信号量对象的句柄
返回	**描述**
RT_EOK	成功获得信号量
-RT_ETIMEOUT	获取失败

表 6-7　rt_sem_release() 的输入参数和返回值

参数	描述
sem	信号量对象的句柄
返回	**描述**
RT_EOK	成功释放信号量

6.1.4　信号量应用示例

这是一个信号量使用例程，该例程创建了一个动态信号量，初始化两个线程，一个线程发送信号量，一个线程接收到信号量后执行相应的操作，如代码清单 6-1 所示。

代码清单6-1　信号量的使用

```
#include <rtthread.h>

#define THREAD_PRIORITY         25
#define THREAD_TIMESLICE        5

/* 指向信号量的指针 */
static rt_sem_t dynamic_sem = RT_NULL;

ALIGN(RT_ALIGN_SIZE)
static char thread1_stack[1024];
static struct rt_thread thread1;
static void rt_thread1_entry(void *parameter)
{
    static rt_uint8_t count = 0;

    while(1)
    {
        if(count <= 100)
        {
            count++;
        }
        else
            return;
```

```
                    /* count 每计数 10 次，就释放一次信号量 */
             if(0 == (count % 10))
             {
                 rt_kprintf("t1 release a dynamic semaphore.\n" );
                 rt_sem_release(dynamic_sem);
             }
        }
    }


ALIGN(RT_ALIGN_SIZE)
static char thread2_stack[1024];
static struct rt_thread thread2;
static void rt_thread2_entry(void *parameter)
{
    static rt_err_t result;
    static rt_uint8_t number = 0;
    while(1)
    {
        /* 永久方式等待信号量，获取到信号量，则执行 number 自加的操作 */
        result = rt_sem_take(dynamic_sem, RT_WAITING_FOREVER);
        if (result != RT_EOK)
        {
            rt_kprintf("t2 take a dynamic semaphore, failed.\n");
            rt_sem_delete(dynamic_sem);
            return;
        }
        else
        {
            number++;
            rt_kprintf("t2 take a dynamic semaphore. number = %d\n" ,number);
        }
    }
}


/* 信号量示例的初始化 */
int semaphore_sample(void)
{
    /* 创建一个动态信号量，初始值是 0 */
    dynamic_sem = rt_sem_create("dsem", 0, RT_IPC_FLAG_FIFO);
    if (dynamic_sem == RT_NULL)
    {
        rt_kprintf("create dynamic semaphore failed.\n");
        return -1;
    }
    else
    {
        rt_kprintf("create done. dynamic semaphore value = 0.\n");
    }

    rt_thread_init(&thread1,
```

```
            "thread1",
            rt_thread1_entry,
            RT_NULL,
            &thread1_stack[0],
            sizeof(thread1_stack),
            THREAD_PRIORITY, THREAD_TIMESLICE);
    rt_thread_startup(&thread1);

    rt_thread_init(&thread2,
            "thread2",
            rt_thread2_entry,
            RT_NULL,
            &thread2_stack[0],
            sizeof(thread2_stack),
            THREAD_PRIORITY-1, THREAD_TIMESLICE);
    rt_thread_startup(&thread2);

    return 0;
}
/* 导出到 msh 命令列表中 */
MSH_CMD_EXPORT(semaphore_sample, semaphore sample);
```

仿真运行结果如下：

```
 \ | /
- RT -     Thread Operating System
 / | \     3.1.0 build Aug 27 2018
 2006 - 2018 Copyright by rt-thread team
msh >semaphore_sample
create done. dynamic semaphore value = 0.
msh >t1 release a dynamic semaphore.
t2 take a dynamic semaphore. number = 1
t1 release a dynamic semaphore.
t2 take a dynamic semaphore. number = 2
t1 release a dynamic semaphore.
t2 take a dynamic semaphore. number = 3
t1 release a dynamic semaphore.
t2 take a dynamic semaphore. number = 4
t1 release a dynamic semaphore.
t2 take a dynamic semaphore. number = 5
t1 release a dynamic semaphore.
t2 take a dynamic semaphore. number = 6
t1 release a dynamic semaphore.
t2 take a dynamic semaphore. number = 7
t1 release a dynamic semaphore.
t2 take a dynamic semaphore. number = 8
t1 release a dynamic semaphore.
t2 take a dynamic semaphore. number = 9
t1 release a dynamic semaphore.
t2 take a dynamic semaphore. number = 10
```

如上面运行结果所示：线程 1 在 count 计数为 10 的倍数时（count 计数为 100 之后线程退出），发送一个信号量，线程 2 在接收信号量后对 number 进行加 1 操作。

另一个信号量的应用例程如代码清单 6-2 所示，本例程将使用 2 个线程、3 个信号量实现生产者与消费者的例子。

3 个信号量分别为：① lock：因为 2 个线程都会对同一个数组 array 进行操作，所以该数组是一个共享资源，信号量锁用来保护这个共享资源。② empty：空位个数，初始化为 5 个空位。③ full：满位个数，初始化为 0 个满位。

2 个线程分别为：① 生产者线程：获取到空位后，产生一个数字，循环放入数组中，然后释放一个满位。② 消费者线程：获取到满位后，读取数组内容并相加，然后释放一个空位。

代码清单6-2 生产者消费者例程

```c
#include <rtthread.h>

#define THREAD_PRIORITY          6
#define THREAD_STACK_SIZE        512
#define THREAD_TIMESLICE         5

/* 定义最大能够产生 5 个元素 */
#define MAXSEM 5

/* 用于放置生产的整数数组 */
rt_uint32_t array[MAXSEM];

/* 指向生产者、消费者在 array 数组中的读写位置 */
static rt_uint32_t set, get;

/* 指向线程控制块的指针 */
static rt_thread_t producer_tid = RT_NULL;
static rt_thread_t consumer_tid = RT_NULL;

struct rt_semaphore sem_lock;
struct rt_semaphore sem_empty, sem_full;

/* 生产者线程入口 */
void producer_thread_entry(void *parameter)
{
    int cnt = 0;

    /* 运行 10 次 */
    while (cnt < 10)
    {
        /* 获取一个空位 */
        rt_sem_take(&sem_empty, RT_WAITING_FOREVER);

        /* 修改 array 内容，上锁 */
        rt_sem_take(&sem_lock, RT_WAITING_FOREVER);
        array[set % MAXSEM] = cnt + 1;
        rt_kprintf("the producer generates a number: %d\n", array[set % MAXSEM]);
        set++;
        rt_sem_release(&sem_lock);
```

```
        /* 发布一个满位 */
        rt_sem_release(&sem_full);
        cnt++;

        /* 暂停一段时间 */
        rt_thread_mdelay(20);
    }

    rt_kprintf("the producer exit!\n");
}

/* 消费者线程入口 */
void consumer_thread_entry(void *parameter)
{
    rt_uint32_t sum = 0;

    while (1)
    {
        /* 获取一个满位 */
        rt_sem_take(&sem_full, RT_WAITING_FOREVER);

        /* 临界区，上锁进行操作 */
        rt_sem_take(&sem_lock, RT_WAITING_FOREVER);
        sum += array[get % MAXSEM];
                rt_kprintf("the consumer[%d]
get a number: %d\n", (get % MAXSEM), array
[get % MAXSEM]);
        get++;
        rt_sem_release(&sem_lock);

        /* 释放一个空位 */
        rt_sem_release(&sem_empty);

        /* 生产者生产到 10 个数目，停止，消费者线程相应停止 */
        if (get == 10) break;

        /* 暂停一小会时间 */
        rt_thread_mdelay(50);
    }

    rt_kprintf("the consumer sum is: %d\n", sum);
    rt_kprintf("the consumer exit!\n");
}

int producer_consumer(void)
{
    set = 0;
    get = 0;

    /* 初始化 3 个信号量 */
    rt_sem_init(&sem_lock, "lock",    1,      RT_IPC_FLAG_FIFO);
    rt_sem_init(&sem_empty, "empty",  MAXSEM, RT_IPC_FLAG_FIFO);
    rt_sem_init(&sem_full, "full",    0,      RT_IPC_FLAG_FIFO);
```

```
    /* 创建生产者线程 */
    producer_tid = rt_thread_create("producer",
                        producer_thread_entry, RT_NULL,
                        THREAD_STACK_SIZE,
                        THREAD_PRIORITY - 1,
                            THREAD_TIMESLICE);
    if (producer_tid != RT_NULL)
    {
        rt_thread_startup(producer_tid);
    }
    else
    {
        rt_kprintf("create thread producer failed");
        return -1;
    }

    /* 创建消费者线程 */
    consumer_tid = rt_thread_create("consumer",
                        consumer_thread_entry, RT_NULL,
                        THREAD_STACK_SIZE,
                        THREAD_PRIORITY + 1,
                            THREAD_TIMESLICE);
    if (consumer_tid != RT_NULL)
    {
        rt_thread_startup(consumer_tid);
    }
    else
    {
        rt_kprintf("create thread consumer failed");
        return -1;
    }

    return 0;
}


/* 导出到 msh 命令列表中 */
MSH_CMD_EXPORT(producer_consumer, producer_consumer sample);
```

该例程的仿真结果如下：

```
 \ | /
- RT -     Thread Operating System
 / | \     3.1.0 build Aug 27 2018
 2006 - 2018 Copyright by rt-thread team
msh >producer_consumer
the producer generates a number: 1
the consumer[0] get a number: 1
msh >the producer generates a number: 2
the producer generates a number: 3
the consumer[1] get a number: 2
the producer generates a number: 4
the producer generates a number: 5
the producer generates a number: 6
```

```
the consumer[2] get a number: 3
the producer generates a number: 7
the producer generates a number: 8
the consumer[3] get a number: 4
the producer generates a number: 9
the consumer[4] get a number: 5
the producer generates a number: 10
the producer exit!
the consumer[0] get a number: 6
the consumer[1] get a number: 7
the consumer[2] get a number: 8
the consumer[3] get a number: 9
the consumer[4] get a number: 10
the consumer sum is: 55
the consumer exit!
```

本例程可以理解为生产者生产产品并将其放入仓库，消费者从仓库中取走产品。

（1）生产者线程：

① 获取 1 个空位（放产品 number），此时空位减 1；

② 上锁保护；本次产生的 number 值为 cnt+1，把值循环存入数组 array 中；开锁；

③ 释放 1 个满位（给仓库中放置一个产品，仓库就多一个满位），满位加 1；

（2）消费者线程：

① 获取 1 个满位（取产品 number），此时满位减 1；

② 上锁保护；将本次生产者产生的 number 值从 array 中读出来，并与上次 number 值相加；开锁；

③ 释放 1 个空位（从仓库上取走一个产品，仓库就多一个空位），空位加 1。

生产者依次产生 10 个 number，消费者依次取走，并将 10 个 number 的值求和。信号量锁 lock 保护 array 临界区资源：保证了消费者每次取 number 值的排他性，实现了线程间同步。

6.1.5 信号量的使用场合

信号量是一种非常灵活的同步方式，可以运用在多种场合中，形成锁、同步、资源计数等关系，也能方便地用于线程与线程、中断与线程间的同步。

1. 线程同步

线程同步是信号量最简单的一类应用。例如，使用信号量进行两个线程之间的同步，信号量的值初始化成 0，表示具备 0 个信号量资源实例；而尝试获得该信号量的线程，将直接在该信号量上进行等待。

当持有信号量的线程完成它处理的工作时，释放该信号量，可以把等待在该信号量上的线程唤醒，让它执行下一部分工作，此时可以把信号量看成工作完成标志：持有信号量的线程完成它自己的工作，然后通知等待该信号量的线程继续下一部分工作。

2. 锁

单一的锁常应用于多个线程间对同一共享资源（即临界区）的访问。信号量在作为锁来
使用时，通常应将信号量资源实
例初始化成 1，代表系统默认有
一个资源可用，因为信号量的值
始终在 1 和 0 之间变动，所以这
类锁也叫二值信号量。如图 6-4
所示，当线程需要访问共享资源
时，它需要先获得这个资源锁。

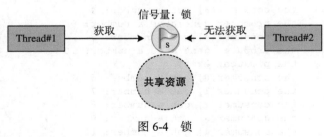

图 6-4 锁

当线程成功获得资源锁时，其他打算访问共享资源的线程会由于获取不到资源而挂起，因
为其他线程在试图获取这个锁时，这个锁已经被锁上（信号量值是 0）了。当获得信号量的
线程处理完毕，退出临界区时，它将会释放信号量并把锁解开，而挂起在锁上的第一个等
待线程将被唤醒，从而获得临界区的访问权。

3. 中断与线程的同步

信号量也能够方便地应用于中断与线程间的同步，例如一个中断触发，中断服务例程
需要通知线程进行相应的数据处理。这时候可以设置信号量的初始值为 0，线程在试图持有
该信号量时，由于信号量的初始值是 0，线程直接在该信号量上挂起直到信号量被释放。当
中断触发时，先进行与硬件相关的动作，例如从硬件的 I/O 口中读取相应的数据，并确认
中断以清除中断源，而后释放一
个信号量来唤醒相应的线程以进
行后续的数据处理，例如 FinSH
线程的处理，如图 6-5 所示。

信号量的值初始为 0，当
FinSH 线程试图取得信号量时，
因为信号量值是 0，所以它会被

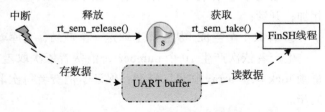

图 6-5 FinSH 的中断、线程间同步示意图

挂起。当 console 设备有数据输入时，产生中断，从而进入中断服务例程。在中断服务例
程中，它会读取 console 设备的数据，并把读取的数据放入 UART buffer 中进行缓冲，而后
释放信号量，释放信号量的操作将唤醒 FinSH 线程。在中断服务例程运行完毕后，如果系
统中没有比 FinSH 线程优先级更高的就绪线程存在，FinSH 线程将持有信号量并运行，从
UART buffer 缓冲区中获取输入的数据。

警告： 中断与线程间的互斥不能采用信号量（锁）的方式实现，而应采用开关中断的方式实现。

4. 资源计数

也可以认为信号量是一个递增或递减的计数器，需要注意的是信号量的值非负。例如，
初始化一个信号量的值为 5，则这个信号量可最大连续减少 5 次，直到计数器减为 0。资源

计数适合线程间工作处理速度不匹配的场合，这个时候信号量可以作为前一线程工作完成个数的计数，而当调度到后一线程时，它也可以以一种连续的方式一次处理多个事件。例如，生产者与消费者问题中，生产者可以对信号量进行多次释放，而后消费者被调度时能够一次处理多个信号量资源。

注意： 一般资源计数类型多是混合方式的线程间同步，因为对于单个资源的处理依然存在线程的多重访问，这就需要对一个单独的资源进行访问、处理，并进行锁方式的互斥操作。

6.2　互斥量

互斥量又叫相互排斥的信号量，是一种特殊的二值信号量。互斥量类似于只有一个车位的停车场：当有一辆车进入的时候，将停车场大门锁住，其他车辆在外面等候。当里面的车出来时，将停车场大门打开，下一辆车才可以进入。

6.2.1　互斥量的工作机制

互斥量和信号量的不同是：拥有互斥量的线程拥有互斥量的所有权，互斥量支持递归访问且能防止线程优先级翻转；互斥量只能由持有线程释放，而信号量则可以由任何线程释放。

互斥量的状态只有两种，即开锁或闭锁（两种状态值）。当有线程持有它时，互斥量处于闭锁状态，由该线程获得它的所有权。相反，当该线程释放它时，将对互斥量进行开锁，失去它的所有权。当一个线程持有互斥量时，其他线程将不能对它进行开锁或持有它，持有该互斥量的线程也能够再次获得这个锁而不被挂起，如图 6-6 所示。**这个特性与一般的二值信号量有很大的不同：在信号量中，因为已经不存在实例，线程递归持有会发生主动挂起（最终形成死锁）。**

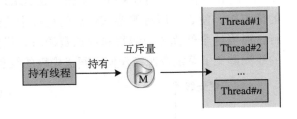

图 6-6　互斥量工作示意图

使用信号量会导致的另一个潜在问题是线程优先级翻转。所谓优先级翻转，是指当一个高优先级线程试图通过信号量机制访问共享资源时，如果该信号量已被低优先级线程持有，而这个低优先级线程在运行过程中可能又被其他一些中等优先级的线程抢占，从而造成高优先级线程被许多具有较低优先级的线程阻塞，实时性难以得到保证。如图 6-7 所示，现有优先级为 A、B 和 C 的三个线程，优先级 A > B > C。线程 A、B 处于挂起状态，等待某一事件触发，线程 C 正在运行，此时线程 C 开始使用某一共享资源 M。在使用过程中，线程 A 等待的事件到来，线程 A 转为就绪状态，因为它比线程 C 优先级高，所以立即执行。但是当线程 A 要使用共享资源 M 时，由于其正在被线程 C 使用，因此线程 A 被挂起切换到线程 C 运行。如果此时线程 B 等待的事件到来，则线程 B 转为就绪状态。由于线程 B 的优先级比线程 C 高，因此线程 B 开始运行，直到其运行完毕，线程 C 才开始运行。只有当线程 C 释放共享资源 M 后，线程 A 才得以执行。在这种情况下，优先级发生了翻转：线程 B 先于线程 A 运行。这样便不能保证高优先级线程的响应时间。

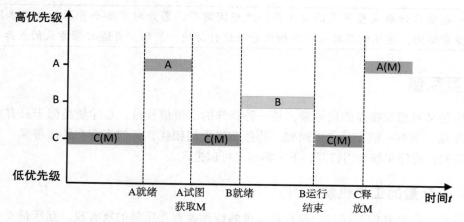

图 6-7　优先级翻转（M 为信号量）

在 RT-Thread 操作系统中，互斥量可以解决优先级翻转问题，使用优先级继承算法实现。优先级继承是通过在线程 A 尝试获取共享资源而被挂起的期间内，将线程 C 的优先级提升到线程 A 的优先级别，从而解决优先级翻转引起的问题。这样能够防止 C（间接地防止 A）被 B 抢占，如图 6-8 所示。优先级继承是指，提高某个占有某种资源的低优先级线程的优先级，使之与所有等待该资源的线程中优先级最高的那个线程的优先级相等，然后执行，而当这个低优先级线程释放该资源时，优先级重新回到初始设定。因此，继承优先级的线程避免了系统资源被任何中间优先级的线程抢占。

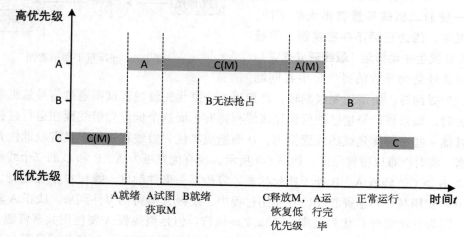

图 6-8　优先级继承（M 为互斥量）

警告： 在获得互斥量并执行完操作后，请尽快释放互斥量，并且在持有互斥量的过程中，不得再更改持有互斥量线程的优先级。

6.2.2 互斥量控制块

在 RT-Thread 中，互斥量控制块是操作系统用于管理互斥量的一个数据结构，由结构体 struct rt_mutex 表示。另外一种 C 表达方式 rt_mutex_t，表示的是互斥量的句柄，在 C 语言中的实现是指互斥量控制块的指针。互斥量控制块结构的详细定义如下。

```
struct rt_mutex
{
    struct rt_ipc_object parent;                  /* 继承自 ipc_object 类 */

    rt_uint16_t          value;                   /* 互斥量的值 */
    rt_uint8_t           original_priority;       /* 持有线程的原始优先级 */
    rt_uint8_t           hold;                    /* 持有线程的持有次数 */
    struct rt_thread     *owner;                  /* 当前拥有互斥量的线程 */
};
/* rt_mutext_t 为指向互斥量结构体的指针类型 */
typedef struct rt_mutex* rt_mutex_t;
```

rt_mutex 对象从 rt_ipc_object 中派生，由 IPC 容器所管理。

6.2.3 互斥量的管理方式

互斥量控制块中含有互斥量相关的重要参数，在互斥量功能的实现中起着重要的作用。互斥量相关接口如图 6-9 所示，对一个互斥量的操作包含创建 / 初始化互斥量、获取互斥量、释放互斥量、删除 / 脱离互斥量。

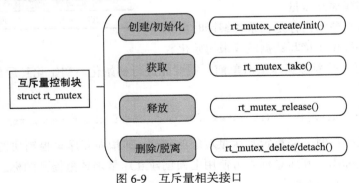

图 6-9　互斥量相关接口

1. 创建和删除互斥量

创建一个互斥量时，内核首先创建一个互斥量控制块，然后完成对该控制块的初始化工作。创建互斥量使用下面的函数接口：

```
rt_mutex_t rt_mutex_create (const char* name, rt_uint8_t flag);
```

可以调用 rt_mutex_create 函数创建一个互斥量，它的名字由 name 所指定。当调用这个函数时，系统将先从对象管理器中分配一个 mutex 对象，并初始化这个对象，然后初始化父类 IPC 对象以及与 mutex 相关的部分。互斥量的 flag 标志设置为 RT_IPC_FLAG_PRIO，表示在多个线程等待资源时，将由优先级高的线程优先获得资源。flag 设置为 RT_IPC_FLAG_FIFO，表示在多个线程等待资源时，将按照先来先得的顺序获得资源。表 6-8 描述了该函数的输入参数与返回值。

表 6-8　rt_mutex_create() 的输入参数和返回值

参数	描述
name	互斥量的名称
flag	互斥量标志，它可以取如下数值：RT_IPC_FLAG_FIFO 或 RT_IPC_FLAG_PRIO
返回	描述
互斥量句柄	创建成功
RT_NULL	创建失败

当不再使用互斥量时，可通过删除互斥量以释放系统资源，这适用于动态创建的互斥量。删除互斥量使用下面的函数接口：

```
rt_err_t rt_mutex_delete (rt_mutex_t mutex);
```

当删除一个互斥量时，所有等待此互斥量的线程都将被唤醒，等待线程获得的返回值是 -RT_ERROR。然后系统将该互斥量从内核对象管理器链表中删除并释放互斥量占用的内存空间。表 6-9 描述了该函数的输入参数与返回值。

表 6-9　rt_mutex_delete() 的输入参数和返回值

参数	描述
mutex	互斥量对象的句柄
返回	描述
RT_EOK	删除成功

2. 初始化和脱离互斥量

静态互斥量对象的内存是在系统编译时由编译器分配的，一般位于读写数据段或未初始化数据段中。在使用这类静态互斥量对象前，需要先进行初始化。初始化互斥量使用下面的函数接口：

```
rt_err_t rt_mutex_init (rt_mutex_t mutex, const char* name, rt_uint8_t flag);
```

使用该函数接口时，需指定互斥量对象的句柄（即指向互斥量控制块的指针）、互斥量名称以及互斥量标志。互斥量标志可使用上面创建互斥量函数里提到的标志。表 6-10 描述了该函数的输入参数与返回值。

表 6-10　rt_mutex_init() 的输入参数和返回值

参数	描述
mutex	互斥量对象的句柄，它由用户提供，并指向互斥量对象的内存块
name	互斥量的名称

（续）

参数	描述
flag	互斥量标志，它可以取如下数值：RT_IPC_FLAG_FIFO 或 RT_IPC_FLAG_PRIO
返回	描述
RT_EOK	初始化成功

脱离互斥量将把互斥量对象从内核对象管理器中脱离，适用于静态初始化的互斥量。脱离互斥量使用下面的函数接口：

```
rt_err_t rt_mutex_detach (rt_mutex_t mutex);
```

使用该函数接口后，内核先唤醒所有挂在该互斥量上的线程（线程的返回值是 -RT_ERROR），然后系统将该互斥量从内核对象管理器中脱离。表 6-11 描述了该函数的输入参数与返回值。

表 6-11　rt_mutex_detach() 的输入参数和返回值

参数	描述
mutex	互斥量对象的句柄
返回	描述
RT_EOK	成功

3. 获取互斥量

当线程获取了互斥量，该线程就有了该互斥量的所有权，即某一时刻一个互斥量只能被一个线程持有。获取互斥量使用下面的函数接口：

```
rt_err_t rt_mutex_take (rt_mutex_t mutex, rt_int32_t time);
```

如果互斥量没有被其他线程控制，那么申请该互斥量的线程将成功获得该互斥量。如果互斥量已经被当前线程控制，则该互斥量的持有计数加 1，当前线程也不会挂起等待。如果互斥量已经被其他线程占有，则当前线程在该互斥量上挂起等待，直到其他线程释放它或者等待时间超过指定的超时时间。表 6-12 描述了该函数的输入参数与返回值。

表 6-12　rt_mutex_take() 的输入参数和返回值

参数	描述
mutex	互斥量对象的句柄
time	指定等待的时间
返回	描述
RT_EOK	成功获得互斥量
-RT_ETIMEOUT	超时
-RT_ERROR	获取失败

4. 释放互斥量

当线程完成互斥资源的访问后，应尽快释放它占有的互斥量，使得其他线程能及时获取该互斥量。释放互斥量使用下面的函数接口：

```
rt_err_t rt_mutex_release(rt_mutex_t mutex);
```

使用该函数接口时，只有已经拥有互斥量控制权的线程才能释放它，每释放一次该互斥量，它的持有计数减 1。当该互斥量的持有计数为零时（即持有线程已经释放所有的持有操作），它变为可用，等待在该信号量上的线程将被唤醒。如果线程的运行优先级被互斥量提升，那么当互斥量被释放后，线程恢复为持有互斥量前的优先级。表 6-13 描述了该函数的输入参数与返回值。

表 6-13   rt_mutex_release() 的输入参数和返回值

参数	描述
mutex	互斥量对象的句柄
返回	描述
RT_EOK	成功

6.2.4   互斥量应用示例

互斥量是一种保护共享资源的方法。当一个线程拥有互斥量的时候，可以保护共享资源不被其他线程破坏。下面用一个例子来说明，有两个线程，线程 1 和线程 2，线程 1 对两个 number 分别进行加 1 操作；线程 2 也对两个 number 分别进行加 1 操作，使用互斥量保证线程改变两个 number 值的操作不被打断，如代码清单 6-3 所示。

代码清单6-3   互斥量例程

```
#include <rtthread.h>

#define THREAD_PRIORITY           8
#define THREAD_TIMESLICE          5

/* 指向互斥量的指针 */
static rt_mutex_t dynamic_mutex = RT_NULL;
static rt_uint8_t number1,number2 = 0;

ALIGN(RT_ALIGN_SIZE)
static char thread1_stack[1024];
static struct rt_thread thread1;
static void rt_thread_entry1(void *parameter)
{
    while(1)
    {
        /* 线程 1 获取互斥量后，先后对 number1、number2 进行加 1 操作，然后释放互斥量 */
        rt_mutex_take(dynamic_mutex, RT_WAITING_FOREVER);
        number1++;
        rt_thread_mdelay(10);
        number2++;
        rt_mutex_release(dynamic_mutex);
    }
}

ALIGN(RT_ALIGN_SIZE)
static char thread2_stack[1024];
static struct rt_thread thread2;
static void rt_thread_entry2(void *parameter)
{
    while(1)
    {
        /* 线程 2 获取互斥量后，检查 number1、number2 的值是否相同，相同则表示 mutex 起到了
           锁的作用 */
```

```
        rt_mutex_take(dynamic_mutex, RT_WAITING_FOREVER);
        if(number1 != number2)
        {
            rt_kprintf("not protect.number1 = %d, mumber2 = %d \n",number1
,number2);
        }
        else
        {
            rt_kprintf("mutex protect ,number1 = mumber2 is %d\n",number1);
        }

        number1++;
        number2++;
        rt_mutex_release(dynamic_mutex);

        if(number1 >=50)
            return;
    }
}

/* 互斥量示例的初始化 */
int mutex_sample(void)
{
    /* 创建一个动态互斥量 */
    dynamic_mutex = rt_mutex_create("dmutex", RT_IPC_FLAG_FIFO);
    if (dynamic_mutex == RT_NULL)
    {
        rt_kprintf("create dynamic mutex failed.\n");
        return -1;
    }

    rt_thread_init(&thread1,
                "thread1",
                rt_thread_entry1,
                RT_NULL,
                &thread1_stack[0],
                sizeof(thread1_stack),
                THREAD_PRIORITY, THREAD_TIMESLICE);
    rt_thread_startup(&thread1);

    rt_thread_init(&thread2,
                "thread2",
                rt_thread_entry2,
                RT_NULL,
                &thread2_stack[0],
                sizeof(thread2_stack),
                THREAD_PRIORITY-1, THREAD_TIMESLICE);
    rt_thread_startup(&thread2);
    return 0;
}

/* 导出到 MSH 命令列表中 */
MSH_CMD_EXPORT(mutex_sample, mutex sample);
```

线程 1 与线程 2 中均使用互斥量保护对两个 number 的操作（倘若将线程 1 中的获取、释放互斥量语句注释掉，线程 1 将不再保护 number），仿真运行结果如下：

```
 \ | /
- RT -     Thread Operating System
 / | \     3.1.0 build Aug 24 2018
 2006 - 2018 Copyright by rt-thread team
msh >mutex_sample
msh >mutex protect ,number1 = mumber2 is 1
mutex protect ,number1 = mumber2 is 2
mutex protect ,number1 = mumber2 is 3
mutex protect ,number1 = mumber2 is 4
...
mutex protect ,number1 = mumber2 is 48
mutex protect ,number1 = mumber2 is 49
```

线程使用互斥量保护对两个 number 的操作，使 number 值保持一致。

互斥量的另一个例子见代码清单 6-4，这个例子将创建 3 个动态线程以检查持有互斥量时，持有的线程优先级是否被调整到等待线程优先级中的最高优先级。

代码清单6-4　防止优先级翻转例程

```c
#include <rtthread.h>

/* 指向线程控制块的指针 */
static rt_thread_t tid1 = RT_NULL;
static rt_thread_t tid2 = RT_NULL;
static rt_thread_t tid3 = RT_NULL;
static rt_mutex_t mutex = RT_NULL;


#define THREAD_PRIORITY        10
#define THREAD_STACK_SIZE      512
#define THREAD_TIMESLICE       5

/* 线程 1 入口 */
static void thread1_entry(void *parameter)
{
    /* 先让低优先级线程运行 */
    rt_thread_mdelay(100);

    /* 此时 thread3 持有 mutex，而 thread2 等待持有 mutex */

    /* 检查 thread2 与 thread3 的优先级情况 */
    if (tid2->current_priority != tid3->current_priority)
    {
        /* 优先级不相同，测试失败 */
        rt_kprintf("the priority of thread2 is: %d\n", tid2->current_priority);
        rt_kprintf("the priority of thread3 is: %d\n", tid3->current_priority);
        rt_kprintf("test failed.\n");
        return;
    }
```

```
    else
    {
        rt_kprintf("the priority of thread2 is: %d\n", tid2->current_priority);
        rt_kprintf("the priority of thread3 is: %d\n", tid3->current_priority);
        rt_kprintf("test OK.\n");
    }
}

/* 线程 2 入口 */
static void thread2_entry(void *parameter)
{
    rt_err_t result;

    rt_kprintf("the priority of thread2 is: %d\n", tid2->current_priority);

    /* 先让低优先级线程运行 */
    rt_thread_mdelay(50);

    /*
     * 试图持有互斥锁, 此时 thread3 持有互斥锁, 应把 thread3 的优先级提升
     * 到与 thread2 相同的优先级
     */
    result = rt_mutex_take(mutex, RT_WAITING_FOREVER);

    if (result == RT_EOK)
    {
        /* 释放互斥锁 */
        rt_mutex_release(mutex);
    }
}

/* 线程 3 入口 */
static void thread3_entry(void *parameter)
{
    rt_tick_t tick;
    rt_err_t result;

    rt_kprintf("the priority of thread3 is: %d\n", tid3->current_priority);

    result = rt_mutex_take(mutex, RT_WAITING_FOREVER);
    if (result != RT_EOK)
    {
        rt_kprintf("thread3 take a mutex, failed.\n");
    }

    /* 做一个长时间的循环, 500ms */
    tick = rt_tick_get();
    while (rt_tick_get() - tick < (RT_TICK_PER_SECOND / 2)) ;

    rt_mutex_release(mutex);
}

int pri_inversion(void)
```

```
{
    /* 创建互斥锁 */
    mutex = rt_mutex_create("mutex", RT_IPC_FLAG_FIFO);
    if (mutex == RT_NULL)
    {
        rt_kprintf("create dynamic mutex failed.\n");
        return -1;
    }

    /* 创建线程 1 */
    tid1 = rt_thread_create("thread1",
                    thread1_entry,
                    RT_NULL,
                    THREAD_STACK_SIZE,
                    THREAD_PRIORITY - 1, THREAD_TIMESLICE);
    if (tid1 != RT_NULL)
        rt_thread_startup(tid1);

    /* 创建线程 2 */
    tid2 = rt_thread_create("thread2",
                    thread2_entry,
                    RT_NULL,
                    THREAD_STACK_SIZE,
                    THREAD_PRIORITY, THREAD_TIMESLICE);
    if (tid2 != RT_NULL)
        rt_thread_startup(tid2);

    /* 创建线程 3 */
    tid3 = rt_thread_create("thread3",
                    thread3_entry,
                    RT_NULL,
                    THREAD_STACK_SIZE,
                    THREAD_PRIORITY + 1, THREAD_TIMESLICE);
    if (tid3 != RT_NULL)
        rt_thread_startup(tid3);

    return 0;
}

/* 导出到 msh 命令列表中 */
MSH_CMD_EXPORT(pri_inversion, prio_inversion sample);
```

仿真运行结果如下：

```
 \ | /
- RT -     Thread Operating System
 / | \     3.1.0 build Aug 27 2018
 2006 - 2018 Copyright by rt-thread team
msh >pri_inversion
the priority of thread2 is: 10
the priority of thread3 is: 11
the priority of thread2 is: 10
```

```
the priority of thread3 is: 10
test OK.
```

上面的例程演示了互斥量的使用方法。线程 3 先持有互斥量，而后线程 2 试图持有互斥量，此时线程 3 的优先级被提升为和线程 2 的优先级相同。

注意：需要切记的是互斥量不能在中断服务例程中使用。

6.2.5　互斥量的使用场合

互斥量的使用比较单一，因为它是信号量的一种，并且它以锁的形式存在。在初始化的时候，互斥量永远都处于开锁的状态，而被线程持有的时候则立刻转为闭锁的状态。互斥量更适用于以下情况。

（1）线程多次持有互斥量的情况。这样可以避免同一线程多次递归持有而造成死锁的问题。

（2）可能会由于多线程同步而造成优先级翻转的情况。

6.3　事件集

事件集也是线程间同步的机制之一，一个事件集可以包含多个事件，利用事件集可以完成一对多、多对多的线程间同步。下面以坐公交车为例进行说明，在公交站等公交车时可能有以下几种情况。

① P1 坐公交车去某地，只有一种公交车可以到达目的地，等到此公交车即可出发。

② P1 坐公交车去某地，有 3 种公交车都可以到达目的地，等到其中任意一辆即可出发。

③ P1 约另一人 P2 一起去某地，则 P1 必须要等到"同伴 P2 到达公交站"与"公交车到达公交站"两个条件都满足后，才能出发。

这里，可以将 P1 去某地视为线程，将"公交车到达公交站""同伴 P2 到达公交站"视为事件的发生，情况①是特定事件唤醒线程；情况②是任意单个事件唤醒线程；情况③是多个事件同时发生才唤醒线程。

6.3.1　事件集的工作机制

事件集主要用于线程间的同步，与信号量不同，它的特点是可以实现一对多、多对多的同步。即一个线程与多个事件的关系可设置为其中任意一个事件唤醒线程，或几个事件都到达后才唤醒线程进行后续的处理；同样，事件也可以是多个线程同步多个事件。这种多个事件的集合可以用一个 32 位无符号整型变量来表示，变量的每一位代表一个事件，线程通过"逻辑与"或"逻辑或"将一个或多个事件关联起来，形成事件组合。事件的"逻辑或"也称为独立型同步，指的是线程与任何事件之一发生同步；事件"逻辑与"也称为关联型同步，指的是线程与若干事件都发生同步。

RT-Thread 定义的事件集有以下特点。

（1）事件只与线程相关，事件间相互独立。每个线程可拥有 32 个事件标志，采用一个 32 位无符号整型数进行记录，每一位代表一个事件；

（2）事件仅用于同步，不提供数据传输功能；

（3）事件无排队性，即多次向线程发送同一事件（如果线程还未来得及读走），其效果等同于只发送一次。

在 RT-Thread 中，每个线程都拥有一个事件信息标记，它有三个属性，分别是 RT_EVENT_FLAG_AND（逻辑与）、RT_EVENT_FLAG_OR（逻辑或）以及 RT_EVENT_FLAG_CLEAR（清除标记）。当线程等待事件同步时，可以通过 32 个事件标志和这个事件信息标记来判断当前接收的事件是否满足同步条件。

如图 6-10 所示，Thread#1 的事件标志中第 1 位和第 30 位被置位，如果事件信息标记位设为逻辑与，则表示 Thread#1 只有在事件 1 和事件 30 都发生以后才会被触发唤醒，如果事件信息标记位设为逻辑或，则事件 1 或事件 30 中的任意一个发生都会触发唤醒 Thread#1。如果信息标记

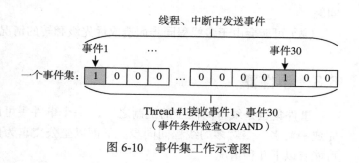

图 6-10 事件集工作示意图

同时设置了清除标记位，则当 Thread#1 唤醒后将主动把事件 1 和事件 30 清为零，否则事件标志将依然存在（即置 1）。

6.3.2 事件集控制块

在 RT-Thread 中，事件集控制块是操作系统用于管理事件的一个数据结构，由结构体 struct rt_event 表示。另外一种 C 表达方式 rt_event_t 表示的是事件集的句柄，在 C 语言中的实现是事件集控制块的指针。事件集控制块结构的详细定义如下。

```
struct rt_event
{
    struct rt_ipc_object parent;    /* 继承自 ipc_object 类 */

    /* 事件集合，每一位表示 1 个事件，位的值可以标记某事件是否发生 */
    rt_uint32_t set;
};
/* rt_event_t 是指向事件结构体的指针类型  */
typedef struct rt_event* rt_event_t;
```

rt_event 对象从 rt_ipc_object 中派生，由 IPC 容器所管理。

6.3.3　事件集的管理方式

事件集控制块中含有与事件集相关的重要参数，在事件集功能的实现中起着重要的作用。事件集相关接口如图 6-11 所示，对一个事件集的操作包含：创建 / 初始化事件集、发送事件、接收事件、删除 / 脱离事件集。

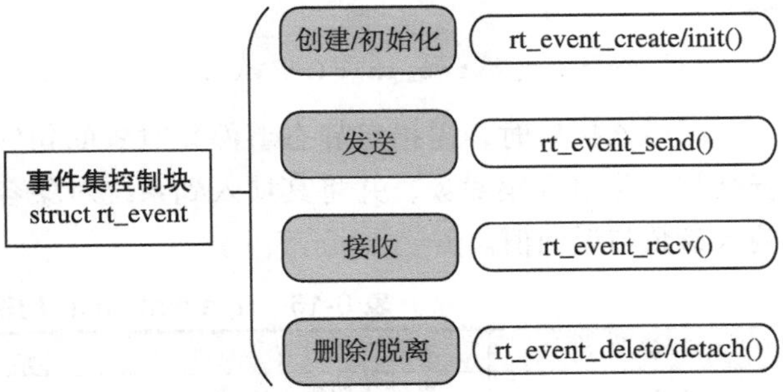

图 6-11　事件相关接口

1. 创建和删除事件集

当创建一个事件集时，内核首先创建一个事件集控制块，然后对该事件集控制块进行基本的初始化，创建事件集使用下面的函数接口：

```
rt_event_t rt_event_create(const char* name, rt_uint8_t flag);
```

调用该函数接口时，系统会从对象管理器中分配事件集对象，并初始化这个对象，然后初始化父类 IPC 对象。表 6-14 描述了该函数的输入参数与返回值。

表 6-14　rt_event_create() 的输入参数和返回值

参数	描述
name	事件集的名称
flag	事件集的标志，它可以取如下数值：RT_IPC_FLAG_FIFO 或 RT_IPC_FLAG_PRIO
返回	描述
RT_NULL	创建失败
事件对象的句柄	创建成功

系统不再使用 rt_event_create() 创建的事件集对象时，可通过删除事件集对象控制块来释放系统资源。删除事件集可以使用下面的函数接口：

```
rt_err_t rt_event_delete(rt_event_t event);
```

在调用 rt_event_delete 函数删除一个事件集对象时，应该确保该事件集不再被使用。在删除前会唤醒所有挂起在该事件集上的线程（线程的返回值是 - RT_ERROR），然后释放事件集对象占用的内存块。表 6-15 描述了该函数的输入参数与返回值。

2. 初始化和脱离事件集

静态事件集对象的内存是在系统编译时由编译器分配的，一般放于读写数据段或未初始化数据段中。

表 6-15　rt_event_delete() 的输入参数和返回值

参数	描述
event	事件集对象的句柄
返回	描述
RT_EOK	成功

在使用静态事件集对象前，需要先对它进行初始化操作。初始化事件集使用下面的函数接口：

```
rt_err_t rt_event_init(rt_event_t event, const char* name, rt_uint8_t flag);
```

调用该接口时，需指定静态事件集对象的句柄（即指向事件集控制块的指针），然后系统会初始化事件集对象，并将其加入到系统对象容器中进行管理。表 6-16 描述了该函数的输入参数与返回值。

表 6-16　rt_event_init() 的输入参数和返回值

参数	描述
event	事件集对象的句柄
name	事件集的名称
flag	事件集的标志，它可以取如下数值：RT_IPC_FLAG_FIFO 或 RT_IPC_FLAG_PRIO
返回	描述
RT_EOK	成功

系统不再使用 rt_event_init() 初始化的事件集对象时，可通过脱离事件集对象控制块来释放系统资源。脱离事件集是将事件集对象从内核对象管理器中脱离。脱离事件集使用下面的函数接口：

```
rt_err_t rt_event_detach(rt_event_t event);
```

用户调用这个函数时，系统首先唤醒所有挂在该事件集等待队列上的线程（线程的返回值是 -RT_ERROR），然后将该事件集从内核对象管理器中脱离。表 6-17 描述了该函数的输入参数与返回值。

表 6-17　rt_event_detach() 的输入参数和返回值

参数	描述
event	事件集对象的句柄
返回	描述
RT_EOK	成功

3. 发送事件

发送事件函数可以发送事件集中的一个或多个事件，如下：

```
rt_err_t rt_event_send(rt_event_t event, rt_uint32_t set);
```

使用该函数接口时，通过参数 set 指定的事件标志来设定 event 事件集对象的事件标志值，然后遍历 event 事件集对象上的等待线程链表，判断是否有线程的事件激活要求与当前 event 对象事件标志值匹配，如果有，则唤醒该线程。表 6-18 描述了该函数的输入参数与返回值。

表 6-18　rt_event_send() 的输入参数和返回值

参数	描述
event	事件集对象的句柄
set	发送的一个或多个事件的标志值
返回	描述
RT_EOK	成功

4. 接收事件

内核使用 32 位的无符号整数来标识事件集，它的每一位代表一个事件，因此一个事件集对象可同时等待接收 32 个事件，内核可以通过指定选择参数"逻辑与"或"逻辑或"来选择如何激活线程，使用"逻辑与"参数表示只有当所有等待的事件都发生时才激活线程，而使用"逻辑或"参数则表示只要有一个等待的事件发生就激活线程。接收事件使用下面的函数接口：

```
rt_err_t rt_event_recv(rt_event_t event,
                       rt_uint32_t set,
                       rt_uint8_t option,
                       rt_int32_t timeout,
                       rt_uint32_t* recved);
```

当用户调用该接口时，系统首先根据 set 参数和接收选项 option 来判断它要接收的事件是否发生，如果已经发生，则根据参数 option 上是否设置有 RT_EVENT_FLAG_CLEAR 来决定是否重置事件的相应标志位，然后返回（其中 recved 参数返回接收到的事件）；如果没有发生，则把等待的 set 和 option 参数填入线程本身的结构中，然后把线程挂起在此事件上，直到其等待的事件满足条件或等待时间超过指定的超时时间。如果超时时间设置为零，则表示当线程要接受的事件没有满足其要求时就不等待，而直接返回 -RT_ETIMEOUT。表 6-19 描述了该函数的输入参数与返回值。

表 6-19　rt_event_recv() 的输入参数和返回值

参数	描述
event	事件集对象的句柄
set	接收线程感兴趣的事件
option	接收选项
timeout	指定超时时间
recved	指向接收到的事件

返回	描述
RT_EOK	成功
-RT_ETIMEOUT	超时
-RT_ERROR	错误

6.3.4　事件集应用示例

下面是事件集的应用例程，该示例中初始化了一个事件集、两个线程。一个线程等待自己关心的事件发生，另外一个线程发送事件，如代码清单 6-5 例所示。

代码清单6-5　事件集的使用例程

```
#include <rtthread.h>

#define THREAD_PRIORITY        9
#define THREAD_TIMESLICE       5

#define EVENT_FLAG3 (1 << 3)
#define EVENT_FLAG5 (1 << 5)

/* 事件控制块 */
static struct rt_event event;

ALIGN(RT_ALIGN_SIZE)
static char thread1_stack[1024];
```

```
    static struct rt_thread thread1;

/* 线程 1 入口函数 */
static void thread1_recv_event(void *param)
{
    rt_uint32_t e;

    /* 第一次接收事件，事件 3 或事件 5 中的任意一个可以触发线程 1，接收完后清除事件标志 */
    if (rt_event_recv(&event, (EVENT_FLAG3 | EVENT_FLAG5),
                    RT_EVENT_FLAG_OR | RT_EVENT_FLAG_CLEAR,
                    RT_WAITING_FOREVER, &e) == RT_EOK)
    {
        rt_kprintf("thread1: OR recv event 0x%x\n", e);
    }

    rt_kprintf("thread1: delay 1s to prepare the second event\n");
    rt_thread_mdelay(1000);

    /* 第二次接收事件，事件 3 和事件 5 均发生时才可以触发线程 1，接收完后清除事件标志 */
    if (rt_event_recv(&event, (EVENT_FLAG3 | EVENT_FLAG5),
                    RT_EVENT_FLAG_AND | RT_EVENT_FLAG_CLEAR,
                    RT_WAITING_FOREVER, &e) == RT_EOK)
    {
        rt_kprintf("thread1: AND recv event 0x%x\n", e);
    }
    rt_kprintf("thread1 leave.\n");
}


ALIGN(RT_ALIGN_SIZE)
static char thread2_stack[1024];
static struct rt_thread thread2;

/* 线程 2 入口 */
static void thread2_send_event(void *param)
{
    rt_kprintf("thread2: send event3\n");
    rt_event_send(&event, EVENT_FLAG3);
    rt_thread_mdelay(200);

    rt_kprintf("thread2: send event5\n");
    rt_event_send(&event, EVENT_FLAG5);
    rt_thread_mdelay(200);

    rt_kprintf("thread2: send event3\n");
    rt_event_send(&event, EVENT_FLAG3);
    rt_kprintf("thread2 leave.\n");
}


int event_sample(void)
{
```

```
    rt_err_t result;

    /* 初始化事件对象 */
    result = rt_event_init(&event, "event", RT_IPC_FLAG_FIFO);
    if (result != RT_EOK)
    {
        rt_kprintf("init event failed.\n");
        return -1;
    }

    rt_thread_init(&thread1,
                "thread1",
                thread1_recv_event,
                RT_NULL,
                &thread1_stack[0],
                sizeof(thread1_stack),
                THREAD_PRIORITY - 1, THREAD_TIMESLICE);
    rt_thread_startup(&thread1);

    rt_thread_init(&thread2,
                "thread2",
                thread2_send_event,
                RT_NULL,
                &thread2_stack[0],
                sizeof(thread2_stack),
                THREAD_PRIORITY, THREAD_TIMESLICE);
    rt_thread_startup(&thread2);

    return 0;
}

/* 导出到 msh 命令列表中 */
MSH_CMD_EXPORT(event_sample, event sample);
```

仿真运行结果如下：

```
 \ | /
- RT -     Thread Operating System
 / | \     3.1.0 build Aug 24 2018
 2006 - 2018 Copyright by rt-thread team
msh >event_sample
thread2: send event3
thread1: OR recv event 0x8
thread1: delay 1s to prepare the second event
msh >thread2: send event5
thread2: send event3
thread2 leave.
thread1: AND recv event 0x28
thread1 leave.
```

上面的例程演示了事件集的使用方法。线程 1 前后两次接收事件时，分别使用了"逻辑或"和"逻辑与"的方法。

6.3.5 事件集的使用场合

事件集可用于多种场合，它能够在一定程度上代替信号量，用于线程间同步。一个线程或中断服务例程发送一个事件给事件集对象，而后等待的线程被唤醒并对相应的事件进行处理。但是它与信号量不同的是，事件的发送操作在事件未清除前是不可累计的，而信号量的释放动作是累计的。事件的另一个特性是，接收线程可等待多种事件，即多个事件对应一个线程或多个线程。同时按照线程等待的参数，可选择是"逻辑或"触发还是"逻辑与"触发。这个特性也是信号量等所不具备的，信号量只能识别单一的释放动作，而不能同时等待多种类型的释放。图 6-12 所示为多事件接收示意图。

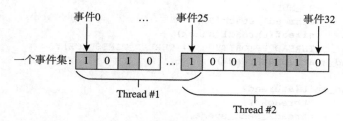

图 6-12　多事件接收示意图

一个事件集中包含 32 个事件，特定线程只等待、接收它关注的事件。可以是一个线程等待多个事件的到来（线程 1、线程 2 均等待多个事件，事件间可以使用"与"或者"或"逻辑触发线程），也可以是多个线程等待一个事件的到来（事件 25）。当有它们关注的事件发生时，线程将被唤醒并进行后续的处理动作。

6.4　本章小结

本章节讲述了线程间的同步与互斥，在这里回顾一下需要注意的要点。

（1）信号量可以在中断中释放，但不能在中断服务程序中获取。

（2）在获得互斥量后，请尽快释放互斥量，并且在持有互斥量的过程中，不得更改持有互斥量线程的优先级。

（3）互斥量不能在中断服务例程中使用。

为了加深对本章提及的信号量、互斥量以及事件集这几个概念的理解，大家一定要多动手，理解例程，或在例程上拓展自己想要的功能。

第 7 章
线程间通信

前一章讲了线程间同步，提到了信号量、互斥量、事件集等概念；本章接着上一章的内容，讲解线程间通信。在裸机编程中，经常会使用全局变量进行功能间的通信，如某些功能可能由于一些操作而改变全局变量的值，另一个功能对此全局变量进行读取，根据读取到的全局变量值执行相应的动作，达到通信协作的目的。RT-Thread 中提供了更多的工具以便在不同的线程中间传递信息，本章会详细介绍这些工具。学习完本章，大家将学会如何将邮箱、消息队列、信号用于线程间的通信。

7.1 邮箱

邮箱服务是实时操作系统中一种典型的线程间通信方法。举一个简单的例子，有两个线程，线程 1 检测按键状态并发送，线程 2 读取按键状态并根据按键的状态相应地改变LED 的亮灭。这里就可以使用邮箱的方式进行通信，线程 1 将按键的状态作为邮件发送到邮箱，线程 2 在邮箱中读取邮件获得按键状态并对 LED 执行亮灭操作。

这里的线程 1 也可以扩展为多个线程。例如，共有三个线程，线程 1 检测并发送按键状态，线程 2 检测并发送 ADC 采样信息，线程 3 则根据接收的信息类型不同，执行不同的操作。

7.1.1 邮箱的工作机制

RT-Thread 操作系统的邮箱用于线程间通信，特点是开销比较低，效率较高。邮箱中的每一封邮件只能容纳固定的 4 字节内容（针对 32 位处理系统，指针的大小即为 4 个字节，所以一封邮件恰好能够容纳一个指针）。典型的邮箱也称作交换消息，如图 7-1 所示，线程或中断服务例程把一封 4 字节长度的邮件发送到邮箱中，而一个或多个线程可以从邮箱中接收这些邮件并进行处理。

非阻塞方式的邮件发送过程能够安全地应用于中断服务中，是线程、中断服务、定时器向线程发送消息的有效手段。通常来说，邮件收取过程可能是阻塞的，这取决于邮箱中是否有邮件，以及收取邮件时设置的超时时间。当邮箱中不存在邮件且超时时间不为 0 时，邮件收取过程将变成阻塞方式。在这类情况下，只能由线程进行邮件的收取。

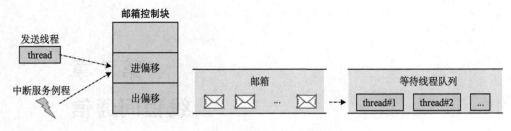

图 7-1 邮箱工作示意图

当一个线程向邮箱发送邮件时，如果邮箱没满，将把邮件复制到邮箱中。如果邮箱已经满了，发送线程可以设置超时时间，选择挂起等待或直接返回 -RT_EFULL。如果发送线程选择挂起等待，那么当邮箱中的邮件被收取而空出空间来时，等待挂起的发送线程将被唤醒继续发送。

当一个线程从邮箱中接收邮件时，如果邮箱是空的，接收线程可以选择是否等待挂起直到收到新的邮件而唤醒，或可以设置超时时间。当达到设置的超时时间，邮箱依然未收到邮件时，这个选择超时等待的线程将被唤醒并返回 -RT_ETIMEOUT。如果邮箱中存在邮件，那么接收线程将复制邮箱中的 4 个字节邮件到接收缓存中。

7.1.2 邮箱控制块

在 RT-Thread 中，邮箱控制块是操作系统用于管理邮箱的一个数据结构，由结构体 struct rt_mailbox 表示。另外一种 C 表达方式 rt_mailbox_t，表示的是邮箱的句柄，在 C 语言中的实现是邮箱控制块的指针。邮箱控制块结构的详细定义请见以下代码：

```
struct rt_mailbox
{
    struct rt_ipc_object parent;

    rt_uint32_t* msg_pool;                      /* 邮箱缓冲区的开始地址  */
    rt_uint16_t size;                           /* 邮箱缓冲区的大小      */

    rt_uint16_t entry;                          /* 邮箱中邮件的数目      */
    rt_uint16_t in_offset, out_offset;          /* 邮箱缓冲的进出指针    */
    rt_list_t suspend_sender_thread;            /* 发送线程的挂起等待队列 */
};
typedef struct rt_mailbox* rt_mailbox_t;
```

rt_mailbox 对象从 rt_ipc_object 中派生，由 IPC 容器所管理。

7.1.3 邮箱的管理方式

邮箱控制块是一个结构体，其中含有事件相关的重要参数，在邮箱的功能实现中起着重要的作用。邮箱的相关接口如图 7-2 所示，对一个邮箱的操作包含：创建 / 初始化邮箱、发送邮件、接收邮件、删除 / 脱离邮箱。

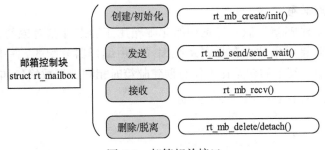

图 7-2　邮箱相关接口

1. 创建和删除邮箱

要动态创建一个邮箱对象，可以调用如下的函数接口：

```
rt_mailbox_t rt_mb_create (const char* name, rt_size_t size, rt_uint8_t flag);
```

创建邮箱对象时会先从对象管理器中分配一个邮箱对象，然后给邮箱动态分配一块内存空间用来存放邮件，这块内存的大小等于邮件大小（4 字节）与邮箱容量的乘积，接着初始化接收邮件数目和发送邮件在邮箱中的偏移量。表 7-1 描述了该函数的输入参数与返回值。

表 7-1　rt_mb_create() 的输入参数和返回值

参数	描述
name	邮箱名称
size	邮箱容量
flag	邮箱标志，它可以取如下数值： RT_IPC_FLAG_FIFO 或 RT_IPC_FLAG_PRIO
返回	描述
RT_NULL	创建失败
邮箱对象的句柄	创建成功

当用 rt_mb_create() 创建的邮箱不再被使用时，应该删除它来释放相应的系统资源，一旦操作完成，邮箱将被永久性地删除。删除邮箱的函数接口如下：

```
rt_err_t rt_mb_delete (rt_mailbox_t mb);
```

删除邮箱时，如果有线程被挂起在该邮箱对象上，内核先唤醒挂起在该邮箱上的所有线程（线程返回值是 - RT_ERROR），然后再释放邮箱使用的内存，最后删除邮箱对象。表 7-2 描述了该函数的输入参数与返回值。

表 7-2　rt_mb_delete() 的输入参数和返回值

参数	描述
mb	邮箱对象的句柄
返回	描述
RT_EOK	成功

2. 初始化和脱离邮箱

初始化邮箱与创建邮箱类似，只是初始化邮箱用于静态邮箱对象的初始化。与创建邮箱不同的是，静态邮箱对象的内存是在系统编译时由编译器分配的，一般放于读写数据段或未初始化数据段中，其余的初始化工作与创建邮箱时相同。函数接口如下：

```
rt_err_t rt_mb_init(rt_mailbox_t mb,
                const char* name,
                void* msgpool,
                rt_size_t size,
                rt_uint8_t flag)
```

初始化邮箱时，该函数接口需要获得用户已经申请获得的邮箱对象控制块、缓冲区的指针，以及邮箱名称和邮箱容量（能够存储的邮件数）。表 7-3 描述了该函数的输入参数与返回值。

表 7-3 rt_mb_init() 的输入参数和返回值

参数	描述
mb	邮箱对象的句柄
name	邮箱名称
msgpool	缓冲区指针
size	邮箱容量
flag	邮箱标志，它可以取如下数值：RT_IPC_FLAG_FIFO 或 RT_IPC_FLAG_PRIO
返回	描述
RT_EOK	成功

这里的 size 参数指定的是邮箱的容量，即如果 msgpool 指向的缓冲区的字节数是 N，那么邮箱容量应该是 $N/4$。

脱离邮箱将把静态初始化的邮箱对象从内核对象管理器中脱离。脱离邮箱使用下面的接口：

```
rt_err_t rt_mb_detach(rt_mailbox_t mb);
```

使用该函数接口后，内核先唤醒所有挂在该邮箱上的线程（线程获得返回值是 -RT_ERROR），然后将该邮箱对象从内核对象管理器中脱离。表 7-4 描述了该函数的输入参数与返回值。

表 7-4 rt_mb_detach() 的输入参数和返回值

参数	描述
mb	邮箱对象的句柄
返回	描述
RT_EOK	成功

3. 发送邮件

线程或者中断服务程序可以通过邮箱给其他线程发送邮件，发送邮件函数接口如下：

```
rt_err_t rt_mb_send (rt_mailbox_t mb, rt_uint32_t value);
```

发送的邮件是 32 位任意格式的数据，可以是一个整型值或者一个指向缓冲区的指针。
当邮箱中的邮件已满时，发送邮件的线程或者中断程序会收到 - RT_EFULL 的返回值。表 7-5 描述了该函数的输入参数与返回值。

表 7-5　rt_mb_send() 的输入参数和返回值

参数	描述
mb	邮箱对象的句柄
value	邮件内容
返回	**描述**
RT_EOK	发送成功
-RT_EFULL	邮箱已经满了

4. 等待方式发送邮件

用户也可以通过如下的函数接口向指定邮箱发送邮件：

```
rt_err_t rt_mb_send_wait (rt_mailbox_t mb,
                          rt_uint32_t value,
                          rt_int32_t timeout);
```

rt_mb_send_wait() 与 rt_mb_send() 的区别在于是否有等待时间，如果邮箱已经满了，那么发送线程将根据设定的 timeout 参数等待邮箱中因为收取邮件而空出空间。如果设置的超时时间到达但依然没有空出空间，这时发送线程将被唤醒并返回错误码。表 7-6 描述了该函数的输入参数与返回值。

表 7-6　rt_mb_send_wait() 的输入参数和返回值

参数	描述
mb	邮箱对象的句柄
value	邮件内容
timeout	超时时间
返回	**描述**
RT_EOK	发送成功
-RT_ETIMEOUT	超时
-RT_ERROR	失败，返回错误

5. 接收邮件

只有当接收者接收的邮箱中有邮件时，接收者才能立即取到邮件并返回 RT_EOK 的返回值，否则接收线程会根据超时时间设置，或挂起在邮箱的等待线程队列上，或直接返回。接收邮件函数接口如下：

```
rt_err_t rt_mb_recv (rt_mailbox_t mb, rt_uint32_t* value, rt_int32_t timeout);
```

接收邮件时，接收者需指定接收邮件的邮箱句柄，并指定接收到邮件的存放位置以及最多能够等待的超时时间。如果接收时设定了超时，当指定的时间内依然未收到邮件时，将返回 -RT_ETIMEOUT。表 7-7 描述了该函数的输入参数与返回值。

表 7-7　rt_mb_recv() 的输入参数和返回值

参数	描述
mb	邮箱对象的句柄
value	邮件内容
timeout	超时时间
返回	**描述**
RT_EOK	发送成功
-RT_ETIMEOUT	超时
-RT_ERROR	失败，返回错误

7.1.4　邮箱使用示例

下面是一个邮箱的应用例程，其中初始化了两个静态线程和一个静态的邮箱对象，其中一个线程往邮箱中发送邮件，一个线程往邮箱中收取邮件，如代码清单 7-1 所示。

代码清单7-1　邮箱的使用例程

```c
#include <rtthread.h>

#define THREAD_PRIORITY        10
#define THREAD_TIMESLICE       5

/* 邮箱控制块 */
static struct rt_mailbox mb;
/* 用于放邮件的内存池 */
static char mb_pool[128];

static char mb_str1[] = "I'm a mail!";
static char mb_str2[] = "this is another mail!";
static char mb_str3[] = "over";

ALIGN(RT_ALIGN_SIZE)
static char thread1_stack[1024];
static struct rt_thread thread1;

/* 线程1入口 */
static void thread1_entry(void *parameter)
{
    char *str;

    while (1)
    {
        rt_kprintf("thread1: try to recv a mail\n");

        /* 从邮箱中收取邮件 */
        if (rt_mb_recv(&mb, (rt_uint32_t *)&str, RT_WAITING_FOREVER) == RT_EOK)
        {
            rt_kprintf("thread1: get a mail from mailbox, the content:%s\n", str);
            if (str == mb_str3)
                break;

            /* 延时100ms */
            rt_thread_mdelay(100);
        }
    }
    /* 执行邮箱对象脱离 */
    rt_mb_detach(&mb);
}
```

```
ALIGN(RT_ALIGN_SIZE)
static char thread2_stack[1024];
static struct rt_thread thread2;

/* 线程 2 入口 */
static void thread2_entry(void *parameter)
{
    rt_uint8_t count;

    count = 0;
    while (count < 10)
    {
        count ++;
        if (count & 0x1)
        {
            /* 发送 mb_str1 地址到邮箱中 */
            rt_mb_send(&mb, (rt_uint32_t)&mb_str1);
        }
        else
        {
            /* 发送 mb_str2 地址到邮箱中 */
            rt_mb_send(&mb, (rt_uint32_t)&mb_str2);
        }

        /* 延时 200ms */
        rt_thread_mdelay(200);
    }

    /* 发送邮件告诉线程 1，线程 2 已经运行结束 */
    rt_mb_send(&mb, (rt_uint32_t)&mb_str3);
}

int mailbox_sample(void)
{
    rt_err_t result;

    /* 初始化一个 mailbox */
    result = rt_mb_init(&mb,
                        "mbt",                    /* 名称是 mbt */
                        &mb_pool[0],              /* 邮箱用到的内存池是 mb_pool */
                        sizeof(mb_pool) / 4,      /* 邮箱中的邮件数目，因为一封邮件占 4 字节 */
                        RT_IPC_FLAG_FIFO);        /* 采用 FIFO 方式进行线程等待 */
    if (result != RT_EOK)
    {
        rt_kprintf("init mailbox failed.\n");
        return -1;
    }
```

```
        rt_thread_init(&thread1,
                      "thread1",
                      thread1_entry,
                      RT_NULL,
                      &thread1_stack[0],
                      sizeof(thread1_stack),
                      THREAD_PRIORITY, THREAD_TIMESLICE);
        rt_thread_startup(&thread1);

        rt_thread_init(&thread2,
                      "thread2",
                      thread2_entry,
                      RT_NULL,
                      &thread2_stack[0],
                      sizeof(thread2_stack),
                      THREAD_PRIORITY, THREAD_TIMESLICE);
        rt_thread_startup(&thread2);
        return 0;
    }

    /* 导出到 msh 命令列表中 */
    MSH_CMD_EXPORT(mailbox_sample, mailbox sample);
```

仿真运行结果如下：

```
 \ | /
- RT -     Thread Operating System
 / | \     3.1.0 build Aug 27 2018
 2006 - 2018 Copyright by rt-thread team
msh >mailbox_sample
thread1: try to recv a mail
thread1: get a mail from mailbox, the content:I'm a mail!
msh >thread1: try to recv a mail
thread1: get a mail from mailbox, the content:this is another mail!
...
thread1: try to recv a mail
thread1: get a mail from mailbox, the content:this is another mail!
thread1: try to recv a mail
thread1: get a mail from mailbox, the content:over
```

上面的例程演示了邮箱的使用方法。线程 2 发送邮件，共发送 11 次；线程 1 接收邮件，共接收到 11 封邮件，将邮件内容打印出来，并判断结束。

7.1.5 邮箱的使用场合

邮箱是一种简单的线程间消息传递方式，特点是开销较低，效率较高。邮箱在 RT-Thread 操作系统的实现中能够一次传递一个 4 字节大小的邮件，并且具备一定的存储功能，能够缓存一定数量的邮件数（邮件数由创建、初始化邮箱时指定的容量决定）。邮箱中一封邮件的最大长度是 4 字节，所以邮箱能够用于不超过 4 字节的消息传递。由于在 32 系统上 4 字节的内容恰好可以放置一个指针，因此当需要在线程间传递比较大的消息时，可以把指向一个缓冲区的指针作为邮件发送到邮箱中，即邮箱也可以传递指针，例如：

```
struct msg
{
    rt_uint8_t *data_ptr;
    rt_uint32_t data_size;
};
```

对于这样一个消息结构体，其中包含了指向数据的指针 data_ptr 和数据块长度的变量 data_size。当一个线程需要把这个消息发送给另外一个线程时，可以采用如下的操作：

```
struct msg* msg_ptr;

msg_ptr = (struct msg*)rt_malloc(sizeof(struct msg));
msg_ptr->data_ptr = ...; /* 指向相应的数据块地址 */
msg_ptr->data_size = len; /* 数据块的长度 */
/* 发送这个消息指针给 mb 邮箱 */
rt_mb_send(mb, (rt_uint32_t)msg_ptr);
```

而在接收线程中，因为收取过来的是指针，而 msg_ptr 是一个新分配出来的内存块，所以在接收线程处理完毕后，需要释放相应的内存块：

```
struct msg* msg_ptr;
if (rt_mb_recv(mb, (rt_uint32_t*)&msg_ptr) == RT_EOK)
{
    /* 在接收线程处理完毕后，需要释放相应的内存块 */
    rt_free(msg_ptr);
}
```

7.2 消息队列

消息队列是另一种常用的线程间通信方式，是邮箱的扩展。它可以应用于多种场合：线程间的消息交换、使用串口接收不定长数据等。

7.2.1 消息队列的工作机制

消息队列能够接收来自线程或中断服务例程中不固定长度的消息，并把消息缓存在自己的内存空间中。其他线程也能够从消息队列中读取相应的消息，而当消息队列是空的时候，可以挂起读取线程。当有新的消息到达时，挂起的线程将被唤醒以接收并处理消息。消息队列是一种异步的通信方式。

如图 7-3 所示，线程或中断服务例程可以将一条或多条消息放入消息队列中。同样，一个或多个线程也可以从消息队列中获得消息。当有多个消息发送到消息队列时，通常将先进入消息队列的消息先传给线程，也就是说，线程先得到的是最先进入消息队列的消息，即先进先出 (FIFO) 原则。

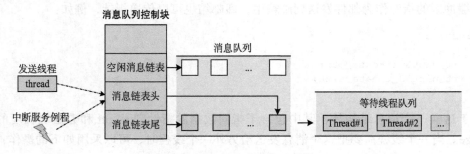

图 7-3 消息队列工作示意图

RT-Thread 操作系统的消息队列对象由多个元素组成，当消息队列被创建时，它就被分配了消息队列控制块：消息队列名称、内存缓冲区、消息大小以及队列长度等。同时每个消息队列对象中包含多个消息框，每个消息框可以存放一条消息；消息队列中的第一个和最后一个消息框分别被称为消息链表头和消息链表尾，对应于消息队列控制块中的 msg_queue_head 和 msg_queue_tail；有些消息框可能是空的，它们通过 msg_queue_free 形成一个空闲消息框链表。所有消息队列中的消息框总数即消息队列的长度，这个长度可在消息队列创建时指定。

7.2.2 消息队列控制块

在 RT-Thread 中，消息队列控制块是操作系统用于管理消息队列的一个数据结构，由结构体 struct rt_messagequeue 表示。另外一种 C 表达方式 rt_mq_t，表示的是消息队列的句柄，在 C 语言中的实现是消息队列控制块的指针。消息队列控制块结构的详细定义请见以下代码：

```
struct rt_messagequeue
{
    struct rt_ipc_object parent;

    void* msg_pool;                 /* 指向存放消息的消息池的指针  */

    rt_uint16_t msg_size;           /* 每个消息的长度 */
    rt_uint16_t max_msgs;           /* 最大能够容纳的消息数 */

    rt_uint16_t entry;              /* 队列中已有的消息数 */

    void* msg_queue_head;           /* 消息链表头 */
    void* msg_queue_tail;           /* 消息链表尾 */
    void* msg_queue_free;           /* 空闲消息链表 */
};
typedef struct rt_messagequeue* rt_mq_t;
```

rt_messagequeue 对象从 rt_ipc_object 中派生，由 IPC 容器所管理。

7.2.3　消息队列的管理方式

消息队列控制块是一个结构体，其中含有消息队列相关的重要参数，在消息队列的功能实现中起着重要的作用。消息队列的相关接口如图 7-4 所示，对一个消息队列的操作包含：创建 / 初始化消息队列、发送消息、接收消息、删除 / 脱离消息队列。

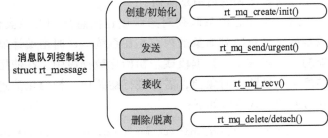

图 7-4　消息队列相关接口

1. 创建和删除消息队列

消息队列在使用前，应该被创建出来，或对已有的静态消息队列对象进行初始化，创建消息队列的函数接口如下所示：

```
rt_mq_t rt_mq_create(const char* name, rt_size_t msg_size,
                     rt_size_t max_msgs, rt_uint8_t flag);
```

创建消息队列时先从对象管理器中分配一个消息队列对象，然后给消息队列对象分配一块内存空间，组织成空闲消息链表，这块内存的大小 = [消息大小 + 消息头（用于链表连接）的大小] * 消息队列最大个数，接着再初始化消息队列，此时消息队列为空。表 7-8 描述了该函数的输入参数与返回值。

表 7-8　rt_mq_create() 的输入参数和返回值

参数	描述
name	消息队列的名称
msg_size	消息队列中一条消息的最大长度，单位为字节
max_msgs	消息队列的最大个数
flag	消息队列采用的等待方式，它可以取如下数值：RT_IPC_FLAG_FIFO 或 RT_IPC_FLAG_PRIO
返回	描述
消息队列对象的句柄	成功
RT_NULL	失败

当消息队列不再被使用时，应该删除它以释放系统资源，一旦操作完成，消息队列将被永久性地删除。删除消息队列的函数接口如下：

```
rt_err_t rt_mq_delete(rt_mq_t mq);
```

删除消息队列时，如果有线程被挂起在该消息队列等待队列上，则内核先唤醒挂起在该消息等待队列上的所有线程（线程返回值是 -RT_ERROR），然后再释放消息队列使用的内存，最后删除消息队列对象。表 7-9 描述了该函数的输入参数与返回值。

2. 初始化和脱离消息队列

初始化静态消息队列对象跟创建消息队列对象类似，只是静态消息队列对象的内存是在系统编译时由编译器分配的，一般放于读数据段或未初始化数据段中。在使用这类静态消息队列对象前，需要进行初始化。初始化消息队列对象的函数接口如下：

```
rt_err_t rt_mq_init(rt_mq_t mq, const char* name,
                void *msgpool, rt_size_t msg_size,
                rt_size_t pool_size, rt_uint8_t flag);
```

初始化消息队列时，该接口需要用户已经申请获得的消息队列对象的句柄（即指向消息队列对象控制块的指针）、消息队列名、消息缓冲区指针、消息大小以及消息队列缓冲区大小。如图 7-3 所示，消息队列初始化后所有消息都挂在空闲消息链表上，消息队列为空。表 7-10 描述了该函数的输入参数与返回值。

表 7-9　rt_mq_delete() 的输入参数和返回值

参数	描述
mq	消息队列对象的句柄
返回	描述
RT_EOK	成功

表 7-10　rt_mq_init() 的输入参数和返回值

参数	描述
mq	消息队列对象的句柄
name	消息队列的名称
msgpool	指向存放消息的缓冲区的指针
msg_size	消息队列中一条消息的最大长度，单位为字节
pool_size	存放消息的缓冲区大小
flag	消息队列采用的等待方式，它可以取如下数值：RT_IPC_FLAG_FIFO 或 RT_IPC_FLAG_PRIO
返回	描述
RT_EOK	成功

脱离消息队列将使消息队列对象从内核对象管理器中脱离。脱离消息队列使用下面的接口：

```
rt_err_t rt_mq_detach(rt_mq_t mq);
```

使用该函数接口后，内核先唤醒所有挂在该消息等待队列对象上的线程（线程返回值是 - RT_ERROR），然后将该消息队列对象从内核对象管理器中脱离。表 7-11 描述了该函数的输入参数与返回值。

表 7-11　rt_mq_detach() 的输入参数和返回值

参数	描述
mq	消息队列对象的句柄
返回	描述
RT_EOK	成功

3. 发送消息

线程或者中断服务程序都可以给消息队列发送消息。当发送消息时，消息队列对象先从空闲消息链表上取下一个空闲消息块，把线程或者中断服务程序发送的消息内容复制到消息块上，然后把该消息块挂到消息队列的尾部。当且仅当空闲消息链表上有可用的空闲消息块时，发送者才能成功发送消息；当空闲消息链表上无可用消息块时，说明消息队列已满，此时，发送消息的线程或者中断程序会收到一个错误码（-RT_EFULL）。发送消息的函数接口如下：

```
rt_err_t rt_mq_send (rt_mq_t mq, void* buffer, rt_size_t size);
```

发送消息时，发送者需指定发送的消息队列的对象句柄（即指向消息队列控制块的指针），并且指定发送的消息内容以及消息大小。如图 7-3 所示，在发送一个普通消息之后，空闲消息链表上的队首消息被转移到了消息队列尾。表 7-12 描述了该函数的输入参数与返回值。

表 7-12　rt_mq_send() 的输入参数和返回值

参数	描述
mq	消息队列对象的句柄
buffer	消息内容
size	消息大小
返回	**描述**
RT_EOK	成功
-RT_EFULL	消息队列已满
-RT_ERROR	失败，表示发送的消息长度大于消息队列中消息的最大长度

4. 发送紧急消息

发送紧急消息的过程与发送消息几乎一样，唯一的不同是，当发送紧急消息时，从空闲消息链表上取下来的消息块不是挂到消息队列的队尾，而是挂到队首，这样接收者就能够优先接收到紧急消息，从而及时进行消息处理。发送紧急消息的函数接口如下：

```
rt_err_t rt_mq_urgent(rt_mq_t mq, void* buffer, rt_size_t size);
```

表 7-13 描述了该函数的输入参数与返回值。

5. 接收消息

当消息队列中有消息时，接收者才能接收消息，否则接收者会根据超时时间设置，或挂起在消息队列的等待线程队列上，或直接返回。接收消息函数接口如下：

表 7-13　rt_mq_urgent() 的输入参数和返回值

参数	描述
mq	消息队列对象的句柄
buffer	消息内容
size	消息大小
返回	**描述**
RT_EOK	成功
-RT_EFULL	消息队列已满
-RT_ERROR	失败

```
rt_err_t rt_mq_recv (rt_mq_t mq, void* buffer,
                     rt_size_t size, rt_int32_t timeout);
```

接收消息时，接收者需指定存储消息的消息队列对象句柄，并且指定一个内存缓冲区，接收到的消息内容将被复制到该缓冲区里。此外，还需指定未能及时取到消息时的超时时间。如图 7-3 所示，接收一个消息后，消息队列上的队首消息被转移到了空闲消息链表的尾部。表 7-14 描述了该函数的输入参数与返回值。

表 7-14　rt_mq_recv() 的输入参数和返回值

参数	描述
mq	消息队列对象的句柄
buffer	消息内容
size	消息大小
timeout	指定的超时时间
返回	描述
RT_EOK	成功收到
-RT_ETIMEOUT	超时
-RT_ERROR	失败，返回错误

7.2.4　消息队列应用示例

下面是一个消息队列的应用例程，其中初始化了两个静态线程，一个线程会从消息队列中收取消息；另一个线程会定时给消息队列发送普通消息和紧急消息，如代码清单 7-2 所示。

代码清单7-2　消息队列的使用例程

```c
#include <rtthread.h>

/* 消息队列控制块 */
static struct rt_messagequeue mq;
/* 消息队列中用到的放置消息的内存池 */
static rt_uint8_t msg_pool[2048];

ALIGN(RT_ALIGN_SIZE)
static char thread1_stack[1024];
static struct rt_thread thread1;
/* 线程1入口函数 */
static void thread1_entry(void *parameter)
{
    char buf = 0;
    rt_uint8_t cnt = 0;

    while (1)
    {
        /* 从消息队列中接收消息 */
        if (rt_mq_recv(&mq, &buf, sizeof(buf), RT_WAITING_FOREVER) == RT_EOK)
        {
            rt_kprintf("thread1: recv msg from msg queue, the content:%c\n", buf);
            if (cnt == 19)
            {
                break;
            }
        }
```

```c
        /* 延时 50ms */
        cnt++;
        rt_thread_mdelay(50);
    }
    rt_kprintf("thread1: detach mq \n");
    rt_mq_detach(&mq);
}

ALIGN(RT_ALIGN_SIZE)
static char thread2_stack[1024];
static struct rt_thread thread2;
/* 线程 2 入口函数 */
static void thread2_entry(void *parameter)
{
    int result;
    char buf = 'A';
    rt_uint8_t cnt = 0;

    while (1)
    {
        if (cnt == 8)
        {
            /* 发送紧急消息到消息队列中 */
            result = rt_mq_urgent(&mq, &buf, 1);
            if (result != RT_EOK)
            {
                rt_kprintf("rt_mq_urgent ERR\n");
            }
            else
            {
                rt_kprintf("thread2: send urgent message - %c\n", buf);
            }
        }
        else if (cnt >= 20)/* 发送 20 次消息之后退出 */
        {
            rt_kprintf("message queue stop send, thread2 quit\n");
            break;
        }
        else
        {
            /* 发送消息到消息队列中 */
            result = rt_mq_send(&mq, &buf, 1);
            if (result != RT_EOK)
            {
                rt_kprintf("rt_mq_send ERR\n");
            }

            rt_kprintf("thread2: send message - %c\n", buf);
        }
        buf++;
        cnt++;
        /* 延时 5ms */
        rt_thread_mdelay(5);
```

```
    }
}

/* 消息队列示例的初始化 */
int msgq_sample(void)
{
    rt_err_t result;

    /* 初始化消息队列 */
    result = rt_mq_init(&mq,
                        "mqt",
                        &msg_pool[0],         /* 内存池指向 msg_pool */
                        1,                    /* 每个消息的大小是 1 字节 */
                        sizeof(msg_pool),     /* 内存池的大小是 msg_pool 的大小 */
                        RT_IPC_FLAG_FIFO);    /* 如果有多个线程等待，按照先来先得的
                                                 方法分配消息 */

    if (result != RT_EOK)
    {
        rt_kprintf("init message queue failed.\n");
        return -1;
    }

    rt_thread_init(&thread1,
                   "thread1",
                   thread1_entry,
                   RT_NULL,
                   &thread1_stack[0],
                   sizeof(thread1_stack), 25, 5);
    rt_thread_startup(&thread1);

    rt_thread_init(&thread2,
                   "thread2",
                   thread2_entry,
                   RT_NULL,
                   &thread2_stack[0],
                   sizeof(thread2_stack), 25, 5);
    rt_thread_startup(&thread2);

    return 0;
}

/* 导出到 msh 命令列表中 */
MSH_CMD_EXPORT(msgq_sample, msgq sample);
```

仿真运行结果如下：

```
 \ | /
- RT -     Thread Operating System
 / | \     3.1.0 build Aug 24 2018
 2006 - 2018 Copyright by rt-thread team
msh > msgq_sample
msh >thread2: send message - A
```

```
thread1: recv msg from msg queue, the content:A
thread2: send message - B
thread2: send message - C
thread2: send message - D
thread2: send message - E
thread1: recv msg from msg queue, the content:B
thread2: send message - F
thread2: send message - G
thread2: send message - H
thread2: send urgent message - I
thread2: send message - J
thread1: recv msg from msg queue, the content:I
thread2: send message - K
thread2: send message - L
thread2: send message - M
thread2: send message - N
thread2: send message - O
thread1: recv msg from msg queue, the content:C
thread2: send message - P
thread2: send message - Q
thread2: send message - R
thread2: send message - S
thread2: send message - T
thread1: recv msg from msg queue, the content:D
message queue stop send, thread2 quit
thread1: recv msg from msg queue, the content:E
thread1: recv msg from msg queue, the content:F
thread1: recv msg from msg queue, the content:G
...
thread1: recv msg from msg queue, the content:T
thread1: detach mq
```

上面的例程演示了消息队列的使用方法。线程 1 会从消息队列中收取消息；线程 2 定时给消息队列发送普通消息和紧急消息。由于线程 2 发送消息 "I" 是紧急消息，会直接插入消息队列的队首，所以线程 1 在接收到消息 "B" 后，接收的是该紧急消息，之后才接收消息 "C"。

7.2.5　消息队列的使用场合

消息队列可以应用于发送不定长消息的场合，包括线程与线程间的消息交换，以及在中断服务例程中给线程发送消息（中断服务例程不能接收消息）。下面以发送消息和同步消息两部分来介绍消息队列的使用。

1. 发送消息

消息队列和邮箱的明显不同是消息的长度并不限定在 4 个字节以内；另外，消息队列也包括一个发送紧急消息的函数接口。但是当创建的是一个所有消息的最大长度是 4 字节的消息队列时，消息队列对象将蜕化成邮箱。这个不限定长度的消息，也及时地反应到了代码编写的场合上，同样是类似邮箱的代码：

```
struct msg
{
    rt_uint8_t *data_ptr;    /* 数据块首地址 */
    rt_uint32_t data_size;   /* 数据块大小   */
};
```

以上是和邮箱例子相同的消息结构定义，假设依然需要发送这样一个消息给接收线程。在邮箱的例子中，这个结构只能够发送指向该结构的指针（在函数指针被发送过去后，接收线程能够正确地访问指向这个地址的内容，通常这块数据需要留给接收线程来释放）。而使用消息队列的方式则大不相同：

```
void send_op(void *data, rt_size_t length)
{
    struct msg msg_ptr;

    msg_ptr.data_ptr = data;   /* 指向相应的数据块地址 */
    msg_ptr.data_size = length; /* 数据块的长度 */

    /* 发送这个消息指针给 mq 消息队列 */
    rt_mq_send(mq, (void*)&msg_ptr, sizeof(struct msg));
}
```

注意，上面的代码中是把一个局部变量的数据内容发送到了消息队列中。在接收线程中，同样也采用局部变量进行消息接收的结构体：

```
void message_handler()
{
    struct msg msg_ptr; /* 用于放置消息的局部变量 */

    /* 从消息队列中接收消息到 msg_ptr 中 */
    if (rt_mq_recv(mq, (void*)&msg_ptr, sizeof(struct msg)) == RT_EOK)
    {
        /* 成功接收到消息，进行相应的数据处理 */
    }
}
```

因为消息队列是直接的数据内容复制，所以在上面的例子中，都采用了局部变量的方式保存消息结构体，这样也就免去了动态内存分配的烦恼（也就不用担心，接收线程在接收到消息时，消息内存空间已经被释放）。

2. 同步消息

在一般的系统设计中经常会遇到要发送同步消息的问题，这时就可以根据当时状态的不同选择相应的实现：两个线程间可以采用 [**消息队列 + 信号量或邮箱**] 的形式实现。发送线程通过消息发送的形式发送相应的消息给消息队列，发送完毕后希望获得接收线程的收到确认，工作示意图如图 7-5 所示。

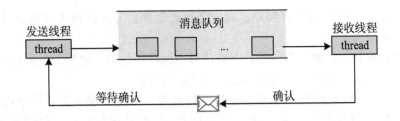

图 7-5　同步消息示意图

根据消息确认的不同，可以把消息结构体定义成：

```
struct msg
{
    /* 消息结构其他成员 */
    struct rt_mailbox ack;
};
/* 或者 */
struct msg
{
    /* 消息结构其他成员 */
    struct rt_semaphore ack;
};
```

第一种类型的消息使用了邮箱来作为确认标志，而第二种类型的消息采用了信号量来作为确认标志。邮箱作为确认标志，代表着接收线程能够通知一些状态值给发送线程；而信号量作为确认标志时只能够单一地通知发送线程，消息已经确认接收。

7.3　信号

信号（又称为软中断信号），在软件层次上是对中断机制的一种模拟，在原理上，一个线程收到一个信号与处理器收到一个中断请求是类似的。

7.3.1　信号的工作机制

信号在 RT-Thread 中用作异步通信，POSIX 标准定义了 sigset_t 类型来定义一个信号集，然而 sigset_t 类型在不同的系统中可能有不同的定义方式，在 RT-Thread 中，将 sigset_t 定义为 unsigned long 型，并命名为 rt_sigset_t，应用程序能够使用的信号为 SIGUSR1（10）和 SIGUSR2（12）。

信号的本质是软中断，用来通知线程发生了异步事件，用作线程之间的异常通知、应急处理。一个线程不必通过任何操作来等待信号的到达，事实上，线程也不知道信号到底什么时候到达，线程之间可以通过互相调用 rt_thread_kill() 发送软中断信号。

收到信号的线程对各种信号有不同的处理方法，处理方法可以分为三类：

❏ 第一种是类似中断的处理程序，对于需要处理的信号，线程可以指定处理函数，由该函数来处理。

❏ 第二种方法是，忽略某个信号，对该信号不做任何处理，就像未发生过一样。

❏ 第三种方法是，对该信号的处理保留系统的默认值。

如图 7-6 所示，假设线程 1 需要对信号进行处理，首先线程 1 安装一个信号并解除阻塞，并在安装的同时设定对信号的异常处理方式；然后其他线程可以给线程 1 发送信号，触发线程 1 对该信号的处理。

当信号被传递给线程 1 时，如果它正处于挂起状态，那会把状态改为就绪状态去处理对应的信号。如果它正处于运行状态，那么会在它当前的线程栈基础上建立新栈帧空间去处理对应的信号，需要注意的是，使用的线程栈大小也会相应增加。

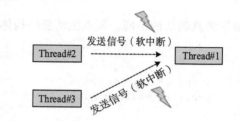

图 7-6 信号工作机制

7.3.2 信号的管理方式

对于信号的操作，有以下几种：安装信号、阻塞信号、解除阻塞、发送信号、等待信号。信号的相关接口详见图 7-7。

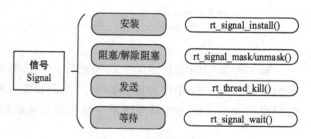

图 7-7 信号相关接口

1. 信号安装

如果线程要处理某一信号，那么就要在线程中安装该信号。安装信号主要用来确定信号值及线程针对该信号值的动作之间的映射关系，即线程将要处理哪个信号，该信号被传递给线程时将执行何种操作。其详细定义请见以下代码：

```
rt_sighandler_t rt_signal_install(int signo, rt_sighandler_t handler);
```

其中 rt_sighandler_t 是定义信号处理函数的函数指针类型。表 7-15 描述了该函数的输入参数与返回值。

表 7-15 rt_signal_install() 的输入参数和返回值

参数	描述
signo	信号值（只有 SIGUSR1 和 SIGUSR2 是开放给用户使用的，下同）
handler	设置对信号值的处理方式
返回	描述
SIG_ERR	错误的信号
安装信号前的 handler 值	成功

在安装信号时设定 handler 参数，决定了该信号的不同的处理方法。处理方法可以分为三种：

（1）类似中断的处理方式，参数指向当信号发生时用户自定义的处理函数，由该函数来处理。

（2）参数设为 SIG_IGN，忽略某个信号，对该信号不做任何处理，就像未发生过一样。

（3）参数设为 SIG_DFL，系统会调用默认的处理函数 _signal_default_handler()。

2. 阻塞信号

阻塞信号，也可以理解为屏蔽信号。如果该信号被阻塞，则该信号将不会传达给安装此信号的线程，也不会引发软中断处理。调用 rt_signal_mask() 可以使信号阻塞：

```
void rt_signal_mask(int signo);
```

表 7-16 描述了该函数的输入参数。

表 7-16　rt_signal_mask() 函数参数

参数	描述
signo	信号值

3. 解除信号阻塞

线程中可以安装好几个信号，使用此函数可以对其中一些信号给予"关注"，那么发送这些信号都会引发该线程的软中断。调用 rt_signal_unmask() 可以解除信号阻塞：

```
void rt_signal_unmask(int signo);
```

表 7-17 描述了该函数的输入参数。

表 7-17　rt_signal_unmask() 函数参数

参数	描述
signo	信号值

4. 发送信号

当需要进行异常处理时，可以给设定了处理异常的线程发送信号，调用 rt_thread_kill() 可以向任何线程发送信号：

```
int rt_thread_kill(rt_thread_t tid, int sig);
```

表 7-18 描述了该函数的输入参数与返回值。

表 7-18　rt_thread_kill() 的输入参数和返回值

参数	描述
tid	接收信号的线程
sig	信号值
返回	**描述**
RT_EOK	发送成功
-RT_EINVAL	参数错误

5. 等待信号

等待 set 信号的到来，如果没有等到该信号，则将线程挂起，直到等到该信号或者等待时间超过指定的超时时间 timeout。如果等到了该信号，则将指向该信号体的指针存入 si，下面是等待信号的函数。

```
int rt_signal_wait(const rt_sigset_t *set,
                    rt_siginfo_t *si, rt_int32_t timeout);
```

其中 rt_siginfo_t 是定义信号信息的数据类型，表 7-19 描述了该函数的输入参数与返回值。

表 7-19　rt_signal_wait() 的输入参数和返回值

参数	描述
set	指定等待的信号
si	指向存储等到信号信息的指针
timeout	指定的等待时间
返回	描述
RT_EOK	等到信号
-RT_ETIMEOUT	超时
-RT_EINVAL	参数错误

7.3.3　信号应用示例

下面是一个信号的应用例程，如代码清单 7-3 所示。此例程创建了一个线程，在安装信号时，信号处理方式设为自定义处理，定义的信号的处理函数为 thread1_signal_handler()。待此线程运行起来并安装好信号之后，给此线程发送信号。此线程将接收到信号，并打印信息。

代码清单7-3　信号使用例程

```c
#include <rtthread.h>

#define THREAD_PRIORITY         25
#define THREAD_STACK_SIZE       512
#define THREAD_TIMESLICE        5

static rt_thread_t tid1 = RT_NULL;

/* 线程 1 的信号处理函数 */
void thread1_signal_handler(int sig)
{
    rt_kprintf("thread1 received signal %d\n", sig);
}

/* 线程 1 的入口函数 */
static void thread1_entry(void *parameter)
{
    int cnt = 0;

    /* 安装信号 */
    rt_signal_install(SIGUSR1, thread1_signal_handler);
    rt_signal_unmask(SIGUSR1);

    /* 运行 10 次 */
    while (cnt < 10)
    {
        /* 线程 1 采用低优先级运行，一直打印计数值 */
```

```
        rt_kprintf( "thread1 count : %d\n", cnt);

        cnt++;
        rt_thread_mdelay(100);
    }
}

/* 信号示例的初始化 */
int signal_sample(void)
{
    /* 创建线程 1 */
    tid1 = rt_thread_create( "thread1",
                        thread1_entry, RT_NULL,
                        THREAD_STACK_SIZE,
                        THREAD_PRIORITY, THREAD_TIMESLICE);

    if (tid1 != RT_NULL)
        rt_thread_startup(tid1);

    rt_thread_mdelay(300);

    /* 发送信号 SIGUSR1 给线程 1 */
    rt_thread_kill(tid1, SIGUSR1);

    return 0;
}

/* 导出到 msh 命令列表中 */
MSH_CMD_EXPORT(signal_sample, signal sample);
```

仿真运行结果如下：

```
 \ | /
- RT -     Thread Operating System
 / | \     3.1.0 build Aug 24 2018
 2006 - 2018 Copyright by rt-thread team
msh >signal_sample
thread1 count : 0
thread1 count : 1
thread1 count : 2
msh >thread1 received signal 10
thread1 count : 3
thread1 count : 4
thread1 count : 5
thread1 count : 6
thread1 count : 7
thread1 count : 8
thread1 count : 9
```

以上例程中，首先线程安装信号并解除阻塞，然后发送信号给线程。线程接收到信号并打印出接收到的信号：SIGUSR1（10）。

7.4 本章小节

本章讲述了线程间通信的方法。在这里回顾一下需要注意的内容。

（1）不可以在中断中接收邮件，不可以在中断中以等待方式发送邮件。

（2）不可以在中断中接收消息队列的消息。

（3）信号在安装的同时设置了对信号的异常处理方式：忽略信号、按系统方式默认处理与自定义函数处理。

在这里总结一下消息队列与邮箱的几点不同。

（1）每封邮件的大小是固定的 4 字节，而消息队列不限制每条消息的长度；

（2）消息队列使用链表机制，可以发送紧急消息（即插队，插入到表头），使接收线程首先收到此紧急消息；

（3）用邮箱发送消息指针时，存储消息的缓冲区应该定义为全局形式或者静态形式，因为邮箱不对消息内容进行复制；消息队列会复制消息内容，可以发送局部变量；

（4）消息队列是一种异步通信方式，如接收方需要告诉发送方已经接收到消息，可以通过邮箱或者信号量实现。

为了加深对本章提及的邮箱、消息队列及信号这几个概念的理解，大家一定要多动手，理解例程，或是在例程上拓展自己想要的功能。

第 8 章
内 存 管 理

在计算系统中，存储空间通常可以分为两种：内部存储空间和外部存储空间。内部存储空间访问速度比较快，能够按照变量地址随机地访问，也就是我们通常所说的 RAM（随机存储器），可以把它理解为电脑的内存；而外部存储空间内所保存的内容相对来说比较固定，即使掉电后数据也不会丢失，这就是通常所说的 ROM（只读存储器），可以把它理解为电脑的硬盘。

在计算机系统中，变量、中间数据一般存放在 RAM 中，只有在实际使用时才将它们从 RAM 调入到 CPU 中进行运算。一些数据需要的内存大小要在程序运行过程中根据实际情况确定，这就要求系统具有对内存空间进行动态管理的能力，在用户需要一段内存空间时，向系统提出申请，然后系统选择一段合适的内存空间分配给用户，用户使用完毕后，再释放回系统，以便系统将该段内存空间回收再利用。

本章主要介绍 RT-Thread 中的两种内存管理方式，即动态内存堆管理和静态内存池管理，学完本章，读者会了解 RT-Thread 的内存管理原理及使用方式。

8.1　内存管理的功能特点

由于实时系统对时间的要求非常严格，其内存管理往往要比通用操作系统要求苛刻得多。

（1）分配内存的时间必须是确定的。一般内存管理算法根据需要存储的数据的长度在内存中去寻找一个与这段数据相适应的空闲内存块，然后将数据存储在里面。而寻找这样一个空闲内存块所耗费的时间是不确定的，因此，对于实时系统来说，这就是不可接受的，实时系统必须要保证内存块的分配过程在可预测的确定时间内完成，否则实时任务对外部事件的响应也将变得不可确定。

（2）随着内存不断被分配和释放，整个内存区域会产生越来越多的碎片（因为在使用过程中，申请了一些内存，其中一些被释放了，导致内存空间中存在一些小的内存块，它们地址不连续，不能够作为一整块的大内存被分配出去），系统中还有足够的空闲内存，但因为它们地址并非连续，不能组成一块连续的完整内存块，会使得程序不能申请到大的内存。

对于通用系统而言，这种不恰当的内存分配算法可以通过重新启动系统来解决（每个月或者数个月进行一次），但是对于那些需要常年不间断地工作于野外的嵌入式系统来说，就变得让人无法接受了。

（3）嵌入式系统的资源环境也是不尽相同，有些系统的资源比较紧张，只有数十 KB 的内存可供分配，而有些系统则存在数 MB 的内存，如何为这些不同的系统选择适合它们的高效率的内存分配算法，就变得复杂化。

根据上层应用及系统资源的不同，RT-Thread 操作系统在内存管理上有针对性地提供了不同的内存分配管理算法。总体上可分为两类：内存堆管理与内存池管理，而内存堆管理又根据具体内存设备划分为三种情况：

第一种是针对小内存块的分配管理（小内存管理算法）；

第二种是针对大内存块的分配管理（slab 管理算法）；

第三种是针对多内存堆的分配情况（memheap 管理算法）。

8.2 内存堆管理

内存堆管理用于管理一段连续的内存空间，在第 3 章中介绍过 RT-Thread 的内存分布情况，如图 8-1 所示，RT-Thread 将 "ZI 段结尾处" 到内存尾部的空间用作内存堆。

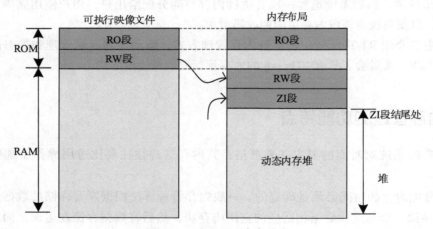

图 8-1　RT-Thread 内存分布

内存堆可以在当前资源满足的情况下，根据用户的需求分配任意大小的内存块。而当用户不需要再使用这些内存块时，又可以释放回堆中供其他应用分配使用。RT-Thread 系统为了满足不同的需求，提供了不同的内存管理算法，分别是小内存管理算法、slab 管理算法和 memheap 管理算法。

小内存管理算法主要针对系统资源比较少、小于 2MB 内存空间的系统；而 slab 内存管理算法则主要在系统资源比较丰富时提供了一种近似多内存池管理算法的快速算法。除上述之外，RT-Thread 还有一种针对多内存堆的管理算法，即 memheap 管理算法。memheap 方法适用于系统存在多个内存堆的情况，它可以将多个内存"粘贴"在一起，形成一个大的内存堆，用户使用起来会非常方便。

这几类内存堆管理算法在系统运行时只能选择其中之一或者完全不使用内存堆管理器，它们提供给应用程序的 API 接口完全相同。

警告：因为内存堆管理器要满足多线程情况下的安全分配，会考虑多线程间的互斥问题，所以请不要在中断服务例程中分配或释放动态内存块，因为这可能会引起当前上下文被挂起等待。

8.2.1 小内存管理算法

小内存管理算法是一个简单的内存分配算法。初始时，它是一块大的内存。当需要分配内存块时，将从这个大的内存块上分割出相匹配的内存块，然后把分割出来的空闲内存块还给堆管理系统。每个内存块都包含一个管理用的数据头，通过这个头把使用块与空闲块用双向链表的方式链接起来，如图 8-2 所示。

每个内存块（不管是已分配的内存块还是空闲的内存块）都包含一个数据头，其中包括两个元素。

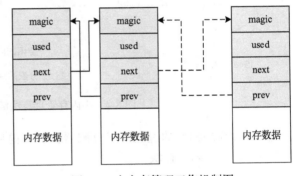

图 8-2 小内存管理工作机制图

（1）magic：变量（或称为幻数），它会被初始化成 0x1ea0（代表 heap 的意思），用于标记这个内存块是一个内存管理用的内存数据块；变量也是一个内存保护字：如果这个区域被改写，那么也就意味着这块内存块被非法改写（正常情况下只有内存管理器才会去碰这块内存）。

（2）used：指示出当前内存块是否已经分配。

内存管理的表现主要体现在内存的分配与释放上，小内存管理算法可以用以下的例子体现出来。

内存分配情况如图 8-3 所示，空闲链表指针 lfree 初始指向 32 字节的内存块。当用户线程要再分配一个 64 字节的内存块时，此 lfree 指针指向的内存块只有 32 字节并不能满足要求，内存管理器会继续寻找下一内存块，当找到再下一内存块，128 字节时，它满足分配的要求。因为这个内存块比较大，分配器将把此内存块进行拆分，余下的内存块（52 字节）继续留在 lfree 链表中，图 8-4 为分配 64 字节后的链表结构。

另外，在每次分配内存块前，都会留出 12 字节数据头供 magic、used 信息及链表节点使用。返回给应用的地址实际上是这块内存块 12 字节以后的地址，前面的 12 字节数据头是用户永远不应该碰的部分（注：12 字节数据头的长度会因与系统对齐的差异而有所不同）。

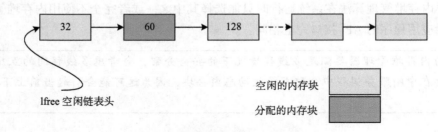

图 8-3　小内存管理算法链表结构示意图 1

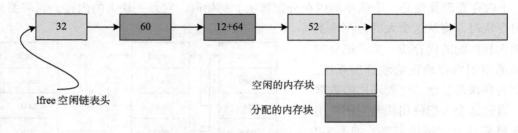

图 8-4　小内存管理算法链表结构示意图 2

释放时则是相反的过程，但分配器会查看前后相邻的内存块是否空闲，如果空闲则合并成一个大的空闲内存块。

8.2.2　slab 管理算法

RT-Thread 的 slab 分配器是在 DragonFly BSD 创始人 Matthew Dillon 实现的 slab 分配器基础上，针对嵌入式系统优化的内存分配算法。最原始的 slab 算法是 Jeff Bonwick 为 Solaris 操作系统引入的一种高效内核内存分配算法。

RT-Thread 的 slab 分配器实现主要是去掉了其中的对象构造及析构过程，只保留了纯粹的缓冲型的内存池算法。slab 分配器会根据对象的大小分成多个区（zone），也可以看成每类对象有一个内存池，如图 8-5 所示。

一个 zone 的大小在 32K ~ 128K 字节之间，分配器会在堆初始化时根据堆的大小自动调整。系统中的 zone 最多包括 72 种对象，一次最大能够分配 16K 的内存空间，如果超出了 16K 则直接从页分配器中分配。每个 zone 上分配的内存块大小是固定的，能够分配相同大小内存块的 zone 会链接在一个链表中，而 72 种对象的 zone 链表则放在一个数组（zone_array[]）中统一管理。

下面是内存分配器的两种主要操作。

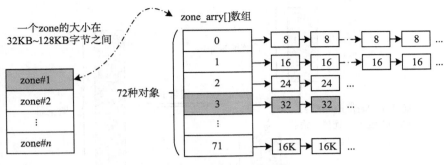

图 8-5　slab 内存分配结构图

1. 内存分配

假设分配一个 32 字节的内存，slab 内存分配器会先按照 32 字节的值，从 zone array 链表表头数组中找到相应的 zone 链表。如果该链表是空的，则向页分配器分配一个新的 zone，然后从 zone 中返回第一个空闲内存块。如果该链表非空，则这个 zone 链表中的第一个 zone 节点必然有空闲块存在（否则它就不应该放在这个链表中），那么就取相应的空闲块。如果分配完成后，zone 中所有空闲内存块都使用完毕，那么分配器需要把这个 zone 节点从链表中删除。

2. 内存释放

分配器需要找到内存块所在的 zone 节点，然后把内存块链接到 zone 的空闲内存块链表中。如果此时 zone 的空闲链表指示 zone 的所有内存块都已经释放，即 zone 是完全空闲的，那么当 zone 链表中全空闲 zone 达到一定数目后，系统就会把这个全空闲的 zone 释放到页面分配器中去。

8.2.3　memheap 管理算法

memheap 管理算法适用于系统含有多个地址可不连续的内存堆。使用 memheap 内存管理可以简化系统存在多个内存堆时的使用：当系统中存在多个内存堆的时候，用户在系统初始化时将多个所需的 memheap 初始化，并开启 memheap 功能就可以很方便地把多个 memheap（地址可不连续）粘合起来用于系统的 heap 分配。

注意： 在开启 memheap 之后原来的 heap 功能将被关闭，两者只可以通过打开或关闭 RT_USING_MEMHEAP_AS_HEAP 来选择其一。

---

memheap 工作机制如图 8-6 所示，首先将多块内存加入 memheap_item 链表进行粘合。当分配内存块时，会先从默认内存堆去分配内存，当分配不到时会查找 memheap_item 链表，尝试从其他的内存堆上分配内存块。应用程序不用关心当前分配的内存块位于哪个内存堆上，就像是在操作一个内存堆。

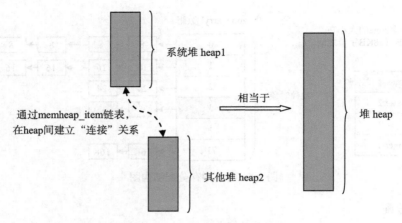

图 8-6　memheap 处理多内存堆

8.2.4　内存堆配置和初始化

在使用内存堆时，必须要在系统初始化的时候进行堆的初始化，可以通过下面的函数接口完成：

```
void rt_system_heap_init(void* begin_addr, void* end_addr);
```

这个函数会把参数 begin_addr、end_addr 区域的内存空间作为内存堆来使用。表 8-1 描述了该函数的输入参数。

在使用 memheap 堆内存时，必须要在系统初始化的时候进行堆内存的初始化，可以通过下面的函数接口完成：

表 8-1　rt_system_heap_init() 的输入参数

参数	描述
begin_addr	堆内存区域起始地址
end_addr	堆内存区域结束地址

```
rt_err_t rt_memheap_init(struct rt_memheap *memheap,
                         const char       *name,
                         void             *start_addr,
                         rt_uint32_t      size)
```

如果有多个不连续的 memheap，可以多次调用该函数将其初始化并加入 memheap_item 链表。表 8-2 描述了该函数的输入参数与返回值。

8.2.5　内存堆的管理方式

如图 8-7 所示，对内存堆的操作包含：申请内存、释放内存。所有使用完成后的动态内存都应该被释放，以供其他程序申请使用。

1. 分配和释放内存块

从内存堆上分配用户指定大小的内存块，函数接口如下：

表 8-2　rt_memheap_init() 的输入参数与返回值

参数	描述
memheap	memheap 控制块
name	内存堆的名称
start_addr	堆内存区域起始地址
size	堆内存大小
返回	描述
RT_EOK	成功

```
void *rt_malloc(rt_size_t nbytes);
```

图 8-7　内存堆的操作

rt_malloc 函数会从系统堆空间中找到合适大小的内存块，然后把内存块可用地址返回给用户。表 8-3 描述了该函数的输入参数与返回值。

表 8-3　rt_malloc() 的输入参数和返回值

参数	描述
nbytes	需要分配的内存块的大小，单位为字节
返回	描述
分配的内存块地址	成功
RT_NULL	失败

应用程序使用完从内存分配器中申请的内存后，必须及时释放，否则会造成内存泄漏，释放内存块的函数接口如下：

```
void rt_free (void *ptr);
```

rt_free 函数会把待释放的内存还给堆管理器。在调用这个函数时用户需传递待释放的内存块指针，如果是空指针则直接返回。
表 8-4 描述了该函数的输入参数。

表 8-4　rt_free() 的输入参数

参数	描述
ptr	待释放的内存块指针

2. 重新分配内存块

在已分配内存块的基础上重新分配内存块的大小（增加或缩小），可以通过下面的函数接口完成：

```
void *rt_realloc(void *rmem, rt_size_t newsize);
```

在重新分配内存块时，原来的内存块数据保持不变（缩小的情况下，后面的数据被自动截断）。表 8-5 描述了该函数的输入参数和返回值。

表 8-5　rt_realloc() 的输入参数和返回值

参数	描述
rmem	指向已分配的内存块
newsize	重新分配的内存大小
返回	描述
重新分配的内存块地址	成功

3. 分配多内存块

从内存堆中分配连续内存地址的多个内存块，可以通过下面的函数接口完成：

```
void *rt_calloc(rt_size_t count, rt_size_t size);
```

表 8-6 描述了该函数的输入参数与返回值。

表 8-6 rt_calloc() 的输入参数和返回值

参数	描述
count	内存块数量
size	内存块容量

返回	描述
指向第一个内存块地址的指针	成功，并且所有分配的内存块都被初始化为零
RT_NULL	分配失败

4. 设置内存钩子函数

在分配内存块过程中，用户可设置一个钩子函数，调用的函数接口如下：

```
void rt_malloc_sethook(void (*hook)(void *ptr, rt_size_t size));
```

设置的钩子函数会在内存分配完成后进行回调。回调时，会把分配到的内存块地址和大小作为入口参数传递进去。表 8-7 描述了该函数的输入参数。

其中 hook 函数接口如下：

```
void hook(void *ptr, rt_size_t size);
```

表 8-8 描述了 hook 函数的输入参数。

在释放内存时，用户可设置一个钩子函数，调用的函数接口如下：

```
void rt_free_sethook(void (*hook)(void *ptr));
```

设置的钩子函数会在调用内存释放完成前进行回调。回调时，释放的内存块地址会作为入口参数传递进去（此时内存块并没有被释放）。表 8-9 描述了该函数的输入参数。

其中 hook 函数接口如下：

```
void hook(void *ptr);
```

表 8-10 描述了 hook 函数的输入参数。

表 8-7 rt_malloc_sethook() 的输入参数

参数	描述
hook	钩子函数指针

表 8-8 分配钩子 hook 函数接口参数

参数	描述
ptr	分配到的内存块指针
size	分配到的内存块的大小

表 8-9 rt_free_sethook() 的输入参数

参数	描述
hook	钩子函数指针

表 8-10 钩子函数 hook 的输入参数

参数	描述
ptr	待释放的内存块指针

8.2.6 内存堆管理应用示例

下面是一个内存堆的应用示例，该程序会创建一个动态线程，这个线程会动态申请内存并释放，每次申请更大的内存，当申请不到的时候就结束，如代码清单 8-1 所示。

代码清单8-1　内存堆管理例程

```
#include <rtthread.h>

#define THREAD_PRIORITY      25
#define THREAD_STACK_SIZE     512
#define THREAD_TIMESLICE      5

/* 线程入口 */
void thread1_entry(void *parameter)
{
    int i;
    char *ptr = RT_NULL; /* 内存块的指针 */

    for (i = 0; ; i++)
    {
        /* 每次分配 (1 << i) 大小字节数的内存空间 */
        ptr = rt_malloc(1 << i);

        /* 如果分配成功 */
        if (ptr != RT_NULL)
        {
            rt_kprintf("get memory :%d byte\n", (1 << i));
            /* 释放内存块 */
            rt_free(ptr);
            rt_kprintf("free memory :%d byte\n", (1 << i));
            ptr = RT_NULL;
        }
        else
        {
            rt_kprintf("try to get %d byte memory failed!\n", (1 << i));
            return;
        }
    }
}

int dynmem_sample(void)
{
    rt_thread_t tid = RT_NULL;

    /* 创建线程 1 */
    tid = rt_thread_create("thread1",
                            thread1_entry, RT_NULL,
                            THREAD_STACK_SIZE,
                            THREAD_PRIORITY,
                            THREAD_TIMESLICE);
    if (tid != RT_NULL)
        rt_thread_startup(tid);

    return 0;
}
```

```
/* 导出到 msh 命令列表中 */
MSH_CMD_EXPORT(dynmem_sample, dynmem sample);
```

仿真运行结果如下：

```
 \ | /
- RT -      Thread Operating System
 / | \      3.1.0 build Aug 24 2018
 2006 - 2018 Copyright by rt-thread team
msh >dynmem_sample
msh >get memory :1 byte
free memory :1 byte
get memory :2 byte
free memory :2 byte
...
get memory :16384 byte
free memory :16384 byte
get memory :32768 byte
free memory :32768 byte
try to get 65536 byte memory failed!
```

以上例程中分配内存成功并打印信息；当试图申请 65536 byte 即 64KB 内存时，由于 RAM 总大小只有 64KB，而可用 RAM 小于 64KB，所以分配失败。

8.3 内存池

内存堆管理器可以分配任意大小的内存块，非常灵活和方便。但其也存在明显的缺点：一是分配效率不高，在每次分配时，都要空闲内存块查找；二是容易产生内存碎片。为了提高内存分配的效率，并且避免内存碎片，RT-Thread 提供了另外一种内存管理方法：内存池（Memory Pool）。

内存池是一种内存分配方式，用于分配大量大小相同的小内存块，它可以极大地加快内存分配与释放的速度，且能尽量避免内存碎片化。此外，RT-Thread 的内存池支持线程挂起功能，当内存池中无空闲内存块时，申请线程会被挂起，直到内存池中有新的可用内存块，再将挂起的申请线程唤醒。

内存池的线程挂起功能非常适合需要通过内存资源进行同步的场景，例如播放音乐时，播放器线程会对音乐文件进行解码，然后发送到声卡驱动，从而驱动硬件播放音乐。

如图 8-8 所示，当播放器线程需要解码数据时，就会向内存池请求内存块，如果内存块已经用完，线程将被挂起，否则它将获得内存块以放置解码的数据；而后播放器线程把包含解码数据的内存块写入到声卡抽象设备中（线程会立刻返回，继续解码出更多的数据）；当声卡设备写入完成后，将调用播放器线程设置的回调函数，释放写入的内存块，如果在此之前，播放器线程因为把内存池里的内存块都用完而被挂起的话，那么这次它将被将唤醒，并继续进行解码。

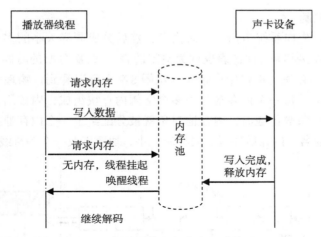

图 8-8 播放器线程与声卡驱动关系

8.3.1 内存池的工作机制

1. 内存池控制块

内存池控制块是操作系统用于管理内存池的一个数据结构，它会存放内存池的一些信息，例如内存池数据区域开始地址、内存块大小和内存块列表等，也包含内存块与内存块之间连接用的链表结构、因内存块不可用而挂起的线程等待事件集合等。

在 RT-Thread 实时操作系统中，内存池控制块由结构体 struct rt_mempool 表示。另外一种 C 表达方式 rt_mp_t，表示的是内存块句柄，在 C 语言中的实现是指向内存池控制块的指针，详细定义情况见以下代码。

```c
struct rt_mempool
{
    struct rt_object parent;

    void        *start_address; /* 内存池数据区域开始地址 */
    rt_size_t    size;          /* 内存池数据区域大小 */

    rt_size_t    block_size;   /* 内存块大小 */
    rt_uint8_t  *block_list;   /* 内存块列表 */

    /* 内存池数据区域中能够容纳的最大内存块数 */
    rt_size_t    block_total_count;
    /* 内存池中空闲的内存块数 */
    rt_size_t    block_free_count;
    /* 因为内存块不可用而挂起的线程列表 */
    rt_list_t    suspend_thread;
    /* 因为内存块不可用而挂起的线程数 */
    rt_size_t    suspend_thread_count;
};
typedef struct rt_mempool* rt_mp_t;
```

2. 内存块分配机制

内存池在创建时先向系统申请一大块内存，然后分成同样大小的多个小内存块，小内存块直接通过链表连接起来（此链表也称为空闲链表）。每次分配的时候，从空闲链表中取出链表头上第一个内存块，提供给申请者。从图 8-9 中可以看到，物理内存中允许存在多个大小不同的内存池，每一个内存池又由多个空闲内存块组成，内核用它们来进行内存管理。当一个内存池对象被创建时，内存池对象就被分配给了一个内存池控制块，内存控制块的参数包括内存池名、内存缓冲区、内存块大小、块数以及一个等待线程队列。

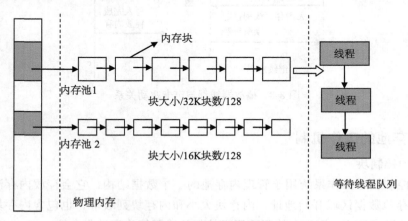

图 8-9　内存池工作机制

内核负责给内存池分配内存池控制块，它同时也接收用户线程的分配内存块申请，当获得这些信息后，内核就可以从内存池中为内存池分配内存。内存池一旦初始化完成，内部的内存块大小将不能再做调整。

每一个内存池对象都由上述结构组成，其中 suspend_thread 形成了一个申请线程等待列表，即当内存池中无可用内存块，并且申请线程允许等待时，申请线程将挂起在 suspend_thread 链表上。

8.3.2　内存池的管理方式

内存池控制块是一个结构体，其中含有内存池相关的重要参数，在内存池各种状态间起到纽带的作用。内存池的相关接口如图 8-10 所示，对内存池的操作包含创建 / 初始化内存池、分配内存块、释放内存块、删除 / 脱离内存池，但不是所有的内存池都会被删除，这与设计者的需求相关，但是使用完的内存块都应该被释放。

1. 创建和删除内存池

创建内存池操作将会创建一个内存池对象并从堆上分配一个内存池。创建内存池是从对应内存池中分配和释放内存块的先决条件，创建内存池后，线程便可以从内存池中执行申请、释放等操作。创建内存池使用下面的函数接口，该函数返回一个已创建的内存池对象。

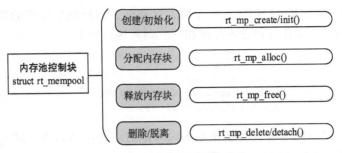

图 8-10　内存池相关接口

```
rt_mp_t rt_mp_create(const char* name,
                     rt_size_t block_count,
                     rt_size_t block_size);
```

使用该函数接口可以创建一个与需求的内存块大小、数目相匹配的内存池，前提是在系统资源允许的情况下（最主要的是内存堆内存资源）才能创建成功。创建内存池时，需要给内存池指定一个名称。内核从系统中申请一个内存池对象，然后从内存堆中分配一块由块数目和块大小计算得来的内存缓冲区，接着初始化内存池对象，并将申请成功的内存缓冲区组织成可用于分配的空闲块链表。表 8-11 描述了该函数的输入参数与返回值。

表 8-11　rt_mp_create() 的输入参数和返回值

参数	描述
name	内存池名
block_count	内存块数量
block_size	内存块容量
返回	描述
内存池的句柄	创建内存池对象成功
RT_NULL	创建失败

删除内存池将删除内存池对象并释放申请的内存。使用下面的函数接口：

```
rt_err_t rt_mp_delete(rt_mp_t mp);
```

删除内存池时，会首先唤醒等待在该内存池对象上的所有线程（返回 - RT_ERROR），然后再释放已从内存堆上分配的内存池数据存放区域，然后删除内存池对象。表 8-12 描述了该函数的输入参数与返回值。

表 8-12　rt_mp_delete() 的输入参数和返回值

参数	描述
mp	rt_mp_create 返回的内存池对象句柄
返回	描述
RT_EOK	删除成功

2. 初始化和脱离内存池

初始化内存池跟创建内存池类似，只是初始化内存池用于静态内存管理模式，内存池控制块来源于用户在系统中申请的静态对象。另外与创建内存池不同的是，此处内存池对象所使用的内存空间是由用户指定的一个缓冲区空间，用户把缓冲区的指针传递给内存池控制块，其余的初始化工作与创建内存池相同。函数接口如下：

```
rt_err_t rt_mp_init(rt_mp_t mp,
                    const char* name,
                    void *start, rt_size_t size,
                    rt_size_t block_size);
```

初始化内存池时，把需要进行初始化的内存池对象传递给内核，同时需要传递的还有内存池用到的内存空间，以及内存池管理的内存块数目和块大小，并且给内存池指定一个名称。这样，内核就可以对该内存池进行初始化，并将内存池用到的内存空间组织成可用于分配的空闲块链表。表 8-13 描述了该函数的输入参数与返回值。

内存池块个数 = size /（ block_size + 4 链表指针大小），计算结果取整数。

例如：内存池数据区总大小 size 设为 4096 字节，内存块大小 block_size 设为 80 字节；则申请的内存池块个数为 4096/ (80+4) = 48 个。

脱离内存池将把内存池对象从内核对象管理器中脱离。脱离内存池使用下面的函数接口：

```
rt_err_t rt_mp_detach(rt_mp_t mp);
```

使用该函数接口后，内核先唤醒所有等待在该内存池对象上的线程，然后将内存池对象从内核对象管理器中脱离。表 8-14 描述了该函数的输入参数与返回值。

表 8-13　rt_mp_init() 的输入参数和返回值

参数	描述
mp	内存池对象
name	内存池名
start	内存池的起始位置
size	内存池数据区域大小
block_size	内存块容量
返回	描述
RT_EOK	初始化成功
- RT_ERROR	失败

表 8-14　rt_mp_detach() 的输入参数和返回值

参数	描述
mp	内存池对象
返回	描述
RT_EOK	成功

3. 分配和释放内存块

从指定的内存池中分配一个内存块，使用如下接口：

```
void *rt_mp_alloc (rt_mp_t mp, rt_int32_t time);
```

其中 time 参数的含义是申请分配内存块的超时时间。如果内存池中有可用的内存块，则从内存池的空闲块链表上取下一个内存块，减少空闲块数目并返回这个内存块；如果内存池中已经没有空闲内存块，则判断超时时间设置：若超时时间设置为零，则立刻返回空内存块；若等待时间大于零，则把当前线程挂起在该内存池对象上，直到内存池中有可用的自由内存块，或等待时间到达。表 8-15 描述了该函数的输入参数与返回值。

任何内存块使用完后都必须被释放，否则会造成内存泄漏，释放内存块使用如下接口：

```
void rt_mp_free (void *block);
```

使用该函数接口时，首先通过需要被释放的内存块指针计算出该内存块所在的（或所属于的）内存池对象，然后增加内存池对象的可用内存块数目，并把该被释放的内存块加入空闲内存块链表上。接着判断该内存池对象上是否有挂起的线程，如果有，则唤醒挂起线程链表上的首线程。表 8-16 描述了该函数的输入参数。

8.3.3 内存池应用示例

下面是一个静态内存池的应用例程，这个例程会创建一个静态的内存池对象和两个动态线程。一个线程会试图从内存池中获得内存块，另一个线程释放内存块，如代码清单 8-2 所示。

表 8-15 rt_mp_alloc() 的输入参数和返回值

参数	描述
mp	内存池对象
time	超时时间
返回	描述
分配的内存块地址	成功
RT_NULL	失败

表 8-16 rt_mp_free() 的输入参数

参数	描述
block	内存块指针

代码清单8-2　内存池使用示例

```
#include <rtthread.h>

static rt_uint8_t *ptr[50];
static rt_uint8_t mempool[4096];
static struct rt_mempool mp;

#define THREAD_PRIORITY        25
#define THREAD_STACK_SIZE      512
#define THREAD_TIMESLICE       5

/* 指向线程控制块的指针 */
static rt_thread_t tid1 = RT_NULL;
static rt_thread_t tid2 = RT_NULL;

/* 线程 1 入口 */
static void thread1_mp_alloc(void *parameter)
{
    int i;
    for (i = 0 ; i < 50 ; i++)
    {
        if (ptr[i] == RT_NULL)
        {
            /* 试图申请内存块 50 次，当申请不到内存块时，
               线程 1 挂起，转至线程 2 运行 */
            ptr[i] = rt_mp_alloc(&mp, RT_WAITING_FOREVER);
            if (ptr[i] != RT_NULL)
                rt_kprintf("allocate No.%d\n", i);
        }
    }
}
```

```
}

/* 线程 2 入口，线程 2 的优先级比线程 1 低，应该线程 1 先获得执行。*/
static void thread2_mp_release(void *parameter)
{
    int i;

    rt_kprintf("thread2 try to release block\n");
    for (i = 0; i < 50 ; i++)
    {
        /* 释放所有分配成功的内存块 */
        if (ptr[i] != RT_NULL)
        {
            rt_kprintf("release block %d\n", i);
            rt_mp_free(ptr[i]);
            ptr[i] = RT_NULL;
        }
    }
}

int mempool_sample(void)
{
    int i;
    for (i = 0; i < 50; i ++) ptr[i] = RT_NULL;

    /* 初始化内存池对象 */
    rt_mp_init(&mp, "mp1", &mempool[0], sizeof(mempool), 80);

    /* 创建线程 1：申请内存池 */
    tid1 = rt_thread_create("thread1", thread1_mp_alloc, RT_NULL,
                        THREAD_STACK_SIZE,
                        THREAD_PRIORITY, THREAD_TIMESLICE);
    if (tid1 != RT_NULL)
        rt_thread_startup(tid1);


    /* 创建线程 2：释放内存池 */
    tid2 = rt_thread_create("thread2", thread2_mp_release, RT_NULL,
                        THREAD_STACK_SIZE,
                        THREAD_PRIORITY + 1, THREAD_TIMESLICE);
    if (tid2 != RT_NULL)
        rt_thread_startup(tid2);

    return 0;
}

/* 导出到 msh 命令列表中 */
MSH_CMD_EXPORT(mempool_sample, mempool sample);
```

仿真运行结果如下：

```
 \ | /
- RT -     Thread Operating System
 / | \     3.1.0 build Aug 24 2018
```

```
 2006 - 2018 Copyright by rt-thread team
msh >mempool_sample
msh >allocate No.0
allocate No.1
allocate No.2
allocate No.3
allocate No.4
...
allocate No.46
allocate No.47
thread2 try to release block
release block 0
allocate No.48
release block 1
allocate No.49
release block 2
release block 3
release block 4
release block 5
...
release block 47
release block 48
release block 49
```

本例程在初始化内存池对象时，初始化了 4096 /(80+4) = 48 个内存块。

① 线程 1 申请了 48 个内存块之后，此时内存块已经被用完，需要其他地方释放才能再次申请；但此时，线程 1 以一直等待的方式又申请了 1 个，由于无法分配，所以线程 1 挂起；

② 线程 2 开始执行释放内存的操作；当线程 2 释放一个内存块的时候，就有一个内存块空闲出来，唤醒线程 1 申请内存，申请成功后再申请，线程 1 又挂起，再循环一次②；

③ 线程 2 继续释放剩余的内存块，直到释放完毕。

8.4 本章小结

本章我们主要学习了 RT-Thread 提供的几种内存管理算法的功能特点、工作机制及其使用方式，下面来回顾一下需要注意的要点。

（1）内存池可以极大加快内存分配与释放的速度，但是一旦初始化完成，内部的内存块大小将不能再做调整。

（2）不管是内存池还是内存堆管理，申请的内存使用完后，都必须及时释放。

（3）内存池和内存堆管理的区别如下：

内存池申请	动态内存申请
rt_mp_alloc()： （1）每次只能申请大小固定的内存块 （2）申请时可能会引起任务挂起（有超时时间）	rt_malloc()： （1）可以申请大小不定的内存块 （2）申请时不会引起任务的挂起
rt_mp_free()： 可以唤醒被挂起的线程	rt_free()： 不能唤醒线程

第 9 章
中 断 管 理

什么是中断？简单来说就是系统正在处理某一个正常事件，忽然被另一个需要马上处理的紧急事件打断，系统转而处理这个紧急事件，待处理完毕，再恢复运行刚才被打断的事件。生活中，我们经常会遇到这样的场景。

当你正在专心看书的时候，忽然来了一个电话，于是记下书的页码，去接电话，接完电话后接着刚才的页码继续看书，这是一个典型的中断过程。

如果电话是老师打过来的，让你赶快交作业，你判断交作业的优先级比看书高，于是电话挂断后先做作业，等交完作业后再接着刚才的页码继续看书，这是一个典型的在中断中进行任务调度的过程。

这些场景在嵌入式系统中也很常见，当 CPU 正在处理内部数据时，外界发生了紧急情况，要求 CPU 暂停当前的工作转去处理这个异步事件。处理完毕后，再回到原来被中断的地址，继续原来的工作，这样的过程称为中断。实现这一功能的系统称为中断系统，申请 CPU 中断的请求源称为中断源。中断是一种异常，异常是导致处理器脱离正常运行转向执行特殊代码的任何事件，如果不及时进行处理，轻则系统出错，重则会导致系统毁灭性的瘫痪。所以正确地处理异常，避免错误的发生是提高软件鲁棒性（稳定性）非常重要的一环。图 9-1 所示是一个简单的中断示意图。

中断处理与 CPU 架构密切相关，所以，本章会先介绍 ARM Cortex-M 的 CPU 架构，然后结合 Cortex-M CPU 架构来介绍 RT-Thread 的中断管理机制，读完本章，大家将深入了解 RT-Thread 的中断处理过程、如何添加中断服务程序（ISR）以及相关的注意事项。

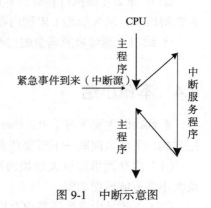

图 9-1　中断示意图

9.1　Cortex-M CPU 架构基础

不同于老的经典 ARM 处理器（例如 ARM7、ARM9），ARM Cortex-M 处理器有一个非常不同的架构，Cortex-M 是一个家族系列，其中包括 Cortex M0/M3/M4/M7 多个不同型号，每个型号之间会有些区别，例如 Cortex-M4 比 Cortex-M3 多了浮点计算功能，但它们的编程模型基本是一致的，因此本书中介绍中断管理和移植的部分都不会对 Cortex M0/M3/M4/M7 做太精细的区分。本节主要介绍和 RT-Thread 中断管理相关的架构部分。

9.1.1　寄存器介绍

Cortex-M 系列 CPU 的寄存器组里有 R0~R15 共 16 个通用寄存器组和若干特殊功能寄存器，如如图 9-2 所示。

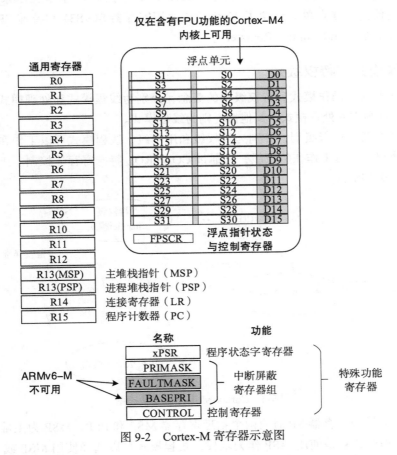

图 9-2　Cortex-M 寄存器示意图

通用寄存器组里的 R13 作为堆栈指针寄存器（Stack Pointer，SP）；R14 作为连接寄存器（Link Register，LR），用于在调用子程序时，存储返回地址；R15 作为程序计数器（Program Counter，PC），其中堆栈指针寄存器可以是主堆栈指针（MSP），也可以是进程堆栈指针（PSP）。

特殊功能寄存器包括程序状态字寄存器组（PSR）、中断屏蔽寄存器组（PRIMASK、

FAULTMASK、BASEPRI)、控制寄存器（CONTROL），可以通过 MSR/MRS 指令来访问特殊功能寄存器，例如：

```
MRS R0, CONTROL ;读取 CONTROL 到 R0 中
MSR CONTROL, R0 ;写入 R0 到 CONTROL 寄存器中
```

程序状态字寄存器里保存算术与逻辑标志，例如负数标志、零结果标志、溢出标志等。中断屏蔽寄存器组控制 Cortex-M 的中断功能。控制寄存器用来定义特权级别和当前使用哪个堆栈指针。

如果是具有浮点单元的 Cortex-M4 或者 Cortex-M7，控制寄存器也用来指示浮点单元当前是否在使用，浮点单元包含了 32 个浮点通用寄存器 S0~S31 和特殊 FPSCR 寄存器（Floating Point Status and Control Register）。

9.1.2   操作模式和特权级别

Cortex-M 引入了操作模式和特权级别的概念，分别为线程模式和处理模式，如果进入异常或中断处理则进入处理模式，其他情况则为线程模式。

Cortex-M 有两个运行级别，分别为特权级和用户级，线程模式可以工作在特权级或者用户级，而处理模式总工作在特权级，可通过 CONTROL 特殊寄存器控制。工作模式状态切换情况如图 9-3 所示。

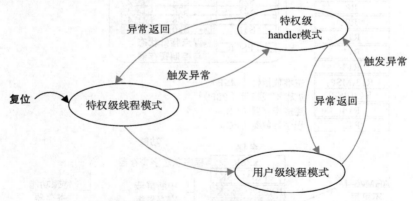

图 9-3　Cortex-M 工作模式状态图

Cortex-M 的堆栈寄存器 SP 对应两个物理寄存器 MSP 和 PSP，MSP 为主堆栈，PSP 为进程堆栈，处理模式总是使用 MSP 作为堆栈，线程模式可以选择使用 MSP 或 PSP 作为堆栈，同样通过 CONTROL 特殊寄存器控制。复位后，Cortex-M 默认进入线程模式、特权级，使用 MSP 堆栈。

9.1.3   嵌套向量中断控制器

Cortex-M 中断控制器名为 NVIC（嵌套向量中断控制器），支持中断嵌套功能。当一个

中断触发并且系统进行响应时，处理器硬件会将当前运行位置的上下文寄存器自动压入中断栈中（关于中断栈的详细解释见 9.2.4 小节），如图 9-4 所示，这部分的寄存器包括 PSR、PC、LR、R12、R3 ～ R0 寄存器。

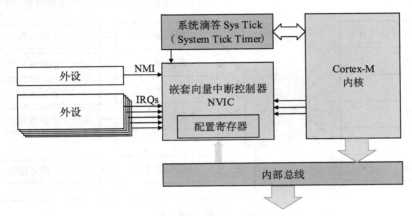

图 9-4　Cortex-M 内核和 NVIC 关系示意图

　　当系统正在服务一个中断时，如果有一个更高优先级的中断触发，那么处理器同样会打断当前运行的中断服务程序，然后把这个中断服务程序上下文的 PSR、PC、LR、R12、R3 ～ R0 寄存器自动保存到中断栈中。

9.1.4　PendSV 系统调用

　　PendSV 也称为可悬起的系统调用，它是一种异常，可以像普通的中断一样被挂起，它是专门用来辅助操作系统进行上下文切换的。PendSV 异常会被初始化为最低优先级的异常。每次需要进行上下文切换的时候，会手动触发 PendSV 异常，在 PendSV 异常处理函数中进行上下文切换。在第 10 章中会详细介绍利用 PendSV 机制进行操作系统上下文切换的详细流程。

9.2　RT-Thread 中断工作机制

9.2.1　中断向量表

　　中断向量表是所有中断处理程序的入口，如图 9-5 所示是 Cortex-M 系列的中断处理过程：把一个函数（用户中断服务程序）同一个虚拟中断向量表中的中断向量联系在一起。当中断向量对应中断发生的时候，被挂接的用户中断服务程序就会被调用执行。

　　在 Cortex-M 内核中，所有中断都采用中断向量表的方式进行处理，即当一个中断触发时，处理器将直接判定是哪个中断源，然后直接跳转到相应的固定位置进行处理，每个中断服务程序必须排列在一起放在统一的地址上（该地址必须要设置到 NVIC 的中断向量偏移寄存器中）。中断向量表一般由一个数组定义或在起始代码中给出，默认采用起始代码给出：

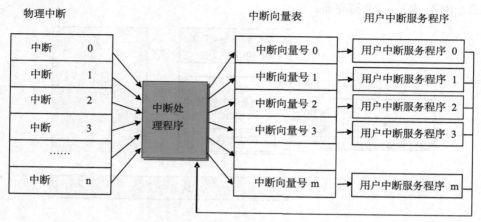

图 9-5　中断处理过程

```
__Vectors        DCD      __initial_sp               ; Top of Stack
                 DCD      Reset_Handler              ; Reset 处理函数
                 DCD      NMI_Handler                ; NMI 处理函数
                 DCD      HardFault_Handler          ; Hard Fault 处理函数
                 DCD      MemManage_Handler          ; MPU Fault 处理函数
                 DCD      BusFault_Handler           ; Bus Fault 处理函数
                 DCD      UsageFault_Handler         ; Usage Fault 处理函数
                 DCD      0                          ; 保留
                 DCD      0                          ; 保留
                 DCD      0                          ; 保留
                 DCD      0                          ; 保留
                 DCD      SVC_Handler                ; SVCall 处理函数
                 DCD      DebugMon_Handler           ; Debug Monitor 处理函数
                 DCD      0                          ; 保留
                 DCD      PendSV_Handler             ; PendSV 处理函数
                 DCD      SysTick_Handler            ; SysTick 处理函数
… …

NMI_Handler             PROC
                 EXPORT NMI_Handler                    【WEAK】
                 B       .
                 ENDP
HardFault_Handler  PROC
                 EXPORT HardFault_Handler              【WEAK】
                 B       .
                 ENDP
… …
```

注意： 代码后面的 [WEAK] 标识，它是符号弱化标识，在 [WEAK] 前面的符号（如 NMI_ Handler、HardFault_Handler）将被执行弱化处理，如果整个代码在链接时遇到了名称相同的符号（例如与 NMI_Handler 相同名称的函数），那么代码将使用未被弱化定义的符号（与 NMI_Handler 相同名称的函数），而与弱化符号相关的代码将被自动丢弃。

以 SysTick 中断为例，在系统启动代码中，需要填上 SysTick_Handler 中断入口函数，然后实现该函数即可对 SysTick 中断进行响应，中断处理函数示例程序如下所示：

```
void SysTick_Handler(void)
{
    /* enter interrupt */
    rt_interrupt_enter();

    rt_tick_increase();

    /* leave interrupt */
    rt_interrupt_leave();
}
```

9.2.2 中断处理过程

在 RT-Thread 中断管理中，将中断处理程序分为中断前导程序、用户中断服务程序、中断后续程序 3 部分，如图 9-6 所示。

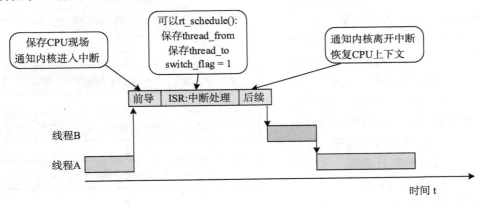

图 9-6 中断处理程序的 3 部分

1. 中断前导程序

中断前导程序的主要工作如下。

（1）保存 CPU 中断现场，这部分跟 CPU 架构相关，不同 CPU 架构的实现方式有差异。

对于 Cortex-M 来说，该工作由硬件自动完成。当一个中断触发并且系统进行响应时，处理器硬件会将当前运行部分的上下文寄存器自动压入中断栈中，这部分的寄存器包括

PSR、PC、LR、R12、R3 ~ R0 寄存器。

（2）通知内核进入中断状态，调用 rt_interrupt_enter() 函数，其作用是把全局变量 rt_interrupt_nest 加 1，用它来记录中断嵌套的层数，代码清单如下所示。

```
void rt_interrupt_enter(void)
{
    rt_base_t level;

    level = rt_hw_interrupt_disable();
    rt_interrupt_nest ++;
    rt_hw_interrupt_enable(level);
}
```

2. 用户中断服务程序

在用户中断服务程序（ISR）中，分为两种情况，第一种情况是不进行线程切换，这种情况下用户中断服务程序和中断后续程序运行完毕后退出中断模式，返回被中断的线程。另一种情况是，在中断处理过程中需要进行线程切换，这种情况会调用 rt_hw_context_switch_interrupt() 函数进行上下文切换，该函数跟 CPU 架构相关，不同 CPU 架构的实现方式有差异。

在 Cortex-M 架构中，rt_hw_context_switch_interrupt() 的函数实现流程如图 9-7 所示，它将设置需要切换的线程 rt_interrupt_to_thread 变量，然后触发 PendSV 异常（PendSV 异常是专门用来辅助上下文切换的，且被初始化为最低优先级的异常）。PendSV 异常被触发后，不会立即进入 PendSV 异常中断处理程序，因为此时还在中断处理中，只有当中断后续程序运行完毕，真正退出中断处理后，才进入 PendSV 异常中断处理程序。

3. 中断后续程序

下面介绍中断后续程序主要完成的工作。

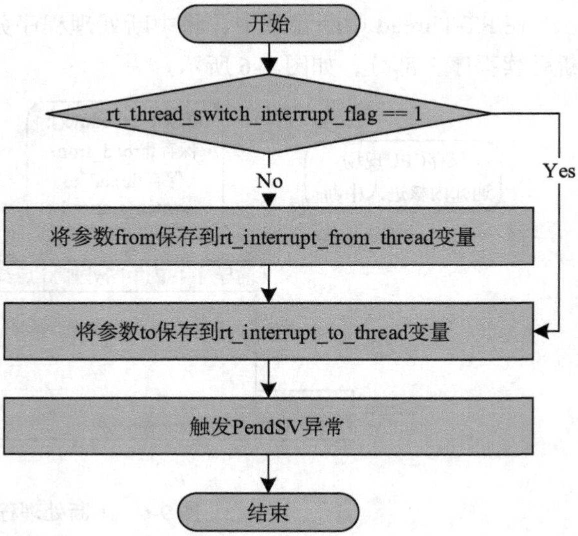

图 9-7　rt_hw_context_switch_interrupt() 函数实现流程

（1）通知内核离开中断状态，通过调用 rt_interrupt_leave() 函数，将全局变量 rt_interrupt_nest 减 1，代码清单如下所示。

```
void rt_interrupt_leave(void)
{
    rt_base_t level;
```

```
    level = rt_hw_interrupt_disable();
    rt_interrupt_nest --;
    rt_hw_interrupt_enable(level);
}
```

（2）恢复中断前的 CPU 上下文，如果在中断处理过程中未进行线程切换，那么恢复 from 线程的 CPU 上下文，如果在中断中进行了线程切换，那么恢复 to 线程的 CPU 上下文。这部分实现跟 CPU 架构相关，不同 CPU 架构的实现方式有差异，在 Cortex-M 架构中实现流程如图 9-8 所示。

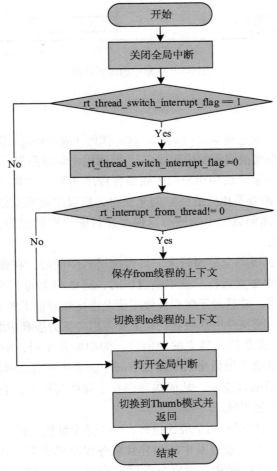

图 9-8　rt_hw_context_switch_interrupt() 函数实现流程

9.2.3　中断嵌套

在允许中断嵌套的情况下，在执行中断服务程序的过程中，如果出现高优先级的中断，当前中断服务程序的执行将被打断,以执行高优先级中断的中断服务程序,当高优先级中断处理完成后,被打断的中断服务程序才得到继续执行,如果需要进行线程调度,线程的上下文切换将在所有中断处理程序都运行结束时才发生,如图9-9所示。

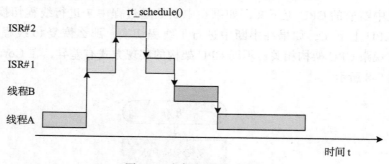

图 9-9   中断中的线程切换

9.2.4   中断栈

在中断处理过程中,在系统响应中断前,软件代码(或处理器)需要把当前线程的上下文保存下来(通常保存在当前线程的线程栈中),再调用中断服务程序进行中断响应、处理。在进行中断处理时(实际上是调用用户的中断服务程序函数),中断处理函数中很可能会有自己的局部变量,这些都需要相应的栈空间来保存,所以中断响应依然需要一个栈空间作为上下文,运行中断处理函数。中断栈可以保存在打断线程的栈中,当从中断中退出时,返回相应的线程继续执行。

中断栈也可以与线程栈完全分离开来,即每次进入中断时,在保存完打断线程上下文后,切换到新的中断栈中独立运行。在中断退出时,再做相应的上下文恢复。使用独立中断栈相对来说更容易实现,并且对于线程栈使用情况也比较容易了解和掌握(否则必须要为中断栈预留空间,如果系统支持中断嵌套,还需要考虑应该为嵌套中断预留多大的空间)。

RT-Thread 采用的方式是提供独立的中断栈,即中断发生时,中断的前期处理程序会将用户的栈指针更换到系统事先留出的中断栈空间中,等中断退出时再恢复用户的栈指针。这样中断就不会占用线程的栈空间,从而提高内存空间的利用率,且随着线程的增加,这种减少内存占用的效果也越明显。

在 Cortex-M 处理器内核里有两个堆栈指针,一个是主堆栈指针(MSP),它是默认的堆栈指针,在运行第一个线程之前以及中断和异常服务程序里使用;另一个是线程堆栈指针(PSP),在线程里使用。在中断和异常服务程序退出时,修改 LR 寄存器第 2 位的值为 1,线程的 SP 就由 MSP 切换到 PSP。

9.2.5   中断的底半处理

RT-Thread 不对中断服务程序所需要的处理时间做任何假设、限制,但与其他实时操作系统或非实时操作系统一样，用户需要保证所有的中断服务程序在尽可能短的时间内完成（中断服务程序在系统中相当于拥有最高的优先级，会抢占所有线程优先执行）。这样在发生中断嵌套或屏蔽了相应中断源的过程中，不会耽误嵌套的其他中断处理过程，或自身中断源的下一次中断信号。

当一个中断发生时，中断服务程序需要取得相应的硬件状态或者数据。如果中断服务程序接下来要对状态或者数据进行简单的处理，比如 CPU 时钟中断，中断服务程序只需对一个系统时钟变量进行加 1 操作，然后就结束中断服务程序。这类中断需要的运行时间往往都比较短。但对于另外一些中断，中断服务程序在取得硬件状态或数据以后，还需要进行一系列更耗时的处理，通常需要将该中断分割为两部分，即**上半部分**（Top Half）和**底半部分**（Bottom Half）。在上半部分中，取得硬件状态和数据后，打开被屏蔽的中断，给相关线程发送一条通知（可以是 RT-Thread 所提供的信号量、事件、邮箱或消息队列等方式），然后结束中断服务程序；而接下来，相关的线程在接收到通知后，接着对状态或数据进行进一步的处理，这一过程称为**底半处理**。

为了详细描述底半处理在 RT-Thread 中的实现，我们以一个虚拟的网络设备接收网络数据包作为范例（见代码清单 9-1），并假设接收到数据报文后，系统对报文的分析和处理是一个相对耗时的、比外部中断源信号重要性小许多的而且在不屏蔽中断源信号情况下也能处理的过程。

示例中的程序创建了一个 nwt 线程，该线程在启动运行后，将阻塞在 nw_bh_sem 信号上，一旦这个信号量被释放，将执行接下来的 nw_packet_parser 过程，开始 Bottom Half 的事件处理。

代码清单9-1　中断底半处理示例

```
/*
 *  程序清单：中断底半处理例子
 */

/* 用于唤醒线程的信号量 */
rt_sem_t nw_bh_sem;

/* 数据读取、分析的线程 */
void demo_nw_thread(void *param)
{
    /* 首先对设备进行必要的初始化工作 */
    device_init_setting();

    /*.. 其他的一些操作 ..*/

    /* 创建一个 semaphore 来响应 Bottom Half 的事件 */
    nw_bh_sem = rt_sem_create("bh_sem", 0, RT_IPC_FLAG_FIFO);

    while(1)
    {
```

```
        /* 最后, 让 demo_nw_thread 等待在 nw_bh_sem 上 */
        rt_sem_take(nw_bh_sem, RT_WAITING_FOREVER);

        /* 接收到 semaphore 信号后, 开始真正的 Bottom Half 处理过程 */
        nw_packet_parser (packet_buffer);
        nw_packet_process(packet_buffer);
    }
}

int main(void)
{
    rt_thread_t thread;

    /* 创建处理线程 */
    thread = rt_thread_create("nwt",
        demo_nw_thread, RT_NULL, 1024, 20, 5);

    if (thread != RT_NULL)
        rt_thread_startup(thread);
}
```

接下来让我们来看一下在 demo_nw_isr 中是如何处理 Top Half 并开启 Bottom Half 的,
如下所示。

```
void demo_nw_isr(int vector, void *param)
{
    /* 当 network 设备接收到数据后, 陷入中断异常, 开始执行此 ISR */
    /* 开始 Top Half 部分的处理, 如读取硬件设备的状态以判断发生了何种中断 */
    nw_device_status_read();

    /*.. 其他一些数据操作等 ..*/

    /* 释放 nw_bh_sem, 发送信号给 demo_nw_thread, 准备开始 Bottom Half */
    rt_sem_release(nw_bh_sem);

    /* 然后退出中断的 Top Half 部分, 结束 device 的 ISR */
}
```

从上面的两个代码片段可以看出, 中断服务程序通过对一个信号量对象的等待和释放,
来完成中断 Bottom Half 的起始和终结。将中断处理划分为 Top 和 Bottom 两个部分后, 中
断处理过程变为异步过程。这部分系统开销需要用户在使用 RT-Thread 时, 必须认真考虑
中断服务的处理时间是否大于给 Bottom Half 发送通知并处理的时间。

9.3 RT-Thread 中断管理接口

为了把操作系统和系统底层的异常、中断硬件隔离开来, RT-Thread 把中断和异常封装
为一组抽象接口, 如图 9-10 所示。

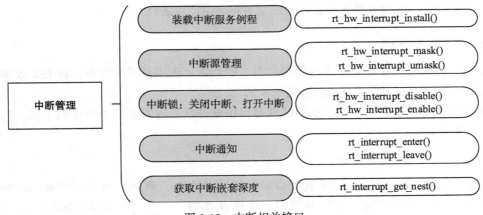

图 9-10 中断相关接口

9.3.1 中断服务程序挂接

系统把用户的中断服务程序（handler）和指定的中断号关联起来，可调用如下接口挂载一个新的中断服务程序：

```
rt_isr_handler_t rt_hw_interrupt_install(int vector,
                                          rt_isr_handler_t  handler,
                                          void *param,
                                          char *name);
```

调用 rt_hw_interrupt_install() 后，当这个中断源产生中断时，系统将自动调用装载的中断服务程序。表 9-1 描述了此函数的输入参数和返回值。

表 9-1　rt_hw_interrupt_install() 的输入参数和返回值

参数	描述
vector	挂载的中断号
handler	新挂载的中断服务程序
param	作为参数传递给中断服务程序
name	中断的名称
返回	**描述**
return	挂载这个中断服务程序之前挂载的中断服务程序的句柄

注意：该 API 并不会出现在每一个移植分支中，例如通常 Cortex-M0/M3/M4 的移植分支中就没有该 API。

中断服务程序是一种需要特别注意的运行环境，它运行在非线程的执行环境下（一般为芯片的一种特殊运行模式（特权模式）），在这个运行环境中不能使用挂起当前线程的操作，因为当前线程并不存在，执行相关的操作会有类似打印提示信息 "Function[abc_func] shall not used in ISR"，其含义是不应该在中断服务程序中调用函数。

9.3.2　中断源管理

通常在 ISR 准备处理某个中断信号之前，我们需要先屏蔽该中断源，在 ISR 处理完状态或数据以后，及时打开之前被屏蔽的中断源。

屏蔽中断源可以保证在接下来的处理过程中硬件状态或者数据不会受到干扰，可调用下面的函数接口：

```
void rt_hw_interrupt_mask(int vector);
```

调用 rt_hw_interrupt_mask 函数接口后，相应的中断将会被屏蔽（通常当这个中断触发时，中断状态寄存器会有相应的变化，但并不送到处理器进行处理）。表 9-2 描述了此函数的输入参数。

表 9-2　rt_hw_interrupt_mask() 的输入参数

参数	描述
vector	要屏蔽的中断号

注意：该 API 并不会出现在每一个移植分支中，例如通常 Cortex-M0/M3/M4 的移植分支中就没有该 API。

为了尽可能不丢失硬件中断信号，可调用下面的函数接口打开被屏蔽的中断源：

```
void rt_hw_interrupt_umask(int vector);
```

调用 rt_hw_interrupt_umask 函数接口后，如果中断（及对应外设）被配置正确，中断触发后，将送到处理器进行处理。表 9-3 描述了此函数的输入参数。

表 9-3　rt_hw_interrupt_umask() 的输入参数

参数	描述
vector	要打开屏蔽的中断号

注意：该 API 并不会出现在每一个移植分支中，例如通常 Cortex-M0/M3/M4 的移植分支中就没有该 API。

9.3.3　全局中断开关

全局中断开关也称为中断锁，是禁止多线程访问临界区最简单的一种方式，即通过关闭中断的方式，来保证当前线程不会被其他事件打断（因为整个系统已经不再响应那些可以触发线程重新调度的外部事件），也就是当前线程不会被抢占，除非这个线程主动放弃了处理器控制权。当需要关闭整个系统的中断时，可调用下面的函数接口：

```
rt_base_t rt_hw_interrupt_disable(void);
```

表 9-4 描述了此函数的返回值。

表 9-4　rt_hw_interrupt_disable() 的返回值

返回	描述
中断状态	rt_hw_interrupt_disable 函数运行前的中断状态

恢复中断也称开中断。rt_hw_interrupt_enable() 函数用于"使能"中断，它恢复了调用 rt_hw_interrupt_disable() 函数前的中断状态。如果调用 rt_hw_interrupt_disable() 函数前是关中断状态，那么调用此函数后依然是关中断状态。恢复中断往往是和关闭中断成对使用的，调用的函数接口如下：

```
void rt_hw_interrupt_enable(rt_base_t level);
```

表 9-5 描述了此函数的输入参数。

表 9-5　rt_hw_interrupt_enable() 的输入参数

参数	描述
level	前一次 rt_hw_interrupt_disable 返回的中断状态

使用中断锁来操作临界区的方法可以应用于任何场合，且其他几类同步方式都是依赖于中断锁而实现的，可以说中断锁是最强大和最高效的同步方法。只是使用中断锁最主要的问题在于，在中断关闭期间，系统将不再响应任何中断，也就不能响应外部的事件。所以中断锁对系统的实时性影响非常巨大，当使用不当的时候会导致系统完全无实时性可言（可能导致系统完全偏离要求的时间需求）；而使用得当，则会变成一种快速、高效的同步方式。

例如，为了保证一行代码（例如赋值）的互斥运行，最快速的方法是使用中断锁而不是信号量或互斥量：

```
/* 关闭中断 */
level = rt_hw_interrupt_disable();
a = a + value;
/* 恢复中断 */
rt_hw_interrupt_enable(level);
```

在使用中断锁时，需要确保关闭中断的时间非常短，例如上面代码中的 a = a + value，也可换成另外一种方式，例如使用信号量：

```
/* 获得信号量锁 */
rt_sem_take(sem_lock, RT_WAITING_FOREVER);
a = a + value;
/* 释放信号量锁 */
rt_sem_release(sem_lock);
```

这段代码在 rt_sem_take 、rt_sem_release 的实现中，已经存在使用中断锁保护信号量内部变量的行为，所以对于简单如 a = a + value; 的操作，使用中断锁将更为简洁和快速。

函数 rt_base_t rt_hw_interrupt_disable(void) 和函数 void rt_hw_interrupt_enable(rt_base_t level) 一般需要配对使用，从而保证正确的中断状态。

在 RT-Thread 中，开关全局中断的 API 支持多级嵌套使用，简单嵌套中断的代码如代码清单 9-2 所示。

代码清单9-2　简单嵌套中断的使用

```
#include <rthw.h>

void global_interrupt_demo(void)
{
    rt_base_t level0;
    rt_base_t level1;

    /* 第一次关闭全局中断,关闭之前的全局中断状态可能是打开的,也可能是关闭的 */
    level0 = rt_hw_interrupt_disable();
    /* 第二次关闭全局中断,关闭之前的全局中断是关闭的,关闭之后全局中断还是关闭的 */
    level1 = rt_hw_interrupt_disable();

    do_something();

    /* 恢复全局中断到第二次关闭之前的状态,所以本次 enable 之后全局中断还是关闭的 */
    rt_hw_interrupt_enable(level1);
    /* 恢复全局中断到第一次关闭之前的状态,这时候的全局中断状态可能是打开的,也可能是关闭的 */
    rt_hw_interrupt_enable(level0);
}
```

这个特性可以给代码的开发带来很大的便利,例如,在某个函数里关闭了中断,然后调用某些子函数,再打开中断。这些子函数里面也可能存在开关中断的代码。由于全局中断的 API 支持嵌套使用,用户无须为这些代码做特殊处理。

9.3.4　中断通知

当整个系统被中断打断,进入中断处理函数时,需要通知内核当前已经进入中断状态。针对这种情况,可使用以下接口:

```
void rt_interrupt_enter(void);
void rt_interrupt_leave(void);
```

这两个接口分别用于中断前导程序和中断后续程序中,均会对 rt_interrupt_nest(中断嵌套深度)的值进行修改。

(1)每当进入中断时,可以调用 rt_interrupt_enter() 函数,用于通知内核,当前已经进入了中断状态,并增加中断嵌套深度(执行 rt_interrupt_nest++);

(2)每当退出中断时,可以调用 rt_interrupt_leave() 函数,用于通知内核,当前已经离开了中断状态,并减少中断嵌套深度(执行 rt_interrupt_nest--)。注意不要在应用程序中调用这两个接口函数。

使用 rt_interrupt_enter/leave() 的作用是,在中断服务程序中,如果调用了内核相关的函数(如释放信号量等操作),则可以通过判断当前中断状态,让内核及时调整相应的行为。例如:在中断中释放了一个信号量,唤醒了某线程,但通过判断发现当前系统处于中断上下文环境中,那么在进行线程切换时应该采取中断中线程切换的策略,而不是立即进行切换。

但如果中断服务程序不会调用内核相关的函数(释放信号量等操作),这个时候,也可以不调用 rt_interrupt_enter/leave() 函数。

在上层应用中，在内核需要知道当前已经进入中断状态或当前嵌套的中断深度时，可调用 rt_interrupt_get_nest() 接口，它会返回 rt_interrupt_nest，如下所示：

```
rt_uint8_t rt_interrupt_get_nest(void);
```

表 9-6 描述了此函数的返回值。

表 9-6 rt_interrupt_get_nest() 的返回值

返回	描述
0	当前系统不处于中断上下文环境中
1	当前系统处于中断上下文环境中
大于 1	当前中断嵌套层次

9.4 中断与轮询

当驱动外设工作时，其编程模式到底采用中断模式触发还是轮询模式触发往往是驱动开发人员首先要考虑的问题，并且这个问题在实时操作系统与分时操作系统中差异非常大。因为轮询模式本身采用顺序执行的方式：查询到相应的事件然后进行对应的处理。所以轮询模式从实现上来说相对简单清晰，例如往串口中写入数据，仅当串口控制器写完一个数据时，程序代码才写入下一个数据（否则将这个数据丢弃掉）。相应的代码可以是这样的：

```
/* 轮询模式向串口写入数据 */
    while (size)
    {
        /* 判断 UART 外设中数据是否发送完毕 */
        while (!(uart->uart_device->SR & USART_FLAG_TXE));
        /* 当所有数据发送完毕后，才发送下一个数据 */
        uart->uart_device->DR = (*ptr & 0x1FF);

        ++ptr; --size;
    }
```

在实时系统中，轮询模式可能会出现非常大的问题，因为在实时操作系统中，当一个程序持续地执行时（轮询时），它所在的线程会一直运行，比它优先级低的线程都不会得到运行。而在分时系统中，这一点恰恰相反，几乎没有优先级之分，可以在一个时间片运行这个程序，然后在另外一段时间片上运行另外一段程序。

所以通常情况下，实时系统中更多采用中断模式来驱动外设。当数据到达时，由中断唤醒相关的处理线程，再继续进行后续的动作。例如一些携带 FIFO（包含一定数据量的先进先出队列）的串口外设，其写入过程如图 9-11 所示。

线程先向串口的 FIFO 中写入数据，当 FIFO 满时，线程主动挂起。串口控制

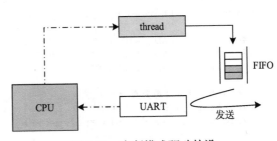

图 9-11 中断模式驱动外设

器持续地从 FIFO 中取出数据并以配置的波特率（例如 115200bps）发送出去。当 FIFO 中所有数据都发送完成时，将向处理器触发一个中断；当中断服务程序得到执行时，可以唤醒这个线程。这里列举的是 FIFO 类型的设备，在现实中也有 DMA 类型的设备，原理类似。

对于低速设备来说，运用这种模式非常好，因为在串口外设把 FIFO 中的数据发送出去前，处理器可以运行其他的线程，这样就提高了系统的整体运行效率（甚至对于分时系统来说，这样的设计也非常必要）。但是对于一些高速设备，例如传输速度达到 10Mbps 的时候，假设一次发送的数据量是 32 字节，我们可以计算出发送这样一段数据量需要的时间是：$(32 \times 8) \times 1/10Mbps \approx 25us$。

当数据需要持续传输时，系统将在 25us 后触发一个中断以唤醒上层线程继续下次传递。假设系统的线程切换时间是 8us（通常实时操作系统的线程上下文切换时间只有几 us），那么当整个系统运行时，对于数据带宽利用率将只有 $25/(25 + 8) = 75.8\%$。但是采用轮询模式，数据带宽的利用率则可能达到 100%。这也是大家普遍认为实时系统中数据吞吐量不足的缘故，系统开销消耗在了线程切换上（如本章前面所介绍的，有些实时系统甚至会采用底半处理，分级的中断处理方式，相当于又拉长了中断到发送线程的时间开销，效率会进一步下降）。

通过上述计算过程，我们可以看出其中的一些关键因素：发送数据量越小，发送速度越快，对于数据吞吐量的影响也将越大。归根结底，取决于系统中产生中断的频度如何。当一个实时系统想要提升数据吞吐量时，可以考虑以下几种方式：

（1）增加每次数据量发送的长度，每次让外设尽量多地发送数据；

（2）必要情况下更改中断模式为轮询模式。同时，为了解决轮询方式一直抢占处理机，其他低优先级线程得不到运行的情况，可以把轮询线程的优先级适当降低。

9.5　全局中断开关使用示例

下面是一个中断的应用例程：在多线程访问同一个变量时，使用开关全局中断对该变量进行保护，如代码清单 9-3 所示。

代码清单9-3　使用开关中断进行全局变量的访问

```
#include <rthw.h>
#include <rtthread.h>

#define THREAD_PRIORITY      20
#define THREAD_STACK_SIZE    512
#define THREAD_TIMESLICE     5

/* 同时访问的全局变量 */
static rt_uint32_t cnt;
void thread_entry(void *parameter)
{
```

```
    rt_uint32_t no;
    rt_uint32_t level;

    no = (rt_uint32_t) parameter;
    while (1)
    {
        /* 关闭全局中断 */
        level = rt_hw_interrupt_disable();
        cnt += no;
        /* 恢复全局中断 */
        rt_hw_interrupt_enable(level);

        rt_kprintf("protect thread[%d]'s counter is %d\n", no, cnt);
        rt_thread_mdelay(no * 10);
    }
}

/* 用户应用程序入口 */
int interrupt_sample(void)
{
    rt_thread_t thread;

    /* 创建 t1 线程 */
    thread = rt_thread_create("thread1", thread_entry, (void *)10,
                        THREAD_STACK_SIZE,
                        THREAD_PRIORITY, THREAD_TIMESLICE);
    if (thread != RT_NULL)
        rt_thread_startup(thread);

    /* 创建 t2 线程 */
    thread = rt_thread_create("thread2", thread_entry, (void *)20,
                        THREAD_STACK_SIZE,
                        THREAD_PRIORITY, THREAD_TIMESLICE);
    if (thread != RT_NULL)
        rt_thread_startup(thread);

    return 0;
}

/* 导出到 msh 命令列表中 */
MSH_CMD_EXPORT(interrupt_sample, interrupt sample);
```

仿真运行结果如下：

```
 \ | /
- RT -     Thread Operating System
 / | \     3.1.0 build Aug 27 2018
 2006 - 2018 Copyright by rt-thread team
msh >interrupt_sample
msh >protect thread[10]'s counter is 10
protect thread[20]'s counter is 30
protect thread[10]'s counter is 40
```

```
protect thread[20]'s counter is 60
protect thread[10]'s counter is 70
protect thread[10]'s counter is 80
protect thread[20]'s counter is 100
protect thread[10]'s counter is 110
protect thread[10]'s counter is 120
protect thread[20]'s counter is 140
...
```

注意： 由于关闭全局中断会导致整个系统不能响应中断，所以在使用关闭全局中断作为互斥访问临界区的手段时，必须需要保证关闭全局中断的时间非常短，例如运行数条机器指令的时间。

9.6　本章小结

我们重点介绍了 RT-Thread 的中断工作机制和管理方式，下面回顾一下本章中需要注意的几点：

（1）中断服务程序应该尽量精简短小，比较耗时的数据处理可以放到线程中处理。对于中断中是否使用底半处理，用户需要考虑中断服务的处理时间是否大于给底半部分发送通知并处理的时间。

（2）ARM Cortex-M 系列所有中断都采用中断向量表的方式进行处理。

（3）实时系统中建议使用中断模式驱动，如需使用轮询模式应设置较低的优先级。

第 10 章
内 核 移 植

经过前面章节的学习，大家已经对 RT-Thread 也有了充分的了解，但是如何将 RT-Thread 内核移植到不同的硬件平台上，可能很多人还不熟悉。内核移植就是指将 RT-Thread 内核在不同的芯片架构、不同的板卡上运行起来，能够具备线程管理和调度、内存管理、线程间同步和通信、定时器管理等功能。移植可分为 CPU 架构移植和 BSP（Board Support Package，板级支持包）移植两种。

本章将展开介绍 CPU 架构移植和 BSP 移植，CPU 架构移植部分会结合 Cortex-M CPU 架构进行介绍，因此有必要回顾下第 9 章介绍的 "Cortex-M CPU 架构基础" 相关内容，本章最后以实际移植到一个开发板的示例展示 RT-Thread 内核移植的完整过程，读完本章，我们将了解如何完成 RT-Thread 的内核移植。

10.1　CPU 架构移植

在嵌入式领域有多种不同的 CPU 架构，例如 Cortex-M、ARM920T、MIPS32、RISC-V 等。为了使 RT-Thread 能够在不同 CPU 架构的芯片上运行，RT-Thread 提供了一个 libcpu 抽象层来适配不同的 CPU 架构。libcpu 层向上对内核提供统一的接口，包括全局中断的开关、线程栈的初始化、上下文切换等。

RT-Thread 的 libcpu 抽象层向下提供了一套统一的 CPU 架构移植接口，这部分接口包含全局中断开关函数、线程上下文切换函数、时钟节拍的配置和中断函数、Cache 等内容。表 10-1 是 CPU 架构移植需要实现的接口和变量。

表 10-1　libcpu 移植相关 API

函数和变量	描述
rt_base_t rt_hw_interrupt_disable(void);	关闭全局中断
void rt_hw_interrupt_enable(rt_base_t level);	打开全局中断
rt_uint8_t *rt_hw_stack_init(void *tentry, void *parameter, rt_uint8_t *stack_addr, void *texit);	线程栈的初始化，内核在线程创建和线程初始化中会调用这个函数
void rt_hw_context_switch_to(rt_uint32 to);	没有来源线程的上下文切换，在调度器启动第一个线程的时候调用，在 signal 里面会调用

（续）

函数和变量	描述
void rt_hw_context_switch(rt_uint32 from, rt_uint32 to);	从 from 线程切换到 to 线程，用于线程和线程之间的切换
void rt_hw_context_switch_interrupt(rt_uint32 from, rt_uint32 to);	从 from 线程切换到 to 线程，用于中断里进行切换的时候使用
rt_uint32_t rt_thread_switch_interrupt_flag;	表示需要在中断里进行切换的标志
rt_uint32_t rt_interrupt_from_thread, rt_interrupt_to_thread;	在线程进行上下文切换时候，用来保存 from 和 to 线程

10.1.1　实现全局中断开关

无论内核代码还是用户的代码，都可能存在一些变量，需要在多个线程或者中断里面使用，如果没有相应的保护机制，那就可能导致临界区问题。为了解决这个问题，RT-Thread 中提供了一系列的线程间同步和通信机制。但是这些机制都需要用到 libcpu 中提供的全局中断开关函数，它们分别是：

```
/* 关闭全局中断 */
rt_base_t rt_hw_interrupt_disable(void);

/* 打开全局中断 */
void rt_hw_interrupt_enable(rt_base_t level);
```

下面介绍在 Cortex-M 架构上如何实现这两个函数，前文中曾提到过，Cortex-M 为了快速开关中断，实现了 CPS 指令，可以用在此处。

```
CPSID I ;PRIMASK=1, ; 关中断
CPSIE I ;PRIMASK=0, ; 开中断
```

1. 关闭全局中断

在 rt_hw_interrupt_disable() 函数中需要依序完成的功能是：

（1）保存当前的全局中断状态，并把状态作为函数的返回值。

（2）关闭全局中断。

基于 MDK，在 Cortex-M 内核上实现关闭全局中断，如代码清单 10-1 所示。

代码清单10-1　关闭全局中断

```
;/*
; * rt_base_t rt_hw_interrupt_disable(void);
; */
rt_hw_interrupt_disable    PROC        ;PROC 伪指令定义函数
    EXPORT  rt_hw_interrupt_disable     ;EXPORT 输出定义的函数，类似于 C 语言 extern
    MRS     r0, PRIMASK                 ; 读取 PRIMASK 寄存器的值到 r0 寄存器
    CPSID   I                           ; 关闭全局中断
    BX      LR                          ; 函数返回
    ENDP                                ;ENDP 函数结束
```

上面的代码首先使用 MRS 指令将 PRIMASK 寄存器的值保存到 r0 寄存器里，然后使用 "CPSID I" 指令关闭全局中断，最后使用 BX 指令返回。r0 中存储的数据就是函数的返回值。中断可以发生在 "MRS r0, PRIMASK" 指令和 "CPSID I" 之间，这并不会导致全局中断状态的错乱。

关于寄存器在函数调用时和在中断处理程序里是如何管理的，不同的 CPU 架构有不同的约定。在 ARM 官方手册《Procedure Call Standard for the ARM ® Architecture》里可以找到关于 Cortex-M 对寄存器使用的约定的更详细介绍。

2. 打开全局中断

在 rt_hw_interrupt_enable(rt_base_t level) 中，将变量 level 作为需要恢复的状态，覆盖芯片的全局中断状态。

基于 MDK，在 Cortex-M 内核上的实现打开全局中断，如代码清单 10-2 所示。

代码清单10-2　打开全局中断

```
;/*
; * void rt_hw_interrupt_enable(rt_base_t level);
; */
rt_hw_interrupt_enable    PROC        ; PROC 伪指令定义函数
    EXPORT  rt_hw_interrupt_enable    ; EXPORT 输出定义的函数，类似于 C 语言 extern
    MSR     PRIMASK, r0               ; 将 r0 寄存器的值写入到 PRIMASK 寄存器
    BX      LR                        ; 函数返回
    ENDP                              ; ENDP 函数结束
```

上面的代码首先使用 MSR 指令将 r0 的值寄存器写入 PRIMASK 寄存器，从而恢复之前的中断状态。

10.1.2　实现线程栈初始化

在动态创建线程和初始化线程的时候，会用到内部的线程初始化函数 _rt_thread_init()，该函数会调用栈初始化函数 rt_hw_stack_init()，在栈初始化函数中会手动构造一个上下文内容，这个上下文内容将作为每个线程第一次执行的初始值。上下文在栈里的排布如图 10-1 所示。

代码清单 10-3 是栈初始化的代码。

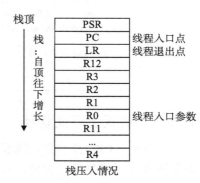

图 10-1　栈里的上下文信息

代码清单10-3　在栈里构建上下文

```
rt_uint8_t *rt_hw_stack_init(void       *tentry,
                             void        *parameter,
                             rt_uint8_t *stack_addr,
                             void        *texit)
{
    struct stack_frame *stack_frame;
    rt_uint8_t         *stk;
```

```
unsigned long    i;

    /* 对传入的栈指针做对齐处理 */
stk  = stack_addr + sizeof(rt_uint32_t);
stk  = (rt_uint8_t *)RT_ALIGN_DOWN((rt_uint32_t)stk, 8);
stk -= sizeof(struct stack_frame);

    /* 得到上下文的栈帧的指针 */
stack_frame = (struct stack_frame *)stk;

/* 把所有寄存器的默认值设置为 0xdeadbeef */
for (i = 0; i < sizeof(struct stack_frame) / sizeof(rt_uint32_t); i ++)
{
    ((rt_uint32_t *)stack_frame)[i] = 0xdeadbeef;
}

/* 根据 ARM  APCS 调用标准, 将第一个参数保存在 r0 寄存器 */
stack_frame->exception_stack_frame.r0 = (unsigned long)parameter;
/* 将剩下的参数寄存器都设置为 0 */
stack_frame->exception_stack_frame.r1  = 0;                  /* r1 寄存器 */
stack_frame->exception_stack_frame.r2  = 0;                  /* r2 寄存器 */
stack_frame->exception_stack_frame.r3  = 0;                  /* r3 寄存器 */
/* 将 IP(Intra-Procedure-call scratch register.) 设置为 0 */
stack_frame->exception_stack_frame.r12 = 0;                  /* r12 寄存器 */
/* 将线程退出函数的地址保存在 lr 寄存器 */
stack_frame->exception_stack_frame.lr  = (unsigned long)texit;
/* 将线程入口函数的地址保存在 pc 寄存器 */
stack_frame->exception_stack_frame.pc  = (unsigned long)tentry;
/* 设置 psr 的值为 0x01000000L, 表示默认切换之后是 Thumb 模式 */
stack_frame->exception_stack_frame.psr = 0x01000000L;

/* 返回当前线程的栈地址            */
return stk;
}
```

10.1.3　实现上下文切换

在不同的 CPU 架构里, 线程之间的上下文切换和中断到线程的上下文切换, 上下文的寄存器部分可能是有差异的, 也可能是一样的。在 Cortex-M 中上下文切换都是统一使用 PendSV 异常来完成, 切换部分并没有差异。但是为了能适应不同的 CPU 架构, RT-Thread 的 libcpu 抽象层还是需要实现三个线程切换相关的函数。

（1）rt_hw_context_switch_to()：没有来源线程, 切换到目标线程, 在调度器启动第一个线程的时候被调用。

（2）rt_hw_context_switch()：在线程环境下, 从当前线程切换到目标线程。

（3）rt_hw_context_switch_interrupt ()：在中断环境下, 从当前线程切换到目标线程。

在线程环境下进行切换和在中断环境下进行切换是存在差异的。在线程环境下, 如果调用 rt_hw_context_switch() 函数, 那么可以马上进行上下文切换；而在中断环境下, 需要等待中断处理函数完成之后才能进行切换。

由于这种差异，在 ARM9 等平台，rt_hw_context_switch() 和 rt_hw_context_switch_interrupt() 的实现并不一样。在中断处理程序里如果触发了线程的调度，调度函数中会调用 rt_hw_context_switch_interrupt() 触发上下文切换。中断处理程序里处理完中断事务之后，中断退出之前，检查 rt_thread_switch_interrupt_flag 变量，如果该变量的值为 1，就根据 rt_interrupt_from_thread 变量和 rt_interrupt_to_thread 变量，完成线程的上下文切换。

在 Cortex-M 处理器架构里，基于自动部分压栈和 PendSV 的特性，上下文切换可以实现得更加简洁。

线程之间的上下文切换如图 10-2 所示。

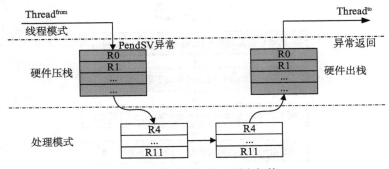

图 10-2　线程之间的上下文切换

硬件在进入 PendSV 中断之前自动保存了 from 线程的 PSR、PC、LR、R12、R3 ～ R0 寄存器，然后 PendSV 里保存 from 线程的 R11~R4 寄存器，以及恢复 to 线程的 R4~R11 寄存器，最后硬件在退出 PendSV 中断之后，自动恢复 to 线程的 R0~R3、R12、LR、PC、PSR 寄存器。

中断到线程的上下文切换可以用图 10-3 表示。

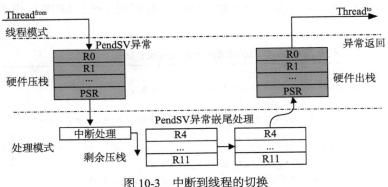

图 10-3　中断到线程的切换

硬件在进入中断之前自动保存了 from 线程的 PSR、PC、LR、R12、R3 ～ R0 寄存器，然后触发了 PendSV 异常。在 PendSV 异常处理函数中保存 from 线程的 R11~R4 寄存器，以及恢复 to 线程的 R4~R11 寄存器，最后硬件在退出 PendSV 中断之后，自动恢复 to 线程的 R0 ~ R3、R12、PSR、PC、LR 寄存器。

显然，在 Cortex-M 内核中 rt_hw_context_switch() 和 rt_hw_context_switch_interrupt() 功能一致，即都是在 PendSV 中完成剩余上下文的保存和回复。所以我们仅仅需要实现一段代码，简化移植的工作。

1. 实现 rt_hw_context_switch_to()

rt_hw_context_switch_to() 只有目标线程，没有来源线程。这个函数实现切换到指定线程的功能，其流程图如图 10-4 所示。

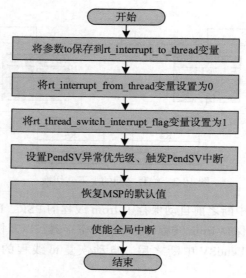

图 10-4　rt_hw_context_switch_to() 流程图

在 Cortex-M3 内核上的 rt_hw_context_switch_to() 实现（基于 MDK），如代码清单 10-4 所示。

代码清单10-4　MDK版rt_hw_context_switch_to()实现

```
;/*
; * void rt_hw_context_switch_to(rt_uint32 to);
; * r0 --> to
; * this function is used to perform the first thread switch
; */
rt_hw_context_switch_to    PROC
    EXPORT rt_hw_context_switch_to
    ; r0 的值是一个指针，该指针指向 to 线程的线程控制块的 SP 成员
    ; 将 r0 寄存器的值保存到 rt_interrupt_to_thread 变量中
    LDR    r1, =rt_interrupt_to_thread
```

```
STR     r0, [r1]

; 设置 from 线程为空, 表示不需要保存 from 的上下文
LDR     r1, =rt_interrupt_from_thread
MOV     r0, #0x0
STR     r0, [r1]

; 设置标志为 1, 表示需要切换, 这个变量将在 PendSV 异常处理函数里切换的时被清零
LDR     r1, =rt_thread_switch_interrupt_flag
MOV     r0, #1
STR     r0, [r1]

; 设置 PendSV 异常优先级为最低优先级
LDR     r0, =NVIC_SYSPRI2
LDR     r1, =NVIC_PENDSV_PRI
LDR.W   r2, [r0,#0x00]          ; read
ORR     r1,r1,r2                ; modify
STR     r1, [r0]                ; write-back

; 触发 PendSV 异常 ( 将执行 PendSV 异常处理程序 )
LDR     r0, =NVIC_INT_CTRL
LDR     r1, =NVIC_PENDSVSET
STR     r1, [r0]

; 放弃芯片启动到第一次上下文切换之前的栈内容, 将 MSP 设置为启动时的值
LDR     r0, =SCB_VTOR
LDR     r0, [r0]
LDR     r0, [r0]
MSR     msp, r0

; 使能全局中断和全局异常, 使能之后将进入 PendSV 异常处理函数
CPSIE   F
CPSIE   I

; 不会执行到这里
ENDP
```

2. 实现 rt_hw_context_switch() 和 rt_hw_context_switch_interrupt()

函数 rt_hw_context_switch () 和函数 rt_hw_context_switch_interrupt() 都有两个参数, 即 from 和 to。它们实现从 from 线程切换到 to 线程的功能。图 10-5 是具体的流程图。

在 Cortex-M3 内核上的 rt_hw_context_switch() 和 rt_hw_context_switch_interrupt() 实现 (基于 MDK) 如代码清单 10-5 所示。

3. 实现 PendSV 中断

在 Cortex-M3 中, PendSV 中断处理函数是 PendSV_Handler()。在 PendSV_Handler() 中完成线程切换的实际工作, 图 10-6 是具体的流程图, 其实现如代码清单 10-6 所示。

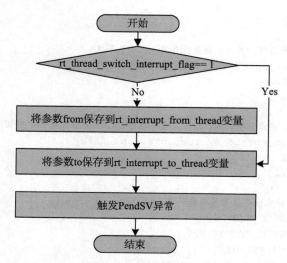

图 10-5 rt_hw_context_switch()/ rt_hw_context_switch_interrupt() 流程图

代码清单10-5 rt_hw_context_switch()和rt_hw_context_switch_interrupt()实现

```
;/*
; * void rt_hw_context_switch(rt_uint32 from, rt_uint32 to);
; * r0 --> from
; * r1 --> to
; */
rt_hw_context_switch_interrupt
    EXPORT rt_hw_context_switch_interrupt
rt_hw_context_switch    PROC
    EXPORT rt_hw_context_switch

    ; 检查 rt_thread_switch_interrupt_flag 变量是否为 1
    ; 如果变量为 1 就跳过更新 from 线程的内容
    LDR     r2, =rt_thread_switch_interrupt_flag
    LDR     r3, [r2]
    CMP     r3, #1
    BEQ     _reswitch
    ; 设置 rt_thread_switch_interrupt_flag 变量为 1
    MOV     r3, #1
    STR     r3, [r2]

    ; 从参数 r0 里更新 rt_interrupt_from_thread 变量
    LDR     r2, =rt_interrupt_from_thread
    STR     r0, [r2]

_reswitch
    ; 从参数 r1 里更新 rt_interrupt_to_thread 变量
    LDR     r2, =rt_interrupt_to_thread
    STR     r1, [r2]

    ; 触发 PendSV 异常，将进入 PendSV 异常处理函数完成上下文切换
    LDR     r0, =NVIC_INT_CTRL
```

```
LDR     r1, =NVIC_PENDSVSET
STR     r1, [r0]
BX      LR
```

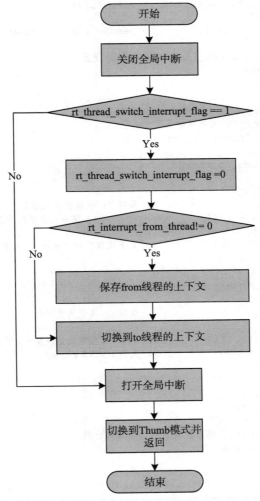

图 10-6 PendSV 中断处理流程图

代码清单10-6 PendSV_Handler()实现

```
; r0 --> switch from thread stack
; r1 --> switch to thread stack
; psr, pc, lr, r12, r3, r2, r1, r0 are pushed into [from] stack
PendSV_Handler    PROC
    EXPORT PendSV_Handler

    ; 关闭全局中断
    MRS     r2, PRIMASK
```

```
        CPSID   I

        ; 检查 rt_thread_switch_interrupt_flag 变量是否为 0
        ; 如果为零就跳转到 pendsv_exit
        LDR     r0, =rt_thread_switch_interrupt_flag
        LDR     r1, [r0]
        CBZ     r1, pendsv_exit       ; pendsv already handled

        ; 清零 rt_thread_switch_interrupt_flag 变量
        MOV     r1, #0x00
        STR     r1, [r0]

        ; 检查 rt_thread_switch_interrupt_flag 变量
        ; 如果为 0，就不进行 from 线程的上下文保存
        LDR     r0, =rt_interrupt_from_thread
        LDR     r1, [r0]
        CBZ     r1, switch_to_thread

        ; 保存 from 线程的上下文
        MRS     r1, psp               ; 获取 from 线程的栈指针
        STMFD   r1!, {r4 - r11}       ; 将 r4~r11 保存到线程的栈里
        LDR     r0, [r0]
        STR     r1, [r0]              ; 更新线程的控制块的 SP 指针

switch_to_thread
        LDR     r1, =rt_interrupt_to_thread
        LDR     r1, [r1]
        LDR     r1, [r1]              ; 获取 to 线程的栈指针

        LDMFD   r1!, {r4 - r11}       ; 从 to 线程的栈里恢复 to 线程的寄存器值
        MSR     psp, r1               ; 更新 r1 的值到 psp

pendsv_exit
        ; 恢复全局中断状态
        MSR     PRIMASK, r2

        ; 修改 lr 寄存器的 bit2，确保进程使用 PSP 堆栈指针
        ORR     lr, lr, #0x04
        ; 退出中断函数
        BX      lr
        ENDP
```

10.1.4 实现时钟节拍

有了开关全局中断和上下文切换功能为基础，RTOS 就可以实现线程的创建、运行、调度等功能了。有了时钟节拍支持，RT-Thread 可以实现对相同优先级的线程采用时间片轮转的方式来调度，同时实现定时器功能、rt_thread_delay() 延时函数等。

libcpu 的移植需要完成的工作，就是确保 rt_tick_increase() 函数会在时钟节拍的中断里被周期性地调用，调用周期取决于 rtconfig.h 的宏 RT_TICK_PER_SECOND 的值。

在 Cortex M 中，实现 SysTick 的中断处理函数即可实现时钟节拍功能。

```
void SysTick_Handler(void)
{
    /* enter interrupt */
    rt_interrupt_enter();

    rt_tick_increase();

    /* leave interrupt */
    rt_interrupt_leave();
}
```

10.2　BSP 移植

在实际项目中，不同的板卡上可能使用相同的 CPU 架构，搭载不同的外设资源，完成不同的产品，所以我们也需要针对板卡做适配工作。RT-Thread 提供了 BSP 抽象层来适配常见的板卡。如果希望在一个板卡上使用 RT-Thread 内核，除了需要有相应的芯片架构的移植之外，还需要有针对板卡的移植，也就是实现一个基本的 BSP。其主要任务是建立让操作系统运行的基本环境，需要完成的主要工作是：

（1）初始化 CPU 内部寄存器，设定 RAM 工作时序。

（2）实现时钟驱动及中断控制器驱动，完善中断管理。

（3）实现串口和 GPIO 驱动。

（4）初始化动态内存堆，实现动态内存堆管理。

10.3　内核移植示例

本节以 RT-Thread IoT Board（STM32L475、Cortex-M4 内核）为例，从零开始介绍如何完成 RT-Thread 内核移植，目标是 RT-Thread 内核能够在 IoT Board 上正常运行，IoT Board 开发板如图 10-7 所示。

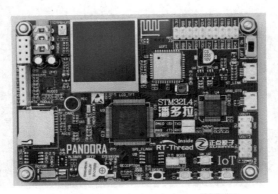

图 10-7　RT-Thread IoT Board 开发板

10.3.1 准备裸机工程

我们从准备一个基本裸机 MDK 工程开始，可以从配套资料的 chapter10\0-bare-metal 目录中找到 project.uvprojx 工程文件，打开该工程文件，如图 10-8 所示。

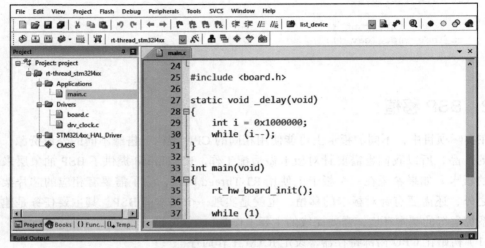

图 10-8　裸机工程

工程源码分成了 Application、Drivers、STM32L4xx_HAL_Driver 三个组。

❑ Application 目录中是应用代码。

❑ Drivers 目录中是驱动代码，包括各种硬件相关的代码。

❑ STM32L4xx_HAL_Driver 目录中是 STM32L4xx 的固件库代码。

工程中实现了 LED 闪烁和 UART 输出功能。

使用 USB 线连接 IoT Board 和电脑，在 MDK 工程中单击 "Flash → Download" 就可以下载程序到开发板上，下载成功之后，运行程序就可以看到 LED 在闪烁，如图 10-9 所示。

图 10-9　LED 在闪烁

使用 PuTTY 串口工具连接到板载串口上，波特率设置为 115200/N-8-1，可以看到连续输出 "01" 序列，如图 10-10 所示。

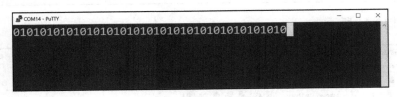

图 10-10 裸机工程输出

10.3.2 建立 RT-Thread 工程

接下来在前面的 0-bare-metal 工程基础上建立 RT-Thread 工程，添加 RT-Thread 的内核源码、Cortex-M4 的 CPU 架构移植代码和 RT-Thread 的配置头文件，并添加相应的头文件搜索路径。

将配套资料的 ① rt-thread-3.1.0 下的 src 文件夹、② rt-thread-3.1.0 下的 libcpu\arm\cortex-m4 文件夹、③ rt-thread-3.1.0 下的 include 文件夹、④ chapter10 文件夹中的 rtconfig. h 文件，复制到 chapter10\0-bare-metel 目录下。

src 文件夹中是 RT-Thread 的内核源码，我们添加文件夹中的以下文件到工程中的 Kernel 组（在工程中自行新建 Kernel 组）：

（1）.\rt-thread\src\clock.c

（2）.\rt-thread\src\components.c

（3）.\rt-thread\src\idle.c

（4）.\rt-thread\src\ipc.c

（5）.\rt-thread\src\irq.c

（6）.\rt-thread\src\kservice.c

（7）.\rt-thread\src\mem.c

（8）.\rt-thread\src\object.c

（9）.\rt-thread\src\scheduler.c

（10）.\rt-thread\src\signal.c

（11）.\rt-thread\src\thread.c

（12）.\rt-thread\src\timer.c

libcpu 文件是芯片相关的文件，Cortex-M4 的移植代码包括以下文件，这些文件在目录 libcpu\arm\cortex-m4 下可以找到，我们将它们添加到 MDK 工程中的 CORTEX-M4 组（在工程中自行新建 CORTEX-M4 组）：

（1）.\rt-thread\libcpu\arm\cortex-m4\cpuport.c

（2）.\rt-thread\libcpu\arm\cortex-m4\context_rvds.S

注意： 双击 keil 中新建的工程组，就可以往该组中添加文件。默认情况下是添加 .c 文件类型的文件，此时将文件类型改为 All files（*.*）即可显示所有文件。

结果如图 10-11 所示。

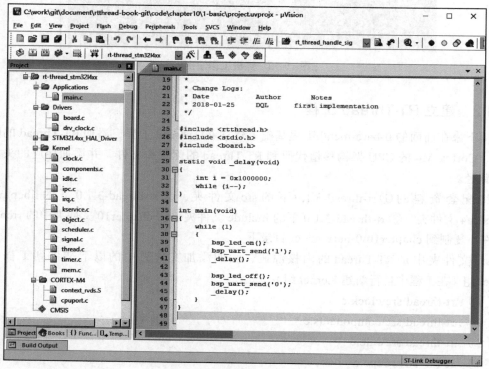

图 10-11　基本工程

除了相应源码之外，我们还需要添加相关的头文件搜索路径到工程选项里。依次点击 "Project → Options for Target‘rt-thread_stm32l4xx’→ C/C++ → Include Paths"命令，添加下面的所有路径，如图 10-12 所示。

（1）.\rt-thread\include

（2）.\rt-thread\libcpu\arm\cortex-m4

（3）.\rt-thread\libcpu\arm\common

由于 rt_hw_board_init() 函数已经在 RT-Thread 内核 components.c 中被调用，所以需要删除 main() 函数中调用的 rt_hw_board_init() 函数。

完成上面的修改之后，我们编译并下载修改后的工程，就可以将 RT-Thread 在 IoT Board 上运行。完整的工程可以参考配套资料的 chapter10\1-basic 目录下的工程。

需要注意，此时 main() 函数中使用的延时函数 _delay() 还是以 while 循环死等的方式实现的，这是因为系统还未实现时钟管理功能，不能使用 rt_thread_delay() 来延时。

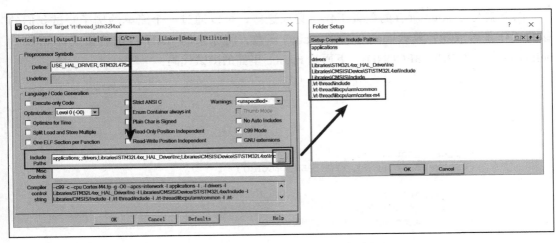

图 10-12　基本工程中设置头文件路径

10.3.3　实现时钟管理

在 ARM Cortex-M 内核里提供了一个系统滴答定时器 Systick，Systick 的时钟源来源于系统时钟，所以也被称为周期性溢出的时基定时器。在 Systick 计数溢出之后，会进入 Systick 中断处理函数，RTOS 一般用 Systick 来做时钟节拍。

SysTick 移植的具体工作是：

（1）配置 Systick 的中断频率；

（2）在 Systick 中断处理函数 SysTick_Handler() 中定时地调用 rt_tick_increase()。

在 board.c 中增加如代码清单 10-7 所示的函数，完成时钟节拍的配置。

代码清单10-7　board.c中时钟节拍移植的修改

```
void SysTick_Handler(void)
{
    rt_interrupt_enter();
    rt_tick_increase();
    rt_interrupt_leave();
}

void rt_hw_board_init(void)
{
    /* ......保留之前已有的部分...... */

    /* Configure the Systick interrupt time */
    HAL_SYSTICK_Config(HAL_RCC_GetHCLKFreq() / RT_TICK_PER_SECOND);
    /* Configure the Systick */
    HAL_SYSTICK_CLKSourceConfig(SYSTICK_CLKSOURCE_HCLK);
    /* SysTick_IRQn interrupt configuration */
    HAL_NVIC_SetPriority(SysTick_IRQn, 0, 0);
}
```

以上就是 Systick 所有的配置工作，完成这些，可以通过一个简单的例子测试我们的移植工作是否成功：修改 main.c 中的 main() 函数，将原来的 _delay() 函数换成 rt_thread_delay(RT_TICK_PER_SECOND)，下面是 main.c 里面的测试代码：

```c
int main(void)
{
    while (1)
    {
        bsp_led_on();
        bsp_uart_send('1');
        rt_thread_delay(RT_TICK_PER_SECOND);

        bsp_led_off();
        bsp_uart_send('0');
        rt_thread_delay(RT_TICK_PER_SECOND);
    }
}
```

完整的工程可以参考配套资料的 chapter10/2-os-tick-porting 目录下的工程。下载程序到 IoT Board 中运行，可以看到 LED 灯不停地闪烁，同时通过串口也可以接收到 10 数据。如图 10-13 所示。

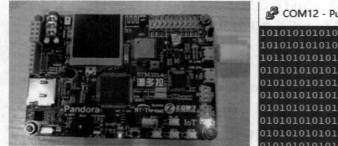

图 10-13　硬件 LED 与 console 工程输出

10.3.4　实现控制台输出

RT-Thread 里提供了 rt_kprintf() 函数，可以用来输出调试信息。rt_kprintf() 函数底层可以基于设备框架的字符设备，也可以通过 rt_hw_console_output() 函数来输出。一般在没有字符设备的时候，可以使用 rt_hw_console_output() 来支持调试信息输出，此部分移植在 board.c 中修改，添加代码清单 10-8 中所示的函数。

代码清单10-8　board.c中console移植的修改

```c
void rt_hw_console_output(const char *str)
{
    RT_ASSERT(str != RT_NULL);

    while (*str != '\0')
```

```
    {
        if (*str == '\n')
        {
            bsp_uart_send('\r');
        }
        bsp_uart_send(*str++);
    }
}
```

以上就是 console 的初始化代码，接下来可以通过一个简单的例子测试我们的移植工作：修改 main.c 中的 main() 函数，将 bsp_led_xx() 函数换成 rt_kprintf() 来实现。修改后的 main.c 中的测试代码如代码清单 10-9 所示。

代码清单10-9　　console测试代码

```
int main(void)
{
    while (1)
    {
        rt_kprintf("led on\n");
        rt_thread_delay(RT_TICK_PER_SECOND);

        rt_kprintf("led off\n");
        rt_thread_delay(RT_TICK_PER_SECOND);
    }
}
```

完整的工程可以参考配套资料的 chapter10/ 3console-porting 目录下的工程。下载程序到 IoT Board 里，运行后可以在 PuTTY 里看到输出信息，如图 10-14 所示。

图 10-14　console 工程输出

10.3.5　实现动态堆内存管理

要开启动态内存管理，需要在 rtconfig.h 配置文件中开启如下宏定义：

```
#define RT_USING_HEAP
#define RT_USING_SMALL_MEM
```

动态内存管理功能的初始化是通过 rt_system_heap_init() 函数完成的：

```
void rt_system_heap_init(void *begin_addr, void *end_addr);
```

将 rt_system_heap_init() 添加到 board.c 的 rt_hw_board_init() 函数中,并定义一个大的静态数组,作为动态内存来管理,如代码清单 10-10 所示。

代码清单10-10   console测试代码

```
void rt_hw_board_init(void)
{
    static uint8_t heap_buf[10 * 1024];
    ......
    /* 初始化动态内存管理 */
    rt_system_heap_init(heap_buf, heap_buf + sizeof(heap_buf) - 1);
}
```

以上就是动态内存的初始化代码,我们可以在 main.c 中进行修改,增加动态线程的创建,来验证我们的移植工作,如代码清单 10-11 所示。

代码清单10-11   console测试代码

```
#define THREAD_PRIORITY         25
#define THREAD_STACK_SIZE       512
#define THREAD_TIMESLICE        5

void led_thread_entry(void *parameter)
{
    while (1)
    {
        rt_kprintf("enter test thread\n");
        rt_thread_delay(RT_TICK_PER_SECOND);
    }
}

int main(void)
{
    rt_thread_t tid;

    tid = rt_thread_create("led",
                           led_thread_entry, RT_NULL,
                           THREAD_STACK_SIZE, THREAD_PRIORITY,
                           THREAD_TIMESLICE);
    if (tid != RT_NULL)
    {
        rt_thread_startup(tid);
        return 0;
    }
    else
    {
        return -1;
    }
}
```

完整的工程可以参考 code/chapter10/ 4-heap-init 目录下的工程。下载程序到 IoT Board

里，可以在 PuTTY 工具界面中看到 IoT Board 的输出日志信息，如图 10-15 所示。至此，RT-Thread 已顺利运行，移植 RT-Thread 成功！

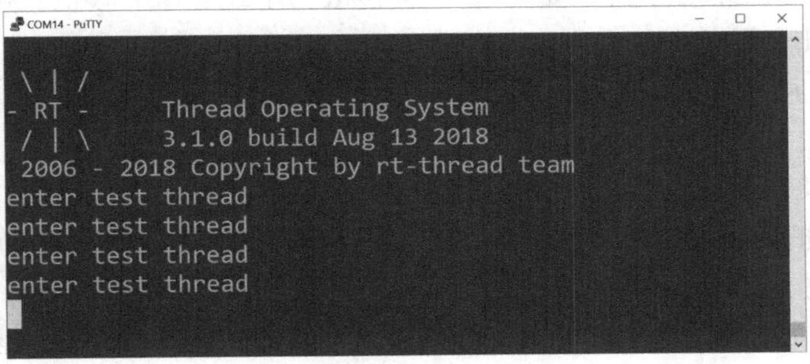

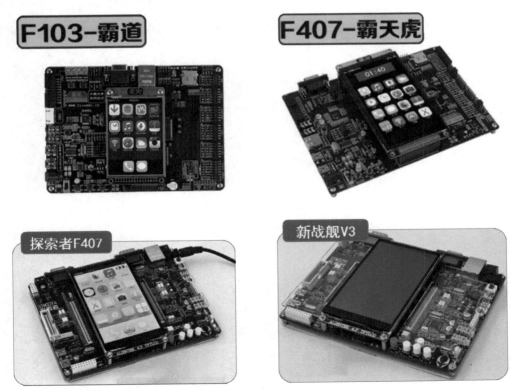

图 10-15　内存堆工程输出

10.3.6　移植到更多开发板

按照类似的方式，可以很方便地将 RT-Thread 内核移植到其他开发板，如野火和正点原子的开发板，请大家自行完成 RT-Thread 内核移植，开发板图片如图 10-16 所示。

图 10-16　野火和正点原子开发板

10.4 本章小结

本章讲述了什么是移植、什么是 CPU 架构移植、什么是 BSP 移植。在这里回顾本章节内容并总结以下几个要点：

（1）开关全局中断的使用，需要确保 rt_hw_interrupt_disable() 和 rt_hw_interrupt_enable() 成对使用。

（2）CPU 架构的移植包括全局中断相关、上下文相关的 API 以及时钟节拍的实现。

（3）时钟节拍的移植需要确保其中断处理函数每秒执行的次数为 RT_TICK_PER_SECOND（该宏在 rtconfig.h 里定义）。

（4）Console 对上层提供的 rt_kprintf() 函数，可以基于设备来实现，也可以基于 rt_hw_console_output() 来实现。

第二篇

组 件 篇

第 11 章　Env 辅助开发环境

第 12 章　FinSH 控制台

第 13 章　I/O 设备管理

第 14 章　通用外设接口

第 15 章　虚拟文件系统

第 16 章　网络框架

第 11 章
Env 辅助开发环境

第 10 章采用从零开始创建工程的方式让读者体验了 RT-Thread 内核移植的过程并加深了对 RT-Thread 的理解。实际上，在项目开发过程中，我们很少需要从头开始将 RT-Thread 内核移植到一款开发板上，因为 RT-Thread 已经完成了对主流芯片和开发板的支持。在 RT-Thread 3.1.0 中已经支持了几十款 BSP，也就是针对开发板的驱动包。我们需要做的是从中找到适用于自己开发板的 BSP，学习使用 Env 辅助开发环境搭建项目工程框架，配置内核和组件功能，下载项目所需的软件包，自动生成 MDK 项目工程，并在此基础上进行应用开发。

本章首先介绍 Env 辅助开发环境的功能和使用方式，然后以示例来介绍 RT-Thread 应用项目开发流程。

11.1 Env 简介

RT-Thread 支持几十款 BSP、多种编译器和集成开发环境（IDE），并且支持众多基础组件以及数量持续增长的软件包。然而对于工程项目开发来说，只需要支持一款或者有限几款 MCU，使用一种熟悉的 IDE，以及有限的外设和组件。Env 就是为 RT-Thread 工程项目开发场景提供的辅助开发环境，帮助开发者基于全功能版本的 RT-Thread 源码搭建适合自己项目的工程，并在此基础上进行应用开发。Env 环境由 SCons 编译构建工具、menuconfig 图形化系统配置工具，以及 pkgs 软件包管理工具、QEMU 模拟器等组成，后面的章节会介绍这几种工具的主要功能和使用方式。

Env 是绿色软件，本书中 Env 版本为 1.0.0，其界面如图 11-1 所示。

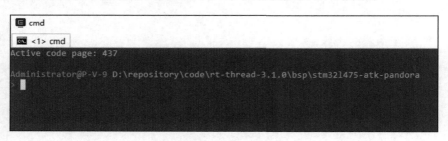

图 11-1   Env 工作界面

11.2　Env 的功能特点

1. 编译构建

在 Env 中，使用 RT-Thread 的编译构建工具 SCons 对源码进行编译构建，它的主要功能是：

❑ 创建 RT-Thread 项目工程框架，从 RT-Thread 源码中提取一份适合于特定板子的项目源码。

❑ 根据 rtconfig.h 配置文件，自动生成适配主流集成开发环境的 RT-Thread 工程，如 MDK、IAR 工程等。

❑ 提供了命令行编译方式，支持使用不同编译器（如 GCC、Armcc 等）进行 RT-Thread 工程编译。

使用 Env 工具进入 BSP 根目录后，就可以使用 SCons 提供的一些命令管理 BSP 了。

2. 搭建项目工程框架

可以使用 scons --dist 命令生成 RT-Thread 基础项目工程框架。首先从 RT-Thread 源码中选择一份对应的 BSP，然后在 BSP 根目录中使用 scons --dist 命令在 BSP 目录下生成 dist 目录，这便是构建的新项目工程框架。其中包含 RT-Thread 源码及 BSP 相关工程，不相关的 BSP 文件夹及 libcpu 都会被移除，并且可以随意复制此工程到任何目录下使用。

3. 生成新工程

如果使用 MDK/IAR 等集成开发环境（IDE）来进行项目开发，配置工程后可以使用以下命令中的一种重新生成新工程，这样配置选项相关的源代码就会自动加入到新工程，然后可以使用 IDE 打开工程再进行编译下载。

生成 Keil MDK5 工程使用如下命令：

```
scons --target=mdk5
```

生成 Keil MDK4 工程使用如下命令：

```
scons --target=mdk4
```

生成 IAR 工程使用如下命令：

```
scons --target=iar
```

4. 编译工程

在 BSP 目录下使用 scons 命令即可通过默认的 ARM_GCC 工具链编译 BSP，ARM 平台芯片的 BSP 基本都支持此命令。

5. 图形化系统配置

menuconfig 是一种基于 Kconfig 的图形化配置工具，RT-Thread 使用它对整个系统进行配置、裁剪，最终生成工程需要的 rtconfig.h 配置文件。menuconfig 主要功能如下：

❑ 能够通过图形化方式对 RT-Thread 内核、组件和软件包进行配置和裁剪，自动生成

rtconfig.h 配置文件。

❑ 能够自动处理配置项之间的依赖关系。

使用 Env 工具进入 BSP 根目录，输入 menuconfig 命令后即可打开配置界面，配置菜单主要分为以下 3 大类：

```
RT-Thread Kernel    --->              【内核配置】
RT-Thread Components    --->          【组件配置】
RT-Thread online packages    --->     【在线软件包】
```

menuconfig 常用快捷键如图 11-2 所示。

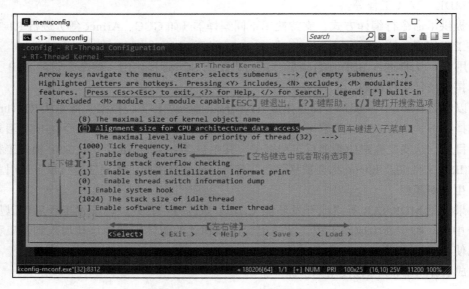

图 11-2　menuconfig 快捷键介绍

menuconfig 有多种类型的配置项，修改方法也有所不同，常见类型如下：

❑ 开 / 关型：使用空格键来选中或者取消选项，括号里有符号 "*" 则表示选中。

❑ 数值、字符串型：按下回车键后会出现对话框，在对话框中对配置项进行修改。

选择好配置项之后按 ESC 键退出，选择 "保存修改" 即可自动生成 rtconfig.h 配置文件。

6. 软件包管理

RT-Thread 提供一个软件包管理平台，其中存放了官方提供或开发者提供的软件包。该平台为开发者提供了众多可重用软件包的选择，这也是 RT-Thread 生态的重要组成部分。

RT-Thread 官方提供的软件包托管在 GitHub 上，绝大多数软件包都有详细的说明文档及使用示例。当前软件包数量达到 60+，关于软件包的详细介绍请参考 RT-Thread 软件包介绍文档。

pkgs 软件包管理工具作为 Env 的组成部分，为开发者提供了软件包的下载、更新和删除功能。

（1）升级本地软件包信息。随着 package 系统的不断壮大，会有越来越多的软件包加入进来，所以本地看到 menuconfig 中的软件包列表可能会与服务器不同步。使用 pkgs --upgrade 命令即可解决该问题，这个命令不仅会对本地的包信息进行同步更新，还会对 Env 的功能脚本进行升级。

（2）下载、更新、删除软件包。在 menuconfig 的软件包配置菜单中选择自己需要使用的软件包，退出保存配置后可使用 pkgs --update 命令下载、更新或者删除软件包，详细解释如下：

- ❑ **下载**：如果软件包已被选中，但是未下载，此时输入 pkgs--update 命令，自动下载该软件包。
- ❑ **更新**：如果选中的软件包在服务器端有更新，并且选择的版本号是 latest。此时输入 pkgs--update 命令，该软件包将会在本地进行更新。
- ❑ **删除**：如果无须使用某个软件包，需要先在 menuconfig 中取消其选中状态，然后再执行 pkgs --update 命令。此时本地已下载但未被选中的软件包将会被删除。

注意：使用 pkgs --update 命令时，会用到 git clone 功能，因此需要先安装 git 工具，否则会提示下载或者更新软件包失败。

---

7. QEMU 模拟器辅助开发

在没有硬件环境的条件下，可以使用 QEMU 模拟器来虚拟硬件环境。QEMU 是一个支持跨平台虚拟化的虚拟机，它可以虚拟很多硬件环境。RT-Thread 提供了 QEMU 模拟的 ARM vexpress A9 板级支持包（BSP）。用户可基于此 BSP 运行 RT-Thread。虚拟的硬件环境可以辅助应用开发调试，降低开发成本，并提高开发效率。可以参考官方文档了解如何使用 QEMU 模拟器。

11.3 Env 工程构建示例

上面对 Env 工具的主要功能做了介绍，本节将以实际示例演示基于 stm32l475-atk-pandora BSP 构建一个带 FinSH 功能的 MDK 项目工程（即配套资料的 chapter12 目录中的代码），构建出的工程经过编译后能够在 IoT Board 上运行。

项目构建所需的工具和源码都在配套代码包的根目录下。

1. 将 Env 注册到右键菜单

进入 Env 目录，双击 env.exe 或者 env.bat 后即可打开 Env 工具，出现 Env 控制台界面。按照图 11-3 及图 11-4 的方法将 Env 注册到右键菜单。

注册完成后可以在某个 BSP 路径下（如 code\rt-thread-3.1.0\bsp\stm32l475-atk-pandora 目录下）点击右键，看到弹出菜单中多了一项 ConEmu Here，单击 ConEmu Here，就可以

使用 Env 对该 BSP 进行配置了，如图 11-5 所示。

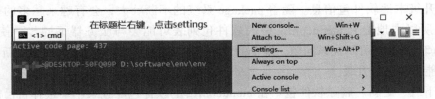

图 11-3 打开 Env 进行设置

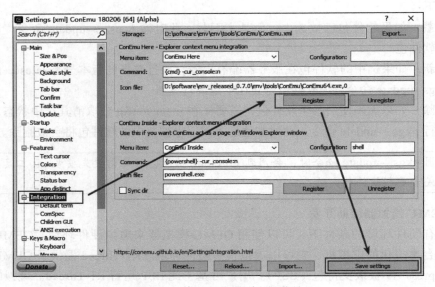

图 11-4 将 Env 注册到右键菜单

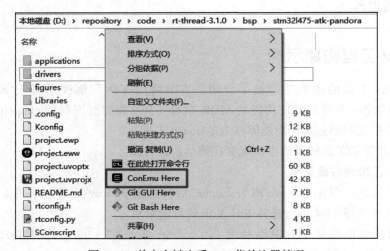

图 11-5 单击右键查看 Env 菜单注册情况

单击 ConEmu Here 打开 Env，路径就是该 BSP 目录，这样就可以开始配置了，如图 11-6 所示。

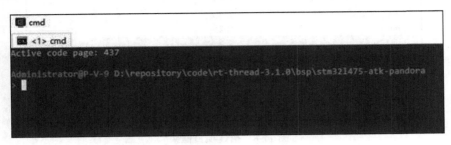

图 11-6　单击 ConEmu Here 打开 Env

注意：❑ 因为需要设置 Env 进程的环境变量，第一次启动可能会出现杀毒软件误报的情况，如果遇到了杀毒软件误报，允许 Env 相关程序运行，然后将相关程序添加至白名单即可。

❑ 在 Env 工作环境中，所有的路径都不可以有中文字符或者空格。

❑ 如果没有将 Env 注册到右键菜单，则可以打开 env.exe 或者 env.bat，使用命令 "cd+ 空格 + 某 BSP 路径" 的方式，将路径切换到具体的 BSP 下开始配置。

---

2. 搭建项目框架

在 Env 中运行 scons --dist 命令，如图 11-7 所示。

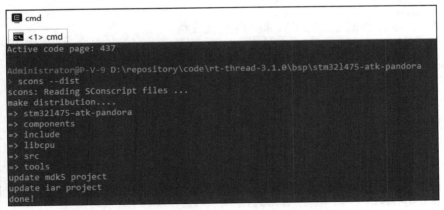

图 11-7　在 BSP 目录下使用 Env 运行命令

运行该命令后会在 stm32l475-atk-pandora BSP 目录下生成 dist 目录，如图 11-8 所示。

如图 11-9 所示，dist 目录下的 stm32l475-atk-pandora 目录即新创建的项目工程目录，新项目工程框架目录结构如图 11-10 所示，该目录包含了 stm32l475-atk-pandora 项目工程所需的所有文件，可以被复制到任意目录下，接下来的配置开发都基于它进行。

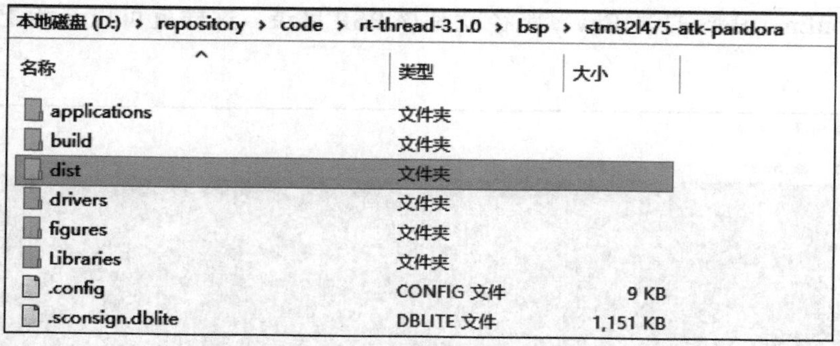

图 11-8 搭建项目框架

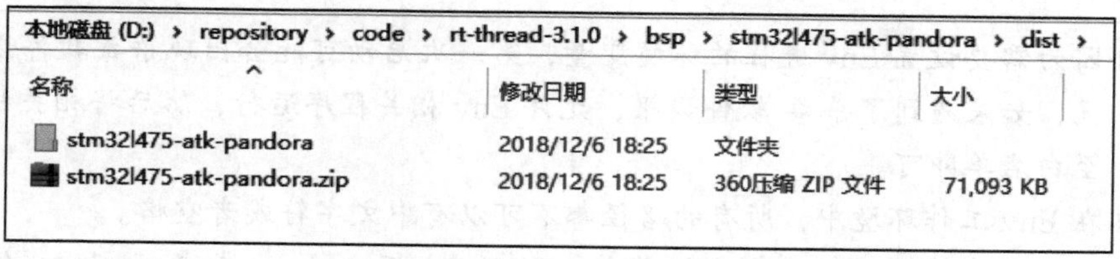

图 11-9 dist 目录下新工程

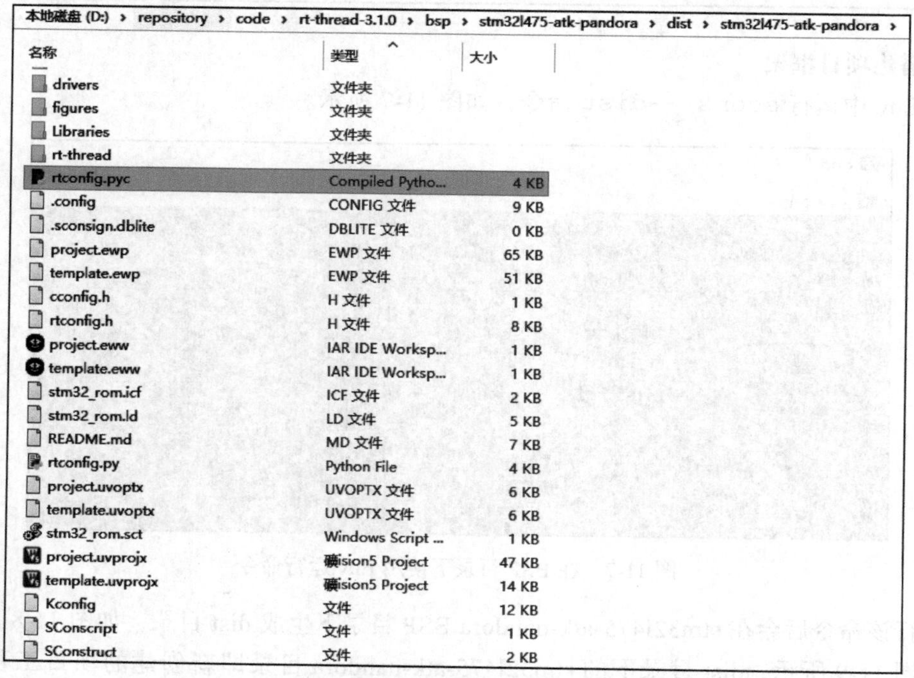

图 11-10 新项目工程框架目录结构

主要文件夹及文件的说明如表 11-1 所示。

表 11-1　新项目工程框架目录说明

目录 / 文件	描述
applications	用户的应用代码文件
drivers	设备驱动的底层驱动实现代码文件
Libraries	芯片官网下载的固件库
rt-thread	RT-Thread 源代码
Kconfig	menuconfig 使用的文件
project.uvprojx	用户使用的 MDK 工程文件
rtconfig.h	工程配置文件
SConscript	SCons 配置工具使用的文件
SConstruct	SCons 配置工具使用的文件
template. uvprojx	MDK 工程模板文件

默认打开 MDK 工程，如图 11-11 所示，工程包含 RT-Thread 内核，各个分组和其他 BSP 提供的工程类似，可参考第 2 章对示例代码工程的详细说明。

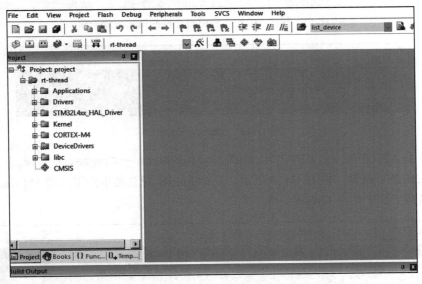

图 11-11　MDK 工程

3. 修改工程模板

如果要对工程的 MCU 型号或者调试选项进行修改，建议直接修改工程模板文件，这样使用 SCons 相关命令生成的新工程也都会包含对模板文件的修改。MDK 的工程模板文件为 template.uvprojx，图 11-12 为修改 MDK 工程模板文件的调试配置选项。

4. 配置项目工程

在 stm32l475-atk-pandora 新项目工程目录下，右键运行 Env 后，可运行 menuconfig 命令配置工程，如图 11-13 所示。

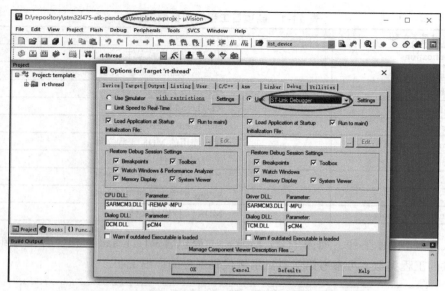

图 11-12 修改 MDK 工程模板文件的调试配置选项

图 11-13 menuconfig 命令

配置菜单会被打开，进入 RT-Thread Components → Command shell 子菜单就可以对 FinSH 进行配置，如图 11-14 所示。选择 FinSH 配置菜单的第一项 [*] finsh shell 即可选择在项目工程中使用 FinSH 组件。

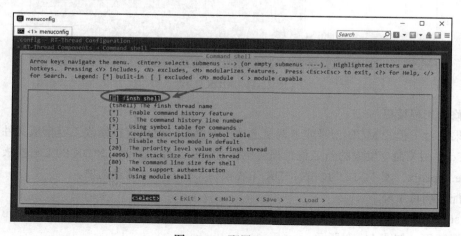

图 11-14 配置 FinSH

配置完工程并保存后，退回到 Env 控制台。

5. 生成工程

在 Env 控制台运行 `scons --target=mdk5` 命令，如图 11-15 所示。这样 MDK 工程会被重新生成，配置信息相关的源代码会被添加到工程中，新生成的 MDK5 工程名为 project.uvprojx。

注意： 生成的新工程会覆盖之前对工程文件 project.uvprojx 的手动修改 。

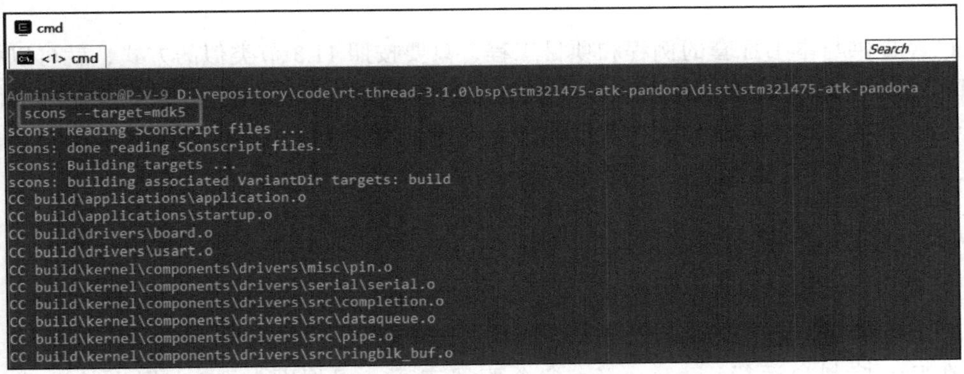

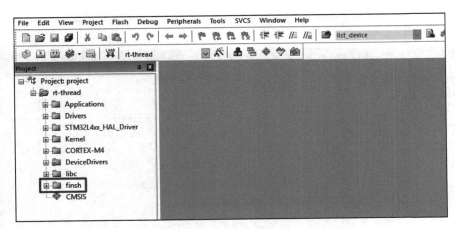

图 11-15　生成新工程

打开 project.uvprojx 工程，可以看到新生成的工程已经包含了 FinSH 组件，如图 11-16 所示。

图 11-16　工程新增 FinSH 组件

6. 运行验证

编译、下载程序至开发板，按下复位后就可以在 IoT Board 串口 1 连接的终端上看到 RT-Thread logo 标志及版本信息，FinSH 也运行了起来，按下键盘的 Tab 键可以查看所有命令，如下所示：

```
  \ | /
- RT -      Thread Operating System
 / | \       3.1.0 build Sep 13 2018
 2006 - 2018 Copyright by rt-thread team
msh >
```

11.4　构建更多 MDK 工程

已经提供与本书配套的例程和项目工程，只要按照 11.3 节类似的方式，就可以构建后续章节中会使用的 MDK5 项目工程。本节内容基于 11.3 节，由于在 11.3 节中已经做好了基于 stm32l475-atk-pandora 的准备工作、已搭建好项目工程框架并修改好工程模板，后面的工作就可以直接从配置项目工程的步骤开始。

11.4.1　创建外设示例工程

将 11.3 节生成的项目工程复制一份，可以构建在第 14 章用到的 MDK 项目工程。

1. 配置设备驱动

在 Env 控制台运行 menuconfig 命令配置工程，根据图 11-17 中框内的选项，可在 Hardware Drivers Config → On-chip Peripheral Drivers 菜单下打开 UART1（打开 FinSH 功能）、UART2（打开串口设备）、I2C 总线（打开 I2C 设备）、QSPI 总线（打开 QSPI 设备）、GPIO（打开 PIN 设备）。

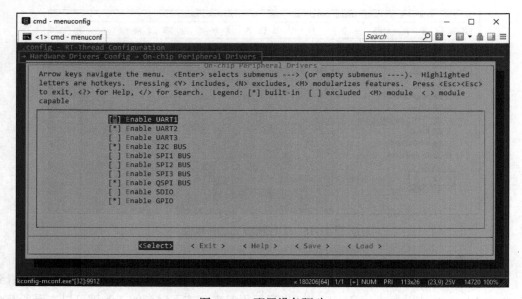

图 11-17　配置设备驱动

2. 配置外设示例软件包

要配置外设示例软件包，首先需要在 RT-Thread online packages → miscellaneous packages → samples: kernel and components samples 下打开外设示例选项：

```
[*] a peripheral_samples package for rt-thread (NEW) --->
```

然后回车进入该菜单选项，将 serial device（UART2 串口设备例程）、i2c device（I2C 设备例程）、spi device（QSPI 设备例程）、pin device（PIN 设备例程）均打开，如图 11-18 所示。

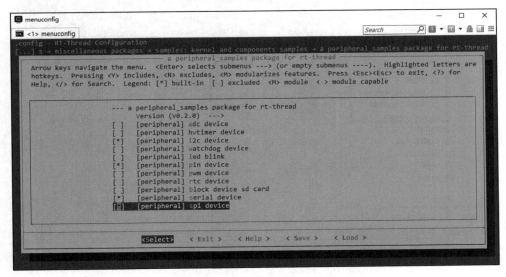

图 11-18　配置外设示例软件包

配置完工程并保存后，退回到 Env 控制台。

3. 下载软件包

由于配置了相关的软件包，所以需要在 Env 控制台运行 `pkgs --update` 命令下载/更新软件包，如图 11-19 所示。

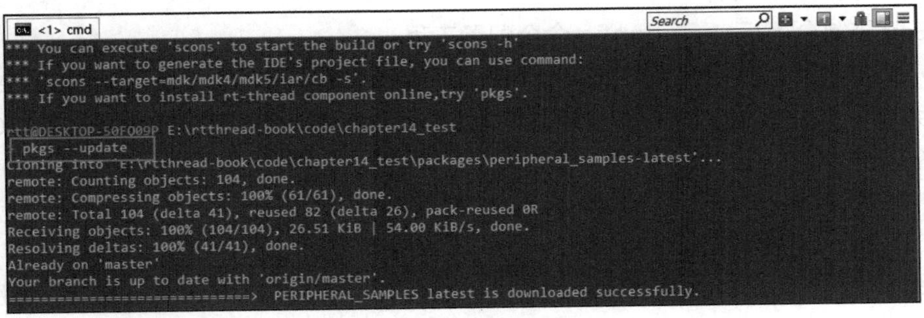

图 11-19　下载 pkgs 软件包

4. 生成工程

在 Env 控制台运行 scons --target=mdk5 命令重新生成工程，打开新生成的工程，会发现工程的分组中已经包含了外设例程文件夹 peripheral-samples，在该文件夹下面是外设使用的例程，如图 11-20 所示。

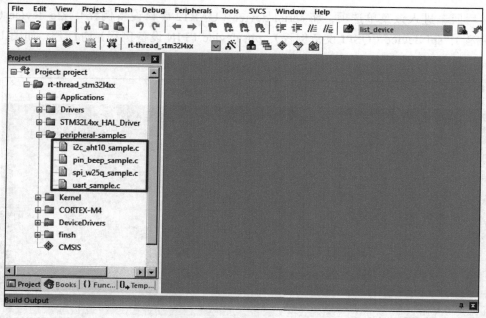

图 11-20　设备示例工程

在配套资料的 chapter14 目录下已经放了一份按照上述步骤生成的工程，在第 14 章中会使用该工程进行示例介绍。

11.4.2　创建文件系统示例工程

将 11.3 节生成的项目工程复制一份，构建将在第 15 章用到的工程。

1. 配置使能 DFS 组件

在 Env 控制台运行 menuconfig 命令配置工程。

（1）根据图 11-21 中框内的选项，在 Hardware Drivers Config → On-chip Peripheral Drivers 菜单下打开 UART1（打开 FinSH 功能）、QSPI 总线（打开 QSPI 设备）、GPIO（打开 PIN 设备）。

（2）根据图 11-22 中提示的菜单目录，使能 Flash。

（3）根据图 11-23 中提示的菜单目录，打开文件系统。

然后进入 elm-chan's FatFs, Generic FAT Filesystem Module 菜单下进行配置，如图 11-24 所示。

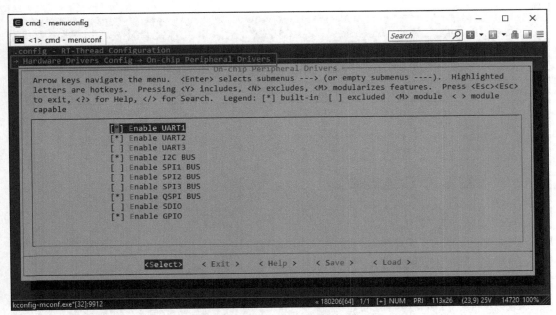

图 11-21 硬件配置

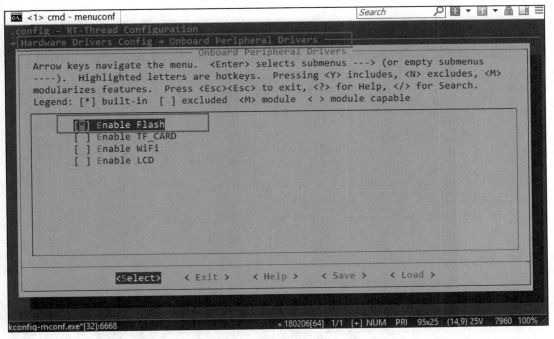

图 11-22 使能 Flash

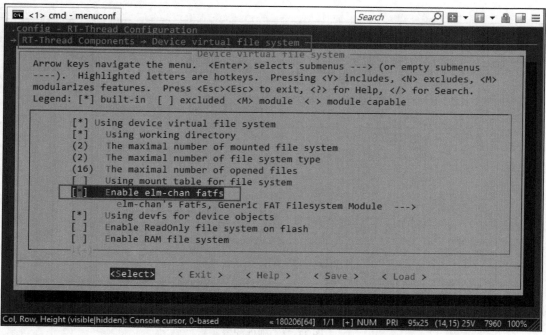

图 11-23　打开文件系统

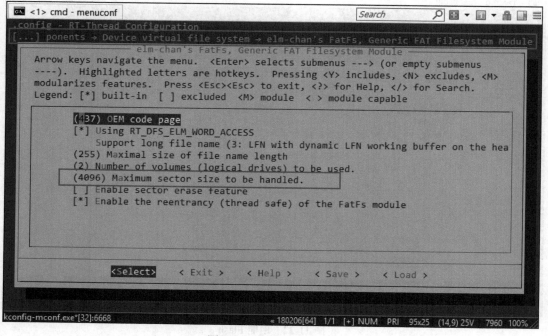

图 11-24　文件系统配置

2. 配置文件系统示例软件包

要配置文件系统示例软件包，首先需要在 RT-Thread online packages → miscellaneous packages → samples: kernel and components samples 菜单下打开文件系统示例选项：

```
[*] a filesystem_samples package for rt-thread  --->
```

然后回车进入该菜单选项，将所有示例打开，如图 11-25 所示。

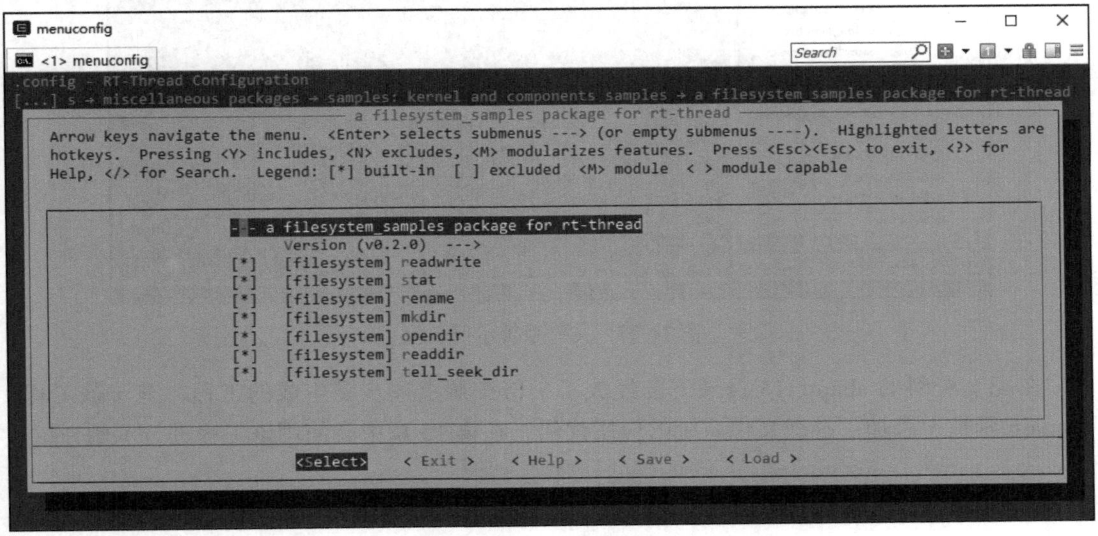

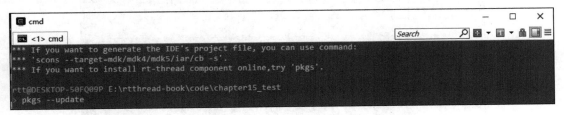

图 11-25　文件系统例程

配置完工程并保存后，退回到 Env 控制台。

3. 下载软件包

由于配置了相关的软件包，所以需要在 Env 控制台运行 `pkgs --update` 命令下载 / 更新软件包，如图 11-26 所示。

图 11-26　下载 pkgs 软件包

4. 生成工程

在 Env 控制台运行 `scons --target=mdk5` 命令重新生成工程，打开新生成的工程，会发现工程的分组中已经包含了外设例程文件夹 filesystem-samples，在该文件夹下是文件系统的使用例程，如图 11-27 所示。

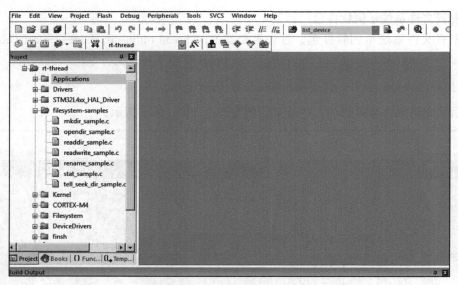

图 11-27　文件系统示例工程

在配套资料的 chapter15 目录下已经放了一份按照上述步骤生成的工程，基于该工程，在 main 函数中添加了挂载文件系统的应用代码，在第 15 章中会使用该工程进行示例介绍。

11.4.3　创建网络示例工程

将 11.3 节生成的项目工程复制一份，重命名为 chapter16_test，构建在第 16 章用到的工程。

1. 配置使能网络组件

（1）根据图 11-28 中提示的菜单目录，使能 GPIO（打开 PIN 设备）、SPI2（打开 SPI 设备）。

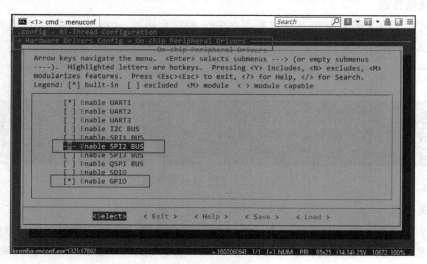

图 11-28　网络配置 1

（2）根据图 11-29 中提示的菜单目录，设置网络抽象层，打开 socket 抽象层，打开 BSD socket。

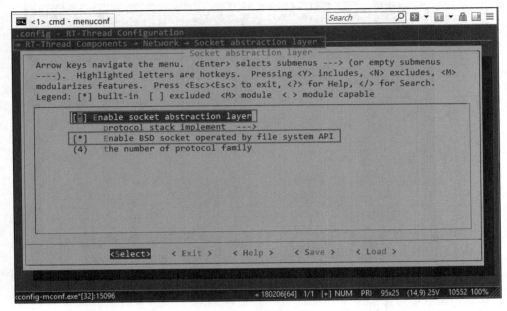

图 11-29　网络配置 2

（3）根据图 11-30 中提示的菜单目录，打开 lwip stack。

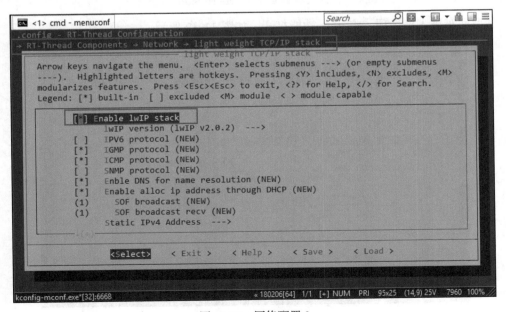

图 11-30　网络配置 3

（4）根据图 11-31 中提示的菜单目录，使能 ENC28J60。

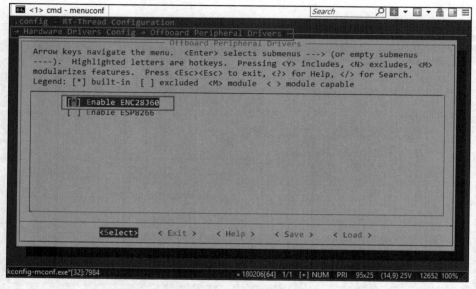

图 11-31　网络配置 4

2. 配置网络示例软件包

（1）可进入 RT-Thread online packages → IoT - internet of things 菜单下配置，选中

`[*] netutils: Networking utilities for RT-Thread`

然后回车进入该选项，将 ping 功能打开，如图 11-32 所示。

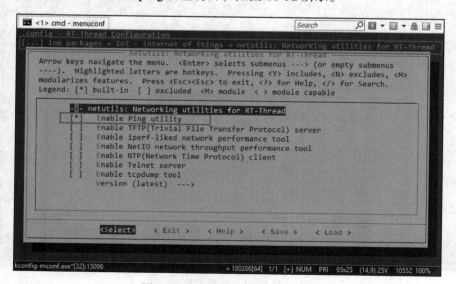

图 11-32　网络示例软件包配置 1

（2）需要在 RT-Thread online packages → miscellaneous packages → samples: kernel and components samples 菜单下打开网络示例选项：

```
[*] a network_samples package for rt-thread
```

然后回车进入该选项，将示例打开，如图 11-33 所示。

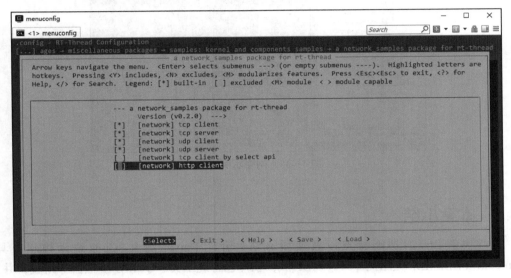

图 11-33　网络示例软件包配置 2

配置完工程并保存后，退回到 Env 控制台。

3. 下载软件包

由于配置了相关的软件包，所以需要在 Env 控制台运行 `pkgs --update` 命令下载 / 更新软件包，如图 11-34 所示。

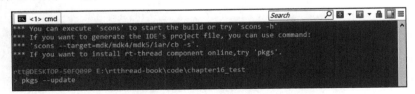

图 11-34　下载 pkgs 软件包

4. 生成工程

在 Env 控制台运行 `scons --target=mdk5` 命令重新生成工程，打开新生成的工程，会发现工程的分组中已经包含了外设例程文件夹 network-samples，在该文件夹下是网络例程，如图 11-35 所示。

在配套资料的 chapter16 目录下已经放了一份按照上述步骤生成的工程，在第 16 章中会使用该工程进行示例介绍。

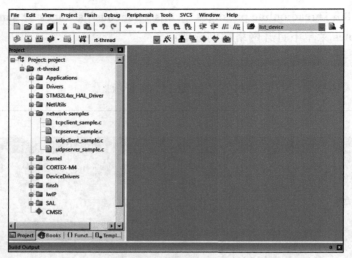

图 11-35 网络示例工程

11.5 本章小结

本章讲解 Env 的功能特点以及使用方法，介绍 Env 环境由 SCons 编译构建工具、menuconfig 图形化系统配置工具，以及 pkgs 软件包管理工具、QEMU 模拟器等组成，并且手把手地教大家使用 Env 构建后面章节的工程。有关 Env 的使用或常见问题，请到官网查看 Env 手册或者在官方论坛获取最新消息。

第 12 章
FinSH 控制台

在计算机发展的早期，图形系统出现之前，没有鼠标，甚至没有键盘。那时候人们如何与计算机交互呢？最早期的计算机使用打孔的纸条向计算机输入命令，编写程序。后来随着计算机的不断发展，显示器、键盘成为计算机的标准配置，但此时的操作系统还不支持图形界面，计算机先驱们开发了一种软件，它接受用户输入的命令，解释这些命令之后，将其传递给操作系统，并将操作系统执行的结果返回给用户。这个程序像一层外壳包裹在操作系统的外面，所以它被称为 shell。

嵌入式设备通常需要将开发板与 PC 机连接起来通信，常见连接方式包括：串口、USB、以太网、Wi-Fi 等。一个灵活的 shell 也应该支持在多种连接方式上工作。shell 就像在开发者和计算机之间架起了一座沟通的桥梁，开发者能很方便地获取系统的运行情况，并通过命令控制系统的运行。特别是在调试阶段，有了 shell，开发者除了能更快地定位到问题之外，也能利用 shell 调用测试函数、改变测试函数的参数、减少代码的烧录次数，并缩短项目的开发时间。

FinSH 是 RT-Thread 的命令行组件（shell），它正是基于上面这些考虑而诞生的，FinSH 的发音为 ['fɪnʃ]。读完本章，我们会对 FinSH 的工作方式以及如何导出自己的命令到 FinSH 有更加深入的了解。

12.1 FinSH 介绍

FinSH 是 RT-Thread 的命令行组件，提供一套供用户在命令行调用的操作接口，主要用于调试或查看系统信息，它可以使用串口 / 以太网 /USB 等与 PC 机进行通信，主要用于调试或查看系统信息，FinSH 的硬件连接如图 12-1 所示。

用户在控制终端输入命令，控制终端通过串口、USB、网络等方式将

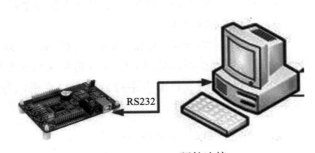

图 12-1　FinSH 硬件连接

命令传递给设备里的 FinSH，FinSH 会读取设备输入命令，解析并自动扫描内部函数表，寻找对应函数名，执行函数后输出回应，回应通过原路返回，将结果显示在控制终端上。

当使用串口连接设备与控制终端时，FinSH 命令的执行流程如图 12-2 所示。

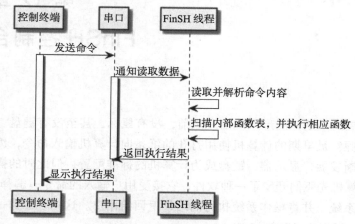

图 12-2　FinSH 命令执行流程图

FinSH 支持权限验证功能，系统在启动后会进行权限验证，只有权限验证通过，才会开启 FinSH 功能，提升了系统输入的安全性。

FinSH 支持自动补全、查看历史命令等功能，通过键盘上的按键可以很方便地使用这些功能，FinSH 支持的按键如表 12-1 所示。

表 12-1　按键功能表

按键	功能描述
Tab 键	当没有输入任何字符时按下 Tab 键将会打印当前系统支持的所有命令。若已经输入部分字符时按下 Tab 键，将会查找匹配的命令，也会按照文件系统的当前目录下的文件名进行补全，并可以继续输入，多次补全
↑↓键	上下翻阅最近输入的历史命令
退格键	删除符
←→键	向左或向右移动标

FinSH 支持两种输入模式，分别是传统命令行模式和 C 语言解释器模式。

1. 传统命令行模式

此模式又称为 msh(module shell)，在 msh 模式下，FinSH 与传统 shell（dos/bash）执行方式一致，例如，可以通过 cd / 命令将目录切换至根目录。

msh 通过解析，将输入字符分解成以空格区分开的命令和参数。其命令执行格式如下所示：

```
command [arg1] [arg2] [...]
```

其中 command 既可以是 RT-Thread 内置的命令，也可以是可执行的文件。

2. C 语言解释器模式

此模式又称为 C-Style 模式。在 C 语言解释器模式下，FinSH 能够解析并执行大部分 C 语言的表达式，并使用类似 C 语言的函数调用方式访问系统中的函数及全局变量，此外它也能够通过命令行方式创建变量。在该模式下，输入的命令必须类似于 C 语言中的函数调用方式，即必须携带 () 符号，例如，要输出系统当前所有线程及其状态，在 FinSH 中输入 list_thread() 即可打印出需要的信息。FinSH 命令的输出为此函数的返回值。对于一些不存在返回值的函数（void 返回值），这个打印输出没有意义。

最初 FinSH 仅支持 C-Style 模式，后来随着 RT-Thread 的不断发展，C-Style 模式在运行脚本或者程序时不太方便，而使用传统的 shell 方式则比较方便。另外，在 C-Style 模式下，FinSH 占用体积比较大。出于这些考虑，在 RT-Thread 中增加了 msh 模式，msh 模式体积小、使用方便，推荐大家使用。

如果在 RT-Thread 中同时使能了这两种模式，那它们可以动态切换，在 msh 模式下输入 exit 后回车，即可切换到 C-Style 模式。在 C-Style 模式下输入 msh() 后回车，即可进入 msh 模式。两种模式的命令不通用，msh 命令无法在 C-Style 模式下使用，反之亦然。

12.2　FinSH 内置命令

在 RT-Thread 中默认内置了一些 FinSH 命令，在 FinSH 中输入 help 后回车或者直接按下 Tab 键，就可以打印当前系统支持的所有命令。C-Style 和 msh 模式下的内置命令基本一致，这里就以 msh 为例进行介绍。

在 msh 模式下，按下 Tab 键后可以列出当前支持的所有命令。默认命令的数量不是固定的，RT-Thread 的各个组件会向 FinSH 输出一些命令。例如，当打开 DFS 组件时，就会把 ls、cp、cd 等命令添加到 FinSH 中，方便开发者调试。

以下为按下 Tab 键后打印出来的当前支持的所有显示 RT-Thread 内核状态信息的命令，左边是命令名称，右边是关于命令的描述：

```
RT-Thread shell commands:
version        - show RT-Thread version information
list_thread    - list thread
list_sem       - list semaphore in system
list_event     - list event in system
list_mutex     - list mutex in system
list_mailbox   - list mail box in system
list_msgqueue  - list message queue in system
list_timer     - list timer in system
list_device    - list device in system
exit           - return to RT-Thread shell mode.
help           - RT-Thread shell help.
ps             - List threads in the system.
time           - Execute command with time.
free           - Show the memory usage in the system.
```

这里列出输入常用命令后返回的字段信息，方便开发者理解返回的信息内容。

12.2.1　显示线程状态

可使用 ps 或者 list_thread 命令来列出系统中的所有线程信息，包括线程优先级、状态、栈的最大使用量等。返回字段的描述见表 12-2。

```
msh />list_thread
thread   pri  status     sp         stack size  max used  left tick   error
-------- ---  ------     --         ----------  --------  ---------   ---
tshell   20   ready      0x00000118 0x00001000  29%       0x00000009  000
tidle    31   ready      0x0000005c 0x00000200  28%       0x00000005  000
timer    4    suspend    0x00000078 0x00000400  11%       0x00000009  000
```

表 12-2　list_thread 返回字段的描述

字段	描述	字段	描述
thread	线程的名称	stack size	线程的栈大小
pri	线程的优先级	max used	线程历史中使用的最大栈位置
status	线程当前的状态	left tick	线程剩余的运行节拍数
sp	线程当前的栈位置	error	线程的错误码

12.2.2　显示信号量状态

可使用 list_sem 命令来显示系统中所有信号量信息，包括信号量的名称、信号量的值和等待这个信号量的线程数目。返回字段的描述见表 12-3。

```
msh />list_sem
semaphore v   suspend thread
--------- --- --------------
shrx      000 0
e0        000 0
```

表 12-3　list_sem 返回字段的描述

字段	描述
semaphore	信号量的名称
v	信号量当前的值
suspend thread	等待这个信号量的线程数目

12.2.3　显示事件状态

可使用 list_event 命令来显示系统中所有的事件信息，包括事件集的名称、当前发生的事件和等待这个事件的线程数目。返回字段的描述见表 12-4。

```
msh />list_event
event    set        suspend thread
-----    ---------- --------------
```

表 12-4　list_event 返回字段的描述

字段	描述
event	事件集的名称
set	事件集中当前发生的事件
suspend thread	在这个事件集中等待事件的线程数目

12.2.4　显示互斥量状态

可使用 list_mutex 命令来显示系统中所有的互斥量信息，包括互斥量名称、互斥量的所有者和所有者在互斥量上持有的嵌套次数等。返回字段的描述见表 12-5。

```
msh />list_mutex
mutex       owner    hold suspend thread
--------    --------  ---- --------------
fat0      (NULL)    0000 0
sal_lock  (NULL)    0000 0
```

表 12-5　list_mutex 返回字段的描述

字段	描述	字段	描述
mutxe	互斥量的名称	hold	持有者在这个互斥量上持有的嵌套次数
owner	当前持有互斥量的线程	suspend thread	等待这个互斥量的线程数目

12.2.5　显示邮箱状态

可使用 list_mailbox 命令显示系统中所有的邮箱信息，包括邮箱名称、邮箱中邮件的数目和邮箱能容纳的最大邮件数目等，返回字段的描述见表 12-6。

```
msh />list_mailbox
mailbox  entry size suspend thread
--------  ---- ---- --------------
etxmb   0000 0008 1:etx
erxmb   0000 0008 1:erx
```

表 12-6　list_mailbox 返回字段的描述

字段	描述	字段	描述
mailbox	邮箱的名称	size	邮箱能够容纳的最大邮件数目
entry	邮箱中包含的邮件数目	suspend thread	等待这个邮箱的线程数目

12.2.6　显示消息队列状态

可使用 list_msgqueue 命令来显示系统中所有的消息队列信息，包括消息队列的名称、包含的消息数目和等待这个消息队列的线程数目。返回字段的描述见表 12-7。

```
msh />list_msgqueue
msgqueue entry suspend thread
--------  ---- --------------
```

表 12-7　list_msgqueue 返回字段的描述

字段	描述
msgqueue	消息队列的名称
entry	消息队列当前包含的消息数目
suspend thread	等待这个消息队列的线程数目

12.2.7　显示内存池状态

可使用 list_mempool 命令来显示系统中所有的内存池信息，包括内存池的名称、内存池的大小和最大使用的内存大小等。返回字段的描述见表 12-8。

```
msh />list_mempool
mempool block total free suspend thread
-------  ----  ---- ---- --------------
```

```
signal  0012  0032  0032 0
```

表 12-8 list_mempool 返回字段的描述

字段	描述	字段	描述
mempool	内存池名称	free	空闲内存块
block	内存块大小	suspend thread	等待这个内存池的线程数目
total	总内存块		

12.2.8　显示定时器状态

可使用 list_timer 命令来显示系统中所有的定时器信息，包括定时器的名称、是否是周期性定时器和定时器超时的节拍数等。返回字段的描述见表 12-9。

```
msh />list_timer
timer     periodic   timeout    flag
--------  ---------- ---------- -----------
tshell    0x00000000 0x00000000 deactivated
tidle     0x00000000 0x00000000 deactivated
timer     0x00000000 0x00000000 deactivated
```

表 12-9 list_timer 返回字段的描述

字段	描述
timer	定时器的名称
periodic	定时器是否是周期性的
timeout	定时器超时的节拍数
flag	定时器的状态，activated 表示活动的，deactivated 表示不活动的

12.2.9　显示设备状态

可使用 list_device 命令来显示系统中所有的设备信息，包括设备名称、设备类型和设备被打开的次数。返回字段的描述见表 12-10。

```
msh />list_device
device      type            ref count
------  --------------- ----------
e0      Network Interface    0
uart0   Character Device     2
```

表 12-10 list_ device 返回字段的描述

字段	描述
device	设备的名称
type	设备的类型
ref count	设备被打开的次数

12.2.10　显示动态内存状态

可使用 free 命令来显示系统中所有的内存信息。返回字段的描述见表 12-11。

```
msh />free
total memory: 7669836
used memory : 15240
maximum allocated memory: 18520
```

表 12-11 free 返回字段的描述

字段	描述
total memory	内存总大小
used memory	已使用的内存大小
maximum allocated memory	最大分配内存

12.3　自定义 FinSH 命令

除了 FinSH 自带的命令之外，FinSH 还提供了多个宏接口来导出自定义命令，导出的命令可以直接在 FinSH 中执行。

12.3.1　自定义 msh 命令

自定义的 msh 命令可以在 msh 模式下运行，将一个命令导出到 msh 模式可以使用如下宏接口：

```
MSH_CMD_EXPORT(name, desc);
```

参数见表 12-12。

这个命令可以导出有参数的命令，也可以导出无参数的命令。导出无参数命令时，函数的入参为 void，示例如下：

表 12-12　MSH_CMD_EXPORT 的参数

参数	描述
name	要导出的命令
desc	导出命令的描述

```
void hello(void)
{
    rt_kprintf("hello RT-Thread!\n");
}
MSH_CMD_EXPORT(hello , say hello to RT-Thread);
```

导出有参数的命令时，函数的入参为 int argc 和 char **argv。argc 表示参数的个数，argv 表示命令行参数字符串指针数组指针。导出有参数命令示例如下：

```
static void atcmd(int argc, char **argv)
{
    ......
}
MSH_CMD_EXPORT(atcmd, atcmd sample: atcmd <server|client>);
```

12.3.2　自定义 C-Style 命令和变量

将自定义命令导出到 C-Style 模式可以使用如下接口：

```
FINSH_FUNCTION_EXPORT(name, desc);
```

导出命令到 FinSH 的参数见表 12-13。

以下示例定义了一个 hello 函数，并将它导出成 C-Style 模式下的命令：

表 12-13　FINSH_FUNCTION_ EXPORT 的参数

参数	描述
name	要导出的命令
desc	导出命令的描述

```
void hello(void)
{
    rt_kprintf("hello RT-Thread!\n");
}
FINSH_FUNCTION_EXPORT(hello , say hello to RT-Thread);
```

按照类似的方式，也可以导出一个变量，可以使用如下接口：

```
FINSH_VAR_EXPORT(name, type, desc);
```

导出变量到 FinSH 的参数见表 12-14。

以下示例定义了一个 dummy 变量，并将它
导出成 C-Style 模式下的变量命令：

表 12-14 FINSH_VAR_EXPORT 的参数

参数	描述
name	要导出的变量
type	变量的类型
desc	导出变量的描述

```
static int dummy = 0;
FINSH_VAR_EXPORT(dummy, finsh_type_int, dummy variable for finsh)
```

12.3.3 自定义命令重命名

FinSH 函数名的长度有一定限制，它由 finsh.h 中的宏定义 FINSH_NAME_MAX 控制，默认是 16 字节，这意味着 FinSH 命令长度不会超过 16 字节。这里有个潜在的问题：当一个函数名长度超过 FINSH_NAME_MAX 时，使用 FINSH_FUNCTION_EXPORT 导出这个函数到命令表中后，在 FinSH 符号表中可以看到完整的函数名，但是完整地输入并执行会出现 null node 错误。这是因为虽然显示了完整的函数名，但是实际上 FinSH 中却保存了前 16 字节作为命令，过多的输入会导致无法正确找到命令，这时就可以使用 FINSH_FUNCTION_EXPORT_ALIAS 来对导出的命令进行重命名。

```
FINSH_FUNCTION_EXPORT_ALIAS(name, alias, desc);
```

导出并重命名命令到 FinSH 的参数见表 12-15。

在重命名的命令名字前添加 __cmd_ 就可以
将命令导出到 msh 模式，否则，命令会被导出
到 C-Style 模式。以下示例定义了一个 hello 函
数，并将它重命名为 ho 后导出为 C-Style 模式
下的命令。

**表 12-15 FinSH_FUNCTION_EXPORT_
ALIAS 的参数**

参数	描述
name	要导出的命令
alias	导出到 FinSH 时显示的名字
desc	导出命令的描述

```
void hello(void)
{
    rt_kprintf("hello RT-Thread!\n");
}
FINSH_FUNCTION_EXPORT_ALIAS(hello , ho, say hello to RT-Thread);
```

12.4 FinSH 功能配置

FinSH 功能可以裁剪，宏配置选项在 rtconfig.h 文件中定义，具体配置项如表 12-16
所示。

表 12-16　FinSH 的宏配置选项

宏定义	取值类型	描述	默认值
#define RT_USING_FINSH	无	使能 FinSH	开启
#define FINSH_THREAD_NAME	字符串	FinSH 线程的名字	"tshell"
#define FINSH_USING_HISTORY	无	打开历史回溯功能	开启
#define FINSH_HISTORY_LINES	整数型	能回溯的历史命令行数	5
#define FINSH_USING_SYMTAB	无	可以在 FinSH 中使用符号表	开启
#define FINSH_USING_DESCRIPTION	无	给每个 FinSH 的符号添加一段描述	开启
#define FINSH_USING_MSH	无	使能 msh 模式	开启
#define FINSH_USING_MSH_ONLY	无	只使用 msh 模式	开启
#define FINSH_ARG_MAX	整数型	最大输入参数数量	10
#define FINSH_USING_AUTH	无	使能权限验证	关闭
#define FINSH_DEFAULT_PASSWORD	字符串	权限验证密码	关闭

rtconfig.h 中的参考配置示例如下所示，可以根据实际功能的需求情况进行配置。

```
/* 开启 FinSH */
#define RT_USING_FINSH

/* 将线程名称定义为 tshell */
#define FINSH_THREAD_NAME "tshell"

/* 开启历史命令 */
#define FINSH_USING_HISTORY
/* 记录 5 行历史命令 */
#define FINSH_HISTORY_LINES 5

/* 开启使用 Tab 键 */
#define FINSH_USING_SYMTAB
/* 开启描述功能 */
#define FINSH_USING_DESCRIPTION

/* 定义 FinSH 线程优先级为 20 */
#define FINSH_THREAD_PRIORITY 20
/* 定义 FinSH 线程的栈大小为 4KB */
#define FINSH_THREAD_STACK_SIZE 4096
/* 定义命令字符长度为 80 字节 */
#define FINSH_CMD_SIZE 80

/* 开启 msh 功能 */
#define FINSH_USING_MSH
/* 默认使用 msh 功能 */
#define FINSH_USING_MSH_DEFAULT
/* 最大输入参数数量为 10 个 */
#define FINSH_ARG_MAX 10
```

12.5　FinSH 应用示例

本章的示例代码位于代码包的配套资料的 \chapter12 目录下，主要用于演示 FinSH 自带的命令，双击打开 MDK5 工程文件 project.uvprojx 后，如图 12-3 所示。

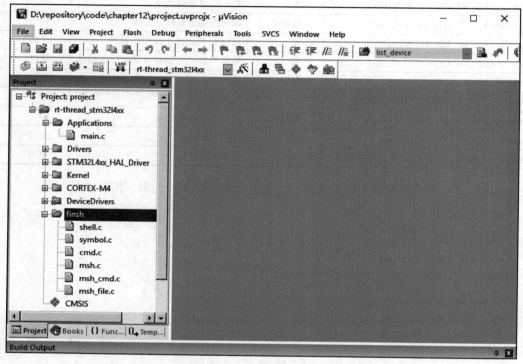

图 12-3　设备使用示例 MDK5 工程图

FinSH 的源码位于 finsh 分组，FinSH 的配置宏在 rtconfig.h 文件中，示例代码在 main. c 中。对工程进行编译，然后下载固件到开发板并运行，在串口工具上可以看到输出的以下日志信息。

```
 \ | /
- RT -     Thread Operating System
 / | \     3.1.0 build Aug 27 2018
 2006 - 2018 Copyright by rt-thread team
msh >
```

12.5.1　自定义 msh 命令示例

本小节将演示如何将一个自定义的命令导出到 msh 中，示例代码如下所示。

该代码中创建了 hello 函数，然后通过 MSH_CMD_EXPORT 命令即可将 hello 函数导出到 FinSH 命令列表中。

```
#include <rtthread.h>

void hello(void)
{
    rt_kprintf("hello RT-Thread!\n");
}
MSH_CMD_EXPORT(hello , say hello to RT-Thread);
```

系统运行起来后，在 FinSH 控制台按下 Tab 键可以看到导出的命令：

```
msh />
RT-Thread shell commands:
hello              - say hello to RT-Thread
version            - show RT-Thread version information
list_thread        - list thread
......
```

运行 hello 命令，结果如下所示：

```
msh />hello
hello RT_Thread!
msh />
```

12.5.2　带参数的 msh 命令示例

本小节将演示如何将一个带参数的自定义命令导出到 FinSH 中，示例代码如代码清单 12-1 所示。代码中创建了 atcmd 函数，然后通过 MSH_CMD_EXPORT 命令即可将 atcmd 函数导出到 msh 命令列表中。

代码清单 12-1　自定义带参数的 msh 命令示例

```
#include <rtthread.h>

static void atcmd(int argc, char **argv)
{
    if (argc < 2)
    {
        rt_kprintf("Please input 'atcmd <server|client>' \n");
        return;
    }

    if (!rt_strcmp(argv[1], "server"))
    {
        rt_kprintf("AT server!\n");
    }
    else if (!rt_strcmp(argv[1], "client"))
    {
        rt_kprintf("AT client!\n");
    }
    else
    {
        rt_kprintf("Please input 'atcmd <server|client>' \n");
```

```
      }
  }
  MSH_CMD_EXPORT(atcmd, atcmd sample: atcmd <server|client>);
```

系统运行起来后，在 FinSH 控制台按 Tab 键可以看到导出的命令：

```
msh />
RT-Thread shell commands:
hello              - say hello to RT-Thread
atcmd              - atcmd sample: atcmd <server|client>
version            - show RT-Thread version information
list_thread        - list thread
......
```

运行 atcmd 命令，结果如下所示：

```
msh />atcmd
Please input 'atcmd <server|client>'
msh />
```

运行 atcmd server 命令，结果如下所示：

```
msh />atcmd server
AT server!
msh />
```

运行 atcmd client 命令，结果如下所示：

```
msh />atcmd client
AT client!
msh />
```

12.6 本章小结

本章介绍了 FinSH 的功能特点、工作机制、FinSH 命令、FinSH 配置和使用 FinSH 时的注意事项，旨在让更多的开发者了解并使用 RT-Thread 的 FinSH。FinSH 是一个很方便的调试 – 交互工具，使用 FinSH 可以查看所有线程、信号量、设备等信息，并能执行用户自定义的命令，是系统调试的得力助手。

第 13 章
I/O 设备管理

绝大部分的嵌入式系统都包括一些 I/O（Input/Output，输入 / 输出）设备，例如仪器上的数据显示屏、工业设备上的串口通信、数据采集设备上用于保存数据的 Flash 或 SD 卡，以及网络设备的以太网接口等，都是嵌入式系统中容易找到的 I/O 设备例子。

本章主要介绍 RT-Thread 如何对不同的 I/O 设备进行管理，读完本章，我们会了解 RT-Thread 的 I/O 设备管理机制，并熟悉 I/O 设备管理接口的不同功能。

13.1 I/O 设备介绍

13.1.1 I/O 设备管理框架

RT-Thread 提供了一套简单的 I/O 设备管理框架，如图 13-1 所示，它位于硬件和应用程序之间，共分为三层，从上到下分别是 I/O 设备管理层、设备驱动框架层、设备驱动层。

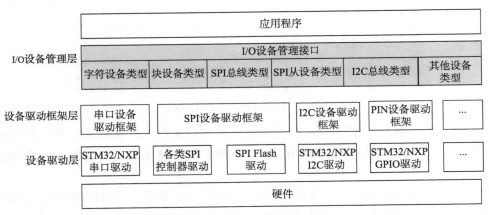

图 13-1 I/O 设备管理框架

应用程序通过 I/O 设备管理接口获得正确的设备驱动，然后通过这个设备驱动与底层 I/O 硬件设备进行数据（或控制）交互。

I/O 设备管理层实现了对设备驱动程序的封装。应用程序通过 I/O 设备层提供的标准接口访问底层设备，设备驱动程序的升级、更替不会对上层应用产生影响。这种方式使得设备的硬件操作相关的代码能够独立于应用程序而存在，双方只需关注各自的功能实现，从而降低了代码的耦合性、复杂性，提高了系统的可靠性。

设备驱动框架层是对同类硬件设备驱动的抽象，它将不同厂家的同类硬件设备驱动中相同的部分抽取出来，将不同的部分留出接口，由驱动程序实现。

设备驱动层是一组驱使硬件设备工作的程序，实现访问硬件设备的功能。它负责创建和注册 I/O 设备，对于操作逻辑简单的设备，可以不经过设备驱动框架层，直接将设备注册到 I/O 设备管理器中，其使用序列图如图 13-2 所示，主要有以下两点：

（1）设备驱动根据设备模型定义，创建出具备硬件访问能力的设备实例，将该设备通过 rt_device_register() 接口注册到 I/O 设备管理器中。

（2）应用程序通过 rt_device_find() 接口查找到设备，然后使用 I/O 设备管理接口来访问硬件。

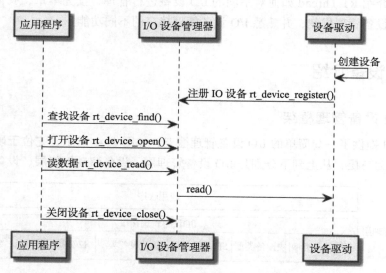

图 13-2　简单 I/O 设备使用序列图

对于另一些设备，如看门狗等，则会将创建的设备实例先注册到对应的设备驱动框架中，再由设备驱动框架向 I/O 设备管理器进行注册，图 13-3 为看门狗设备使用序列图，主要有以下几点：

（1）看门狗设备驱动程序根据看门狗设备模型定义，创建出具备硬件访问能力的看门狗设备实例，并将该看门狗设备通过 rt_hw_watchdog_register () 接口注册到看门狗设备驱动框架中。

（2）看门狗设备驱动框架通过 rt_device_register() 接口将看门狗设备注册到 I/O 设备管理器中。

（3）应用程序通过 I/O 设备管理接口来访问看门狗设备硬件。

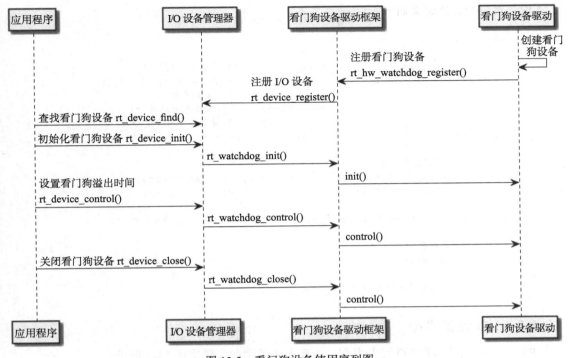

图 13-3　看门狗设备使用序列图

13.1.2　I/O 设备模型

RT-Thread 的设备模型是建立在内核对象模型基础之上的，设备被认为是一类对象，被纳入对象管理器的范畴。每个设备对象都由基对象派生而来，每个具体设备都可以继承其父类对象的属性，并派生出其私有属性，图 13-4 是设备对象的继承关系示意图。

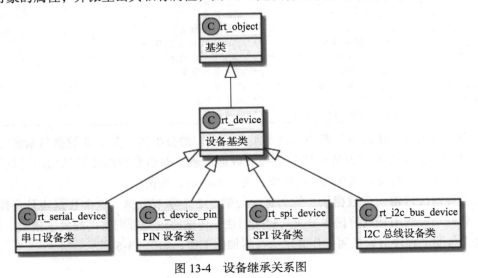

图 13-4　设备继承关系图

设备对象的具体定义如下所示。

```
struct rt_device
    {
    struct rt_object          parent;        /* 内核对象基类 */
    enum rt_device_class_type type;          /* 设备类型 */
    rt_uint16_t               flag;           /* 设备参数 */
    rt_uint16_t               open_flag;      /* 设备打开标志 */
    rt_uint8_t                ref_count;      /* 设备被引用次数 */
    rt_uint8_t                device_id;      /* 设备 ID,0 - 255 */

    /* 数据收发回调函数 */
    rt_err_t (*rx_indicate)(rt_device_t dev, rt_size_t size);
    rt_err_t (*tx_complete)(rt_device_t dev, void *buffer);

    const struct rt_device_ops *ops;                      /* 设备操作方法 */

    /* 设备的私有数据 */
    void *user_data;
};
typedef struct rt_device *rt_device_t;
```

13.1.3 I/O 设备类型

RT-Thread 支持多种 I/O 设备类型，主要设备类型如代码清单 13-1 所示。

代码清单13-1　主要设备类型

```
RT_Device_Class_Char              /* 字符设备           */
RT_Device_Class_Block             /* 块设备             */
RT_Device_Class_NetIf             /* 网络接口设备        */
RT_Device_Class_MTD               /* 内存设备           */
RT_Device_Class_RTC               /* RTC 设备           */
RT_Device_Class_Sound             /* 声音设备           */
RT_Device_Class_Graphic           /* 图形设备           */
RT_Device_Class_I2CBUS            /* I2C 总线设备        */
RT_Device_Class_USBDevice         /* USB device 设备    */
RT_Device_Class_USBHost           /* USB host 设备      */
RT_Device_Class_SPIBUS            /* SPI 总线设备        */
RT_Device_Class_SPIDevice         /* SPI 设备           */
RT_Device_Class_SDIO              /* SDIO 设备          */
RT_Device_Class_Miscellaneous     /* 杂类设备           */
```

其中字符设备、块设备是常用的设备类型，它们的分类依据是设备数据与系统之间的传输处理方式。字符模式设备允许非结构的数据传输，即通常数据传输采用串行的形式，每次一个字节。字符设备通常是一些简单设备，如串口、按键。

块设备每次传输一个数据块，例如每次传输 512 个字节数据。这个数据块是硬件强制性的，数据块要使用某类数据接口或某些强制性的传输协议，否则就可能发生错误。因此，有时块设备驱动程序对读或写操作必须执行附加的工作，如图 13-5 所示。

当系统服务于一个具有大量数据的写操作时，设备驱动程序必须首先将数据划分为多个包，每个包采用设备指定的数据尺寸。而在实际过程中，最后一部分数据尺寸有可能小于正常的设备块尺寸。在图 13-5 中，每个块使用单独的写请求写入到设备中，头 3 个块直接进行写操作。但最后一个数据块尺寸小于设备块尺寸，设备驱动程序必须使用不同于前 3 个块的方式处理最后的数据块。通常情况下，设备驱动程序需要首先执行相对应的设备块的读操作，然后把写入数据覆盖到读出数据上，然后再把这个"合成"的数据块作为一整个块写回到设备中。例如图 13-5 中的块 4，驱动程序需要先把块4 所对应的设备块读出来，然后将需要写

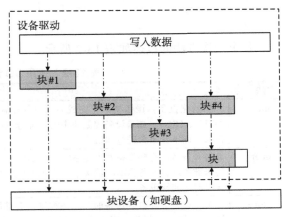

图 13-5　块设备

入的数据覆盖至从设备块读出的数据上，使其合并成一个新的块，最后再写回到块设备中。

13.2　创建和注册 I/O 设备

驱动层负责创建设备实例，并注册到 I/O 设备管理器中，可以通过静态声明的方式创建设备实例，也可以用如下接口进行动态创建，函数参数及返回值见表 13-1。

```
rt_device_t rt_device_create(int type, int attach_size);
```

调用该接口时，系统会从动态堆内存中分配一个设备控制块，大小为 struct rt_device 和 attach_size 的和，设备的类型由参数 type 设定。设备被创建后，需要实现它访问硬件的操作方法，操作方法原型如下所示：

表 13-1　rt_device_create() 的输入参数和返回值

参数	描述
type	设备类型，可取代码清单 13-1 列出的值
attach_size	用户数据大小
返回	描述
设备句柄	创建成功
RT_NULL	创建失败，动态内存分配失败

```
struct rt_device_ops
{
    /* common device interface */
    rt_err_t  (*init)  (rt_device_t dev);
    rt_err_t  (*open)  (rt_device_t dev, rt_uint16_t oflag);
    rt_err_t  (*close) (rt_device_t dev);
    rt_size_t (*read)  (rt_device_t dev, rt_off_t pos, void *buffer, rt_
```

```
size_t size);
        rt_size_t (*write) (rt_device_t dev, rt_off_t pos, const void *buffer,
rt_size_t size);
        rt_err_t    (*control)(rt_device_t dev, int cmd, void *args);
    };
```

各个操作方法的描述如表 13-2 所示。

表 13-2　通用 I/O 设备的操作方法

方法名称	方法描述
init	初始化设备。设备初始化完成后，设备控制块的 flag 会被置成已激活状态（RT_DEVICE_FLAG_ ACTIVATED）。如果设备控制块中的 flag 标志已经设置成激活状态，那么再运行初始化接口时会立刻返回，而不会重新进行初始化
open	打开设备。有些设备并不是系统一启动就开始运行，或者设备需要进行数据收发，但如果上层应用还未准备好，设备也不应默认已经使能并开始接收数据。所以建议在写底层驱动程序时，在调用 open 接口时才使能设备
close	关闭设备。在打开设备时，设备控制块会维护一个打开计数，在打开设备时进行 +1 操作，在关闭设备时进行 −1 操作，当计数器变为 0 时，才会真正地关闭操作
read	从设备读取数据。参数 pos 是读取数据的偏移量，但是有些设备并不一定需要指定偏移量，例如串口设备，设备驱动应忽略这个参数。而对于块设备来说，pos 以及 size 都是以块设备的数据块大小为单位的。例如块设备的数据块大小是 512，而参数中 pos = 10, size = 2，那么驱动应该返回设备中第 10 个块（从第 0 个块作为起始），共计 2 个块的数据。这个接口返回的类型是 rt_size_t，即读到的字节数或块数目。正常情况下应该会返回参数中 size 的数值，如果返回零，请设置对应的 errno 值
write	向设备写入数据。参数 pos 是写入数据的偏移量。与读操作类似，对于块设备来说，pos 以及 size 都是以块设备的数据块大小为单位的。这个接口返回的类型是 rt_size_t，即真实写入数据的字节数或块数目。正常情况下应该会返回参数中 size 的数值，如果返回零，请设置对应的 errno 值
control	根据 cmd 命令控制设备。命令往往由底层各类设备驱动自定义实现。例如，参数 RT_DEVICE_ CTRL_BLK_GETGEOME，意思是获取块设备的大小信息

当一个动态创建的设备不需要再使用时，可以通过如下的函数来销毁，函数参数及返回值见表 13-3。

```
    void rt_device_destroy(rt_device_t device);
```

设备被创建后，需要注册到 I/O 设备管理器中，应用程序才能够访问，注册设备的函数如下所示，函数参数及返回值见表 13-4。

表 13-3　rt_device_destroy() 的输入参数和返回值

参数	描述
device	设备句柄

```
    rt_err_t rt_device_register(rt_device_t dev, const char* name, rt_uint16_t
flags);
```

表 13-4　rt_device_register() 的输入参数和返回值

参数	描述
dev	设备句柄
name	设备名称，设备名称的最大长度由 rtconfig.h 中定义的宏 RT_NAME_MAX 指定，多余部分会被自动截掉

（续）

参数	描述
flags	设备模式标志，可取值见代码清单 13-2

返回	描述
RT_EOK	注册成功
-RT_ERROR	注册失败，dev 为空或者 name 已经存在

注意： 应当避免重复注册已经注册的设备，以及注册相同名字的设备。

代码清单13-2　flags参数取值

```
flags 参数支持下列参数（可以采用或的方式支持多种参数）：
#define RT_DEVICE_FLAG_RDONLY        0x001    /* 只读设备              */
#define RT_DEVICE_FLAG_WRONLY        0x002    /* 只写设备              */
#define RT_DEVICE_FLAG_RDWR          0x003    /* 读写设备              */
#define RT_DEVICE_FLAG_REMOVABLE     0x004    /* 可移除设备            */
#define RT_DEVICE_FLAG_STANDALONE    0x008    /* 独立设备              */
#define RT_DEVICE_FLAG_SUSPENDED     0x020    /* 挂起设备              */
#define RT_DEVICE_FLAG_STREAM        0x040    /* 设备处于流模式        */
#define RT_DEVICE_FLAG_INT_RX        0x100    /* 设备处于中断接收模式 */
#define RT_DEVICE_FLAG_DMA_RX        0x200    /* 设备处于DMA接收模式  */
#define RT_DEVICE_FLAG_INT_TX        0x400    /* 设备处于中断发送模式 */
#define RT_DEVICE_FLAG_DMA_TX        0x800    /* 设备处于DMA发送模式  */
```

设备流模式 RT_DEVICE_FLAG_STREAM 参数用于向串口终端输出字符串：当输出的字符是"\n"时，自动在前面补一个"\r"进行分行。

当设备注销后，设备将从设备管理器中移除，也就不能再通过设备查找搜索到该设备。注销设备不会释放设备控制块占用的内存。注销设备的函数如下所示，函数参数及返回值见表 13-5。

表 13-5　rt_device_unregister()的输入参数和返回值

参数	描述
dev	设备句柄

返回	描述
RT_EOK	成功

```
rt_err_t rt_device_unregister(rt_device_t dev);
```

代码清单 13-3 为看门狗设备的注册示例，调用 rt_hw_watchdog_register() 接口后，设备通过 rt_device_register() 接口被注册到 I/O 设备管理器中。

代码清单13-3　看门狗设备注册示例

```
const static struct rt_device_ops wdt_ops =
{
    rt_watchdog_init,
    rt_watchdog_open,
    rt_watchdog_close,
    RT_NULL,
```

```
        RT_NULL,
        rt_watchdog_control,
};

rt_err_t rt_hw_watchdog_register(struct rt_watchdog_device *wtd,
                                 const char                *name,
                                 rt_uint32_t                flag,
                                 void                      *data)
{
        struct rt_device *device;
        RT_ASSERT(wtd != RT_NULL);

        device = &(wtd->parent);

        device->type         = RT_Device_Class_Miscellaneous;
        device->rx_indicate  = RT_NULL;
        device->tx_complete  = RT_NULL;

        device->ops          = &wdt_ops;
        device->user_data    = data;

        /* register a character device */
        return rt_device_register(device, name, flag);
}
```

13.3 访问 I/O 设备

应用程序通过 I/O 设备管理接口来访问硬件设备，当设备驱动实现后，应用程序就可以访问该硬件。I/O 设备管理接口与 I/O 设备的操作方法的映射关系如图 13-6 所示。

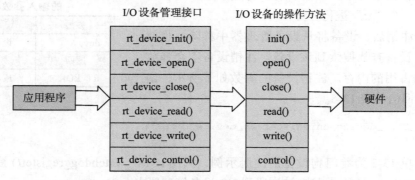

图 13-6 I/O 设备管理接口与 I/O 设备的操作方法的映射关系

13.3.1 查找设备

应用程序根据设备名称获取设备句柄，进而可以操作设备。查找设备函数如下所示，函数参数及返回值见表 13-6。

```
rt_device_t rt_device_find(const char* name);
```

表 13-6　rt_device_find() 的输入参数和返回值

参数	描述
name	设备名称
返回	描述
设备句柄	找到对应设备将返回相应的设备句柄
RT_NULL	没有找到相应的设备对象

13.3.2　初始化设备

获得设备句柄后，应用程序可使用如下函数对设备进行初始化操作，函数参数及返回值见表 13-7。

```
rt_err_t rt_device_init(rt_device_t dev);
```

表 13-7　rt_device_init() 的输入参数和返回值

参数	描述
dev	设备句柄
返回	描述
RT_EOK	设备初始化成功
错误码	设备初始化失败

注意：当一个设备已经初始化成功后，调用这个接口将不再重复进行初始化。

13.3.3　打开和关闭设备

通过设备句柄，应用程序可以打开和关闭设备，打开设备时，会检测设备是否已经初始化，没有初始化则会默认调用初始化接口初始化设备。可通过如下函数打开设备，函数参数及返回值见表 13-8。

```
rt_err_t rt_device_open(rt_device_t dev, rt_uint16_t oflags);
```

表 13-8　rt_device_open() 的输入参数和返回值

参数	描述
dev	设备句柄
oflags	设备访问模式标志
返回	描述
RT_EOK	设备打开成功
-RT_EBUSY	如果设备注册时指定的参数中包括 RT_DEVICE_FLAG_STANDALONE 参数，此设备将不允许重复打开
其他错误码	设备打开失败

oflags 支持以下参数：

```
#define RT_DEVICE_OFLAG_CLOSE 0x000      /* 设备已经关闭（内部使用）*/
#define RT_DEVICE_OFLAG_RDONLY 0x001     /* 以只读方式打开设备 */
#define RT_DEVICE_OFLAG_WRONLY 0x002     /* 以只写方式打开设备 */
#define RT_DEVICE_OFLAG_RDWR 0x003       /* 以读写方式打开设备 */
#define RT_DEVICE_OFLAG_OPEN 0x008       /* 设备已经打开（内部使用）*/
```

```
#define RT_DEVICE_FLAG_STREAM 0x040    /* 设备以流模式打开 */
#define RT_DEVICE_FLAG_INT_RX 0x100    /* 设备以中断接收模式打开 */
#define RT_DEVICE_FLAG_DMA_RX 0x200    /* 设备以 DMA 接收模式打开 */
#define RT_DEVICE_FLAG_INT_TX 0x400    /* 设备以中断发送模式打开 */
#define RT_DEVICE_FLAG_DMA_TX 0x800    /* 设备以 DMA 发送模式打开 */
```

注意：如果上层应用程序需要设置设备的接收回调函数，则必须以 RT_DEVICE_FLAG_INT_RX 或者 RT_DEVICE_FLAG_DMA_RX 的方式打开设备，否则不会回调函数。

应用程序打开设备并完成读写等操作后，如果不需要再对设备进行操作则可以关闭设备，通过如下函数完成，函数参数及返回值见表 13-9。

```
rt_err_t rt_device_close(rt_device_t dev);
```

表 13-9 rt_device_close() 的输入参数和返回值

参数	描述
dev	设备句柄
返回	**描述**
RT_EOK	关闭设备成功
-RT_ERROR	设备已经完全关闭，不能重复关闭设备
其他错误码	关闭设备失败

注意：关闭设备接口和打开设备接口需配对使用，打开一次设备对应要关闭一次设备，这样设备才会被完全关闭，否则设备仍处于未关闭状态。

13.3.4 控制设备

通过命令控制字，应用程序也可以对设备进行控制，通过如下函数完成，函数参数及返回值见表 13-10。

```
rt_err_t rt_device_control(rt_device_t dev, rt_uint8_t cmd, void* arg);
```

表 13-10 rt_device_control() 的输入参数和返回值

参数	描述
dev	设备句柄
cmd	命令控制字，该参数通常与设备驱动程序相关
arg	控制的参数
返回	**描述**
RT_EOK	函数执行成功
-RT_ENOSYS	执行失败，dev 为空
其他错误码	执行失败

参数 cmd 的通用设备命令可取如下宏定义：

```
#define RT_DEVICE_CTRL_RESUME        0x01              /* 恢复设备 */
#define RT_DEVICE_CTRL_SUSPEND       0x02              /* 挂起设备 */
#define RT_DEVICE_CTRL_CONFIG        0x03              /* 配置设备 */
#define RT_DEVICE_CTRL_SET_INT       0x10              /* 设置中断 */
#define RT_DEVICE_CTRL_CLR_INT       0x11              /* 清除中断 */
#define RT_DEVICE_CTRL_GET_INT       0x12              /* 获取中断状态 */
```

13.3.5　读写设备

应用程序从设备中读取数据可以通过如下函数完成，函数参数及返回值见表 13-11。

```
rt_size_t rt_device_read(rt_device_t dev, rt_off_t pos, void* buffer, rt_
size_t size);
```

表 13-11　rt_device_read() 的输入参数和返回值

参数	描述
dev	设备句柄
pos	读取数据偏移量
buffer	内存缓冲区指针，读取的数据将会被保存在缓冲区中
size	读取数据的大小
返回	描述
读到数据的实际大小	如果是字符设备，返回大小以字节为单位，如果是块设备，返回的大小以块为单位
0	需要读取当前线程的 errno 来判断错误状态

调用这个函数，会从 dev 设备中读取数据，并存放在 buffer 缓冲区中，这个缓冲区的最大长度是 size，pos 根据不同的设备类别有不同的意义。

向设备中写入数据，可以通过如下函数完成，函数参数及返回值见表 13-12。

```
rt_size_t rt_device_write(rt_device_t dev, rt_off_t pos, const void* buffer,
rt_size_t size);
```

表 13-12　rt_device_write() 的输入参数和返回值

参数	描述
dev	设备句柄
pos	写入数据偏移量
buffer	内存缓冲区指针，放置要写入的数据
size	写入数据的大小
返回	描述
写入数据的实际大小	如果是字符设备，返回大小以字节为单位；如果是块设备，返回的大小以块为单位
0	需要读取当前线程的 errno 来判断错误状态

调用这个函数，会把缓冲区 buffer 中的数据写入到设备 dev 中，写入数据的最大长度是 size，pos 根据不同的设备类别存在不同的意义。

13.3.6　数据收发回调

当硬件设备收到数据时，可以通过如下函数回调另一个函数来设置数据接收指示，通知上层应用线程有数据到达。函数参数及返回值见表 13-13。

```
rt_err_t rt_device_set_rx_indicate(rt_device_t dev,
rt_err_t (*rx_ind )(rt_device_t dev,rt_size_t size));
```

该函数的回调函数由调用者提供。当硬件设备
接收到数据时，会回调这个函数并把收到的数据长
度放在 size 参数中传递给上层应用。上层应用线
程应在收到指示后，立刻从设备中读取数据。

在应用程序调用 rt_device_write() 写入数据
时，如果底层硬件能够支持自动发送，那么上层
应用可以设置一个回调函数。这个回调函数会在
底层硬件数据发送完成后（例如 DMA 传送完成或
FIFO 已经写入完毕产生中断时）调用。可以通过
如下函数设置设备发送完成指示，函数参数及返回值见表 13-14。

表 13-13 rt_device_set_rx_indicate()
的输入参数和返回值

参数	描述
dev	设备句柄
rx_ind	回调函数指针
返回	描述
RT_EOK	设置成功

```
rt_err_t rt_device_set_tx_complete(rt_device_t dev,
rt_err_t (*tx_done)(rt_device_t dev,void *buffer));
```

调用该函数时，回调函数由调用者提供，当硬
件设备发送完数据时，由驱动程序回调这个函数并
把发送完成的数据块地址 buffer 作为参数传递给上
层应用。上层应用（线程）在收到指示时会根据发
送 buffer 的情况，释放 buffer 内存块或将其作为下
一个写数据的缓存。

表 13-14 rt_device_set_tx_complete()
的参输入数和返回值

参数	描述
dev	设备句柄
tx_done	回调函数指针
返回	描述
RT_EOK	设置成功

13.3.7 设备访问示例

代码清单 13-4 为应用程序访问设备的示例，首先通过 rt_device_find() 接口查找看门狗
设备，获得设备句柄，然后通过 rt_device_init() 接口初始化设备，通过 rt_device_control()
接口设置看门狗设备溢出时间。

代码清单13-4 设备访问示例

```
#include <rtthread.h>
#include <rtdevice.h>

#define IWDG_DEVICE_NAME     "iwg"

static rt_device_t wdg_dev;

static void idle_hook(void)
{
```

```
    /* 在空闲线程的回调函数里喂狗 */
    rt_device_control(wdg_dev, RT_DEVICE_CTRL_WDT_KEEPALIVE, NULL);
    rt_kprintf ("feed the dog!");
}

int main(void)
{
    rt_err_t res = RT_EOK;
    rt_uint32_t timeout = 1000;      /* 溢出时间 */

    /* 根据设备名称查找看门狗设备，获取设备句柄 */
    wdg_dev = rt_device_find(IWDG_DEVICE_NAME);
    if (!wdg_dev)
    {
        rt_kprintf("find %s failed!\n", IWDG_DEVICE_NAME);
        return RT_ERROR;
    }
    /* 初始化设备 */
    res = rt_device_init(wdg_dev);
    if (res != RT_EOK)
    {
        rt_kprintf("initialize %s failed!\n", IWDG_DEVICE_NAME);
        return res;
    }
    /* 设置看门狗溢出时间 */
    res = rt_device_control(wdg_dev, RT_DEVICE_CTRL_WDT_SET_TIMEOUT, &timeout);
    if (res != RT_EOK)
    {
        rt_kprintf("set %s timeout failed!\n", IWDG_DEVICE_NAME);
        return res;
    }
    /* 设置空闲线程回调函数 */
    rt_thread_idle_sethook(idle_hook);

    return res;
}
```

13.4　本章小结

　　本章节讲述了 I/O 设备管理的工作机制及其接口功能。在这里回顾一下需要注意的几点：

　　（1）没有提供驱动的设备，设备驱动需根据驱动框架实现，重点是实现设备的操作方法。

　　（2）应当避免重复注册已经注册的设备，以及注册相同名字的设备。

　　（3）设备的打开和关闭接口应该配对使用。

　　（4）动态创建的设备对象需要调用销毁设备接口才会释放设备控制块占用的内存。

第 14 章
通用外设接口

由于大规模集成电路，特别是 MCU 技术发展得很快，现在许多芯片在制造时已经能够将部分接口电路和总线集成到 MCU 内部，如 UART 总线、SPI 总线、I2C 总线、GPIO 等，这类用于与外部设备连接的接口电路和总线称为"片内外设"。

RT-Thread 对常用的片内外设做了抽象，为同一类外设提供了通用接口，对于不同 MCU 的片内外设，都可以使用同一套外设接口进行访问，这样对于使用外设接口的应用程序而言是跨平台的。

本章将分别介绍串口设备、PIN 设备、SPI 设备、I2C 设备，读完本章，大家会了解如何通过 RT-Thread 提供的设备接口来访问这些片内外设。

14.1 UART 串口

UART 是一种通用的串行数据总线，全称是 Universal Asynchronous Receiver/Transmitter，即通用异步收发传输器，是在应用程序开发过程中使用频率最高的数据总线。

UART 串口的特点是将数据一位一位地顺序传送，只要两根传输线就可以实现双向通信，用一根线发送数据的同时用另一根线接收数据。UART 串口通信有 4 个重要的参数，分别是波特率、数据位、停止位和奇偶检验位，对于两个使用 UART 串口通信的端口，这些参数必须匹配，否则通信将无法正常完成。

UART 串口传输的数据格式为：1 个起始位、1 ～ 8 个数据位、1 个奇 / 偶 / 非极性位、1 ～ 2 个结束位。如图 14-1 所示。

起始位	LSB	1	2	3	4	5	6	MSB	奇/偶/无极性	结束位

图 14-1　串口传输数据格式

UART 串口每次传输数据都有一个起始位，通知对方数据传输开始；中间为要传输的实际数据；奇偶检验位是串口通信中一种简单的检错方式，没有检验位也可以；结束位表示一个数据帧传输结束。

14.1.1　串口设备管理

在 RT-Thread 中，应用程序可通过通用 I/O 设备管理接口来访问串口硬件，可以按照轮询、中断或 DMA 等方式进行串口数据收发，也可以设置串口的波特率、数据位等。

串口设备驱动框架中定义了串口的设备模型，它从设备对象派生而来，如下面代码所示：

```
struct rt_serial_device
{
    struct rt_device          parent;   /* 设备基类 */
    const struct rt_uart_ops *ops;      /* 串口设备的操作方法，由串口设备驱动提供 */
    struct serial_configure   config;   /* 串口设备配置参数 */
    void *serial_rx;
    void *serial_tx;
};
typedef struct rt_serial_device rt_serial_t;
```

串口设备使用序列如图 14-2 所示，主要有以下几点：

（1）串口设备驱动程序根据串口设备模型定义，创建出具备硬件访问能力的串口设备实例，将该设备通过 rt_hw_serial_register() 接口注册到串口设备驱动框架中。

（2）串口设备驱动框架通过 rt_device_register() 接口将设备注册到 I/O 设备管理器中。

（3）应用程序通过 I/O 设备管理接口来访问串口设备硬件。

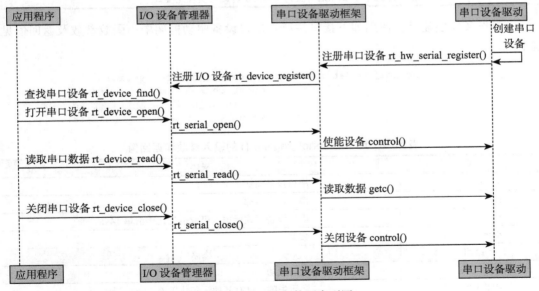

图 14-2　串口设备使用序列图

14.1.2　创建和注册串口设备

串口设备驱动程序负责根据串口模型定义来创建和注册串口设备。

创建串口设备主要是实现串口设备 struct rt_serial_device 的数据结构定义，也就是实例化串口设备，并实现串口设备的操作方法 struct rt_uart_ops。

```
struct rt_uart_ops
{
      rt_err_t (*configure)(struct rt_serial_device *serial, struct serial_
configure *cfg);
      rt_err_t (*control)(struct rt_serial_device *serial, int cmd, void *arg);
      int (*putc)(struct rt_serial_device *serial, char c);
      int (*getc)(struct rt_serial_device *serial);
      rt_size_t (*dma_transmit)(struct rt_serial_device *serial, rt_uint8_t
*buf, rt_size_t size, int direction);
};
```

串口设备的操作方法描述如表 14-1 所示。

表 14-1　串口设备的操作方法

方法名称	方法描述
configure	配置串口传输模式。根据串口设备配置参数 cfg 配置串口的传输模式并使能串口
control	控制串口。根据命令控制字 cmd 控制串口，一般用于开关串口中断，对应的命令控制字 cmd 为 RT_DEVICE_CTRL_SET_INT 和 RT_DEVICE_CTRL_CLR_INT
putc	发送一个字符数据
getc	接收一个字符数据
dma_transmit	DMA 模式收发数据，如果芯片支持 DMA 功能则可实现此接口

串口设备被创建后，使用如下接口注册到串口设备驱动框架中，函数参数及返回值见表 14-2。

```
rt_err_t rt_hw_serial_register(struct rt_serial_device *serial,
                              const char              *name,
                              rt_uint32_t              flag,
                              void                    *data);
```

表 14-2　rt_hw_serial_register() 的输入参数和返回值

参数	描述
serial	串口设备句柄
name	串口设备名称
flag	串口设备模式标志，可取值见代码清单 14-1
data	数据
返回	描述
RT_EOK	注册成功
-RT_ERROR	注册失败，已有其他设备使用该 name 注册

代码清单14-1　flag参数取值

```
flag 参数支持下列参数 ( 可以采用或的方式支持多种参数 )：
#define RT_DEVICE_FLAG_RDONLY      0x001     /* 只读设备        */
#define RT_DEVICE_FLAG_WRONLY      0x002     /* 只写设备        */
#define RT_DEVICE_FLAG_RDWR        0x003     /* 读写设备        */
```

```
#define RT_DEVICE_FLAG_REMOVABLE        0x004        /* 可移除设备             */
#define RT_DEVICE_FLAG_STANDALONE       0x008        /* 独立设备               */
#define RT_DEVICE_FLAG_SUSPENDED        0x020        /* 挂起设备               */
#define RT_DEVICE_FLAG_STREAM           0x040        /* 设备处于流模式         */
#define RT_DEVICE_FLAG_INT_RX           0x100        /* 设备处于中断接收模式 */
#define RT_DEVICE_FLAG_DMA_RX           0x200        /* 设备处于 DMA 接收模式 */
#define RT_DEVICE_FLAG_INT_TX           0x400        /* 设备处于中断发送模式 */
#define RT_DEVICE_FLAG_DMA_TX           0x800        /* 设备处于 DMA 发送模式 */
```

串口设备一般配置为可读写和中断接收的模式，注册串口设备时参数 flag 取值为 RT_DEVICE_FLAG_RDWR 或 RT_DEVICE_FLAG_INT_RX。

14.1.3　访问串口设备

应用程序通过 I/O 设备管理接口来访问串口硬件，图 14-3 所示为使用 I/O 设备管理接口操作串口设备的函数调用层次关系。应用程序使用 rt_device_read() 接口读取串口设备接收到的数据，首先会使用串口设备驱动框架的操作方法 rt_serial_read()，最终会使用串口设备驱动提供的串口设备的操作方法 getc() 接口，如果使用 DMA 模式收发数据，则会调用 dma_transmit() 接口。

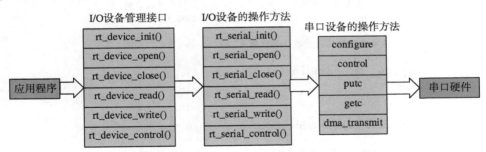

图 14-3　串口设备使用 I/O 设备管理接口的调用层次关系

14.1.4　串口设备使用示例

串口设备的具体使用方式可以参考代码清单 14-2。

代码清单14-2　串口设备使用示例

```
/*
 * 程序清单：这是一个串口设备使用例程
 * 例程导出了 uart_sample 命令到控制终端
 * 命令调用格式：uart_sample uart2
 * 命令解释：命令第二个参数是要使用的串口设备名称，为空则使用默认的串口设备
 * 程序功能：通过串口输出字符串 "hello RT-Thread!"，然后错位输出输入的字符
 */

#include <rtthread.h>

#define SAMPLE_UART_NAME        "uart2"
```

```
/* 用于接收消息的信号量 */
static struct rt_semaphore rx_sem;
static rt_device_t serial;

/* 接收数据回调函数 */
static rt_err_t uart_input(rt_device_t dev, rt_size_t size)
{
    /* 串口接收到数据后产生中断，调用此回调函数，然后发送接收信号量 */
    rt_sem_release(&rx_sem);

    return RT_EOK;
}

static void serial_thread_entry(void *parameter)
{
    char ch;

    while (1)
    {
        /* 从串口读取一个字节的数据，没有读取到则等待接收信号量 */
        while (rt_device_read(serial, -1, &ch, 1) != 1)
        {
            /* 阻塞等待接收信号量，等到信号量后再次读取数据 */
            rt_sem_take(&rx_sem, RT_WAITING_FOREVER);
        }
        /* 读取到的数据通过串口错位输出 */
        ch = ch + 1;
        rt_device_write(serial, 0, &ch, 1);
    }
}

static int uart_sample(int argc, char *argv[])
{
    rt_err_t ret = RT_EOK;
    char uart_name[RT_NAME_MAX];
    char str[] = "hello RT-Thread!\r\n";

    if (argc == 2)
    {
        rt_strncpy(uart_name, argv[1], RT_NAME_MAX);
    }
    else
    {
        rt_strncpy(uart_name, SAMPLE_UART_NAME, RT_NAME_MAX);
    }

    /* 查找系统中的串口设备 */
    serial = rt_device_find(uart_name);
    if (!serial)
    {
        rt_kprintf("find %s failed!\n", uart_name);
        return RT_ERROR;
    }
```

```
        /* 初始化信号量 */
        rt_sem_init(&rx_sem, "rx_sem", 0, RT_IPC_FLAG_FIFO);
        /* 以读写及中断接收方式打开串口设备 */
        rt_device_open(serial, RT_DEVICE_OFLAG_RDWR | RT_DEVICE_FLAG_INT_RX);
        /* 设置接收回调函数 */
        rt_device_set_rx_indicate(serial, uart_input);
        /* 发送字符串 */
        rt_device_write(serial, 0, str, (sizeof(str) - 1));

        /* 创建 serial 线程 */
        rt_thread_t thread = rt_thread_create("serial",
    serial_thread_entry, RT_NULL, 1024, 25, 10);
        /* 创建成功则启动线程 */
        if (thread != RT_NULL)
        {
            rt_thread_startup(thread);
        }
        else
        {
            ret = RT_ERROR;
        }

        return ret;
    }
    /* 导出到 msh 命令列表中 */
MSH_CMD_EXPORT(uart_sample, uart device sample); /*
```

14.2　GPIO

芯片上的引脚一般分为 4 类：电源、时钟、控制与 I/O。I/O 口在使用模式上又分为 General Purpose Input Output（通用输入 / 输出，简称 GPIO）与功能复用 I/O（如 SPI、I2C、UART 等）。

大多数 MCU 的引脚都不止一个功能。不同引脚内部结构不一样，拥有的功能也不一样。可以通过不同的配置，切换引脚的实际功能。

通用 I/O 口主要特性如下：

（1）可编程控制中断。中断触发模式可配置，一般有图 14-4 所示的 5 种中断触发模式。

（2）输入输出模式可控制。输出模式一般包括推挽、开漏、

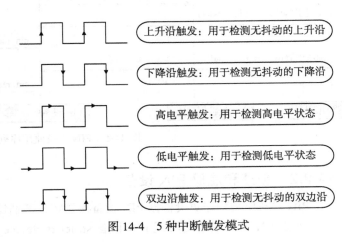

图 14-4　5 种中断触发模式

上拉、下拉，输入模式一般包括浮空、上拉、下拉、模拟。引脚为输入模式时，可以读取引脚的电平状态，即高电平或低电平。引脚为输出模式时，可以通过配置引脚输出的电平状态为高电平或低电平来控制连接的外围设备。

14.2.1 PIN 设备管理

在 RT-Thread 中，应用程序可通过 PIN 设备接口来操作 GPIO，如设置引脚模式和输出电平、读取引脚输入电平、配置引脚外部中断等。

PIN 设备驱动框架中定义了 PIN 设备模型，它从设备对象派生而来，如下面的代码所示：

```
struct rt_device_pin
{
    struct rt_device parent;        /* 设备基类 */
    const struct rt_pin_ops *ops;   /* PIN 设备操作方法，由 PIN 设备驱动提供 */
};
```

PIN 设备使用序列如图 14-5 所示，主要有以下几点：

（1）PIN 设备驱动程序根据 PIN 设备模型定义，创建出具备硬件访问能力的 PIN 设备实例，将该设备通过 rt_device_pin_register() 接口注册到 PIN 设备驱动框架中。

（2）PIN 设备驱动框架通过 rt_device_register() 接口将 PIN 设备注册到 I/O 设备管理器中。

（3）应用程序通过 PIN 设备接口来访问 PIN 设备硬件。

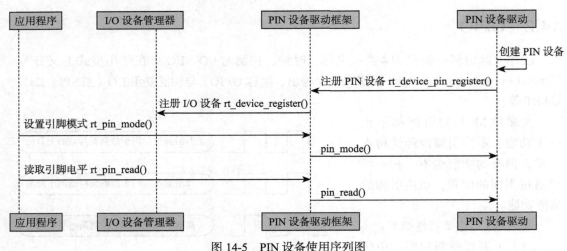

图 14-5　PIN 设备使用序列图

14.2.2 创建和注册 PIN 设备

PIN 设备驱动程序负责根据 PIN 设备模型定义来创建和注册 PIN 设备。

创建 PIN 设备主要是实现 PIN 设备 struct rt_device_pin 的数据结构定义，并实现 PIN

设备的操作方法 struct rt_pin_ops，也就是实例化 PIN 设备。

```
struct rt_pin_ops
{
    void (*pin_mode)(struct rt_device *device, rt_base_t pin, rt_base_t mode);
    void (*pin_write)(struct rt_device *device, rt_base_t pin, rt_base_t value);
    int (*pin_read)(struct rt_device *device, rt_base_t pin);
    rt_err_t (*pin_attach_irq)(struct rt_device *device, rt_int32_t pin,
                         rt_uint32_t mode, void (*hdr)(void *args), void *args);
    rt_err_t (*pin_detach_irq)(struct rt_device *device, rt_int32_t pin);
    rt_err_t (*pin_irq_enable)(struct rt_device *device, rt_base_t pin, rt_
uint32_t enabled);
};
```

PIN 设备的操作方法描述如表 14-3 所示。

表 14-3　PIN设备的操作方法

方法名称	方法描述
pin_mode	设置引脚模式。RT-Thread 提供 5 种引脚模式，可取值见代码清单 14-3 。底层设备驱动需根据这些值对应修改引脚模式
pin_write	设置引脚电平值。根据参数 value 对应修改引脚电平状态，value 可取 2 种宏定义值：PIN_LOW（低电平），PIN_HIGH（高电平）
pin_read	读取引脚电平值。返回对应引脚电平值有 2 种：PIN_LOW（低电平），PIN_HIGH（高电平）
pin_attach_irq	绑定引脚中断回调函数。绑定中断回调函数到对应的引脚，当引脚中断发生时将会调用此函数。中断触发模式参数 mode 可取值见代码清单 14-4
pin_detach_irq	脱离引脚中断回调函数
pin_irq_enable	使能引脚中断

PIN 设备被创建后，使用如下接口注册到 PIN 设备驱动框架中，函数参数及返回值见表 14-4。

```
int rt_ device_pin_register(const char *name, const struct rt_pin_ops *ops,
void *user_data);
```

表 14-4　rt_device_pin_register() 的输入参数和返回值

参数	描述
name	PIN 设备名称
ops	PIN 设备操作方法对象指针
user_data	用户数据，一般设为 RT_NULL
返回	描述
RT_EOK	注册成功
-RT_ERROR	注册失败，已有其他设备使用该 name 注册

14.2.3　访问 PIN 设备

应用程序通过 PIN 设备接口来访问 GPIO 引脚，图 14-6 所示为使用 PIN 设备接口的函数调用层次关系。

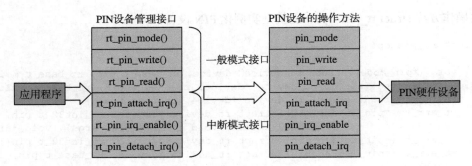

图 14-6   PIN 设备接口的调用层次关系

1. 设置引脚模式

引脚在使用前需要先设置好输入或者输出模式，设置
引脚模式的函数如下所示，函数参数及返回值见表 14-5。

```
void rt_pin_mode(rt_base_t pin, rt_base_t mode);
```

表 14-5   rt_pin_mode() 的输入参数

参数	描述
pin	引脚编号
mode	引脚工作模式

注意： 引脚编号需要和芯片的引脚号区分开来，它们并不是同一个概念，引脚编号由 PIN
设备驱动程序定义，和具体的芯片相关。

目前 RT-Thread 支持的引脚工作模式可取如代码清单 14-3 所示的 5 种宏定义值之一，
每种模式对应的芯片实际支持的模式需参考 PIN 设备驱动程序的具体实现。

代码清单14-3   引脚模式可取值

```
#define PIN_MODE_OUTPUT          0x00        /* 输出 */
#define PIN_MODE_INPUT           0x01        /* 输入 */
#define PIN_MODE_INPUT_PULLUP    0x02        /* 上拉输入 */
#define PIN_MODE_INPUT_PULLDOWN  0x03        /* 下拉输入 */
#define PIN_MODE_OUTPUT_OD       0x04        /* 开漏输出 */
```

2. 设置引脚电平

设置引脚输出电平的函数如下所示，函数参数见表 14-6。

```
void rt_pin_write(rt_base_t pin, rt_base_t value);
```

表 14-6   rt_pin_write() 的输入参数

参数	描述
pin	引脚编号
value	电平逻辑值，可取 2 种宏定义值之一：PIN_LOW（低电平），PIN_HIGH（高电平）

3. 获取引脚电平

获取引脚电平的函数如下所示，函数参数及返回值见表 14-7。

```
int  rt_pin_read(rt_base_t pin);
```

4. 绑定引脚中断回调函数

若要使用引脚的中断功能，可以通过如下函数将某个引脚配置为某种中断触发模式并绑定一个中断回调函数到对应引脚，当引脚中断发生时，就会执行回调函数，函数参数及返回值见表 14-8。

表 14-7　rt_pin_read() 的输入参数和返回值

参数	描述
pin	引脚编号
返回	描述
PIN_LOW	低电平
PIN_HIGH	高电平

```
rt_err_t rt_pin_attach_irq(rt_int32_t pin, rt_uint32_t mode,
                           void (*hdr)(void *args), void  *args);
```

表 14-8　rt_pin_attach_irq() 的输入参数和返回值

参数	描述
pin	引脚编号
mode	中断触发模式
hdr	中断回调函数，用户需要自行定义这个函数
args	中断回调函数的参数，不需要时设置为 RT_NULL
返回	描述
RT_EOK	绑定成功
错误码	绑定失败

中断触发模式 mode 可取代码清单 14-4 所示的 5 种宏定义值之一。

代码清单14-4　引脚中断触发模式

```
#define PIN_IRQ_MODE_RISING          0x00    /* 上升沿触发 */
#define PIN_IRQ_MODE_FALLING         0x01    /* 下降沿触发 */
#define PIN_IRQ_MODE_RISING_FALLING  0x02    /* 边沿触发（上升沿和下降沿都触发）*/
#define PIN_IRQ_MODE_HIGH_LEVEL      0x03    /* 高电平触发 */
#define PIN_IRQ_MODE_LOW_LEVEL       0x04    /* 低电平触发 */
```

5. 使能引脚中断

绑定好引脚中断回调函数后使用下面的函数使能引脚中断，函数参数及返回值见表 14-9。

```
rt_err_t rt_pin_irq_enable(rt_base_t pin, rt_uint32_t enabled);
```

表 14-9　rt_pin_irq_enable() 的输入参数和返回值

参数	描述
pin	引脚编号
enabled	状态，可取两种值之一：PIN_IRQ_ENABLE（开启），PIN_IRQ_DISABLE（关闭）
返回	描述
RT_EOK	使能成功
错误码	使能失败

6. 脱离引脚中断回调函数

可以使用如下函数脱离引脚中断回调函数，函数参数及返回值见表 14-10。

```
rt_err_t rt_pin_detach_irq(rt_int32_t pin);
```

引脚脱离了中断回调函数以后，中断并没有关闭，还可以调用绑定中断回调函数再次绑定其他回调函数。

表 14-10　rt_pin_detach_irq() 的输入参数和返回值

参数	描述
pin	引脚编号
返回	描述
RT_EOK	脱离成功
错误码	脱离失败

14.2.4　PIN 设备使用示例

PIN 设备的具体使用方式可以参考代码清单 14-5。

代码清单14-5　PIN设备使用示例源码

```
/*
 * 程序清单：这是一个 PIN 设备使用例程
 * 例程导出了 pin_beep_sample 命令到控制终端
 * 命令调用格式：pin_beep_sample
 * 程序功能：通过按键控制蜂鸣器对应引脚的电平状态控制蜂鸣器
 */

#include <rtthread.h>
#include <rtdevice.h>

/* 引脚编号，通过查看设备驱动文件 drv_gpio.c 确定 */
#ifndef BEEP_PIN_NUM
    #define BEEP_PIN_NUM            37  /* PB2 */
#endif
#ifndef KEY0_PIN_NUM
    #define KEY0_PIN_NUM            57  /* PD10 */
#endif
#ifndef KEY1_PIN_NUM
    #define KEY1_PIN_NUM            56  /* PD9 */
#endif

void beep_on(void *args)
{
    rt_kprintf("turn on beep!\n");

    rt_pin_write(BEEP_PIN_NUM, PIN_HIGH);
}

void beep_off(void *args)
{
    rt_kprintf("turn off beep!\n");
```

```
    rt_pin_write(BEEP_PIN_NUM, PIN_LOW);
}

static void pin_beep_sample(void)
{
    /* 蜂鸣器引脚为输出模式 */
    rt_pin_mode(BEEP_PIN_NUM, PIN_MODE_OUTPUT);
    /* 默认低电平 */
    rt_pin_write(BEEP_PIN_NUM, PIN_LOW);

    /* 按键 0 引脚为输入模式 */
    rt_pin_mode(KEY0_PIN_NUM, PIN_MODE_INPUT_PULLUP);
    /* 绑定中断，下降沿模式，回调函数名为 beep_on */
    rt_pin_attach_irq(KEY0_PIN_NUM, PIN_IRQ_MODE_FALLING, beep_on, RT_NULL);
    /* 使能中断 */
    rt_pin_irq_enable(KEY0_PIN_NUM, PIN_IRQ_ENABLE);

    /* 按键 1 引脚为输入模式 */
    rt_pin_mode(KEY1_PIN_NUM, PIN_MODE_INPUT_PULLUP);
    /* 绑定中断，下降沿模式，回调函数名为 beep_off */
    rt_pin_attach_irq(KEY1_PIN_NUM, PIN_IRQ_MODE_FALLING, beep_off, RT_NULL);
    /* 使能中断 */
    rt_pin_irq_enable(KEY1_PIN_NUM, PIN_IRQ_ENABLE);
}
/* 导出到 msh 命令列表中 */
MSH_CMD_EXPORT (pin_beep_sample, pin beep sample);
```

14.3　SPI 总线

SPI（Serial Peripheral Interface，串行外设接口）是一种高速、全双工、同步通信总线，常用于短距离通信，主要应用于 EEPROM、FLASH、实时时钟、AD 转换器以及数字信号处理器和数字信号解码器之间。SPI 一般使用 4 根线通信，如图 14-7 所示。

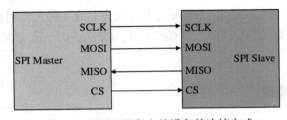

图 14-7　SPI 主设备和从设备的连接方式

（1）MOSI：主机输出 / 从机输入数据线（SPI Bus Master Output/Slave Input）。

（2）MISO：主机输入 / 从机输出数据线（SPI Bus Master Input/Slave Output）。

（3）SCLK：串行时钟线（Serial Clock），主设备输出时钟信号至从设备。

（4）CS：从设备选择线（Chip select），也叫 SS、CSB、CSN、EN 等，主设备输出片选信号至从设备。

SPI 以主从方式工作，通常有一个主设备和一个或多个从设备。通信由主设备发起，主设备通过 CS 选择要通信的从设备，然后通过 SCLK 给从设备提供时钟信号，数据通过 MOSI 输出给从设备，同时通过 MISO 接收从设备发送的数据。

如图 14-8 所示，芯片有 2 个 SPI 控制器，SPI 控制器对应 SPI 主设备，每个 SPI 控制器可以连接多个 SPI 从设备。挂载在同一个 SPI 控制器上的从设备共享 3 个信号引脚，即 SCK、MISO、MOSI，但每个从设备的 CS 引脚是独立的。

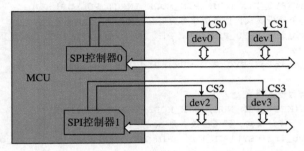

图 14-8　一个 SPI 主设备与多个从设备连接

主设备通过控制 CS 引脚对从设备进行片选，一般为低电平有效。任何时刻，一个 SPI 主设备上只有一个 CS 引脚处于有效状态，与该有效 CS 引脚连接的从设备此时可以与主设备通信。

从设备的时钟由主设备通过 SCLK 提供，MOSI、MISO 则基于此脉冲完成数据传输。SPI 的工作时序模式由 CPOL（Clock Polarity，时钟极性）和 CPHA（Clock Phase，时钟相位）之间的相位关系决定，CPOL 表示时钟信号的初始电平的状态，CPOL 为 0 表示时钟信号初始状态为低电平，CPOL 为 1 表示时钟信号的初始电平是高电平。CPHA 表示在哪个时钟沿采样数据，CPHA 为 0 表示在首个时钟变化沿采样数据，而 CPHA 为 1 则表示在第二个时钟变化沿采样数据。根据 CPOL 和 CPHA 的不同组合共有 4 种工作时序模式：① CPOL=0，CPHA=0、② CPOL=0，CPHA=1、③ CPOL=1，CPHA=0、④ CPOL=1，CPHA=1。 如图 14-9 所示。

14.3.1　SPI 设备管理

在 RT-Thread 中，将 SPI 控制器抽象成 SPI 总线设备，将 SPI 从机器件抽象成 SPI 从设备，并且提供了一组 SPI 设备接口来访问 SPI 从设备器件，如获取 SPI 总线、设置片选、发送消息、释放片选和释放总线等操作。

SPI 设备驱动框架中定义了 SPI 总线设备模型和从设备模型，它们从设备对象派生而来，SPI 总线设备模型定义如下面的代码所示。

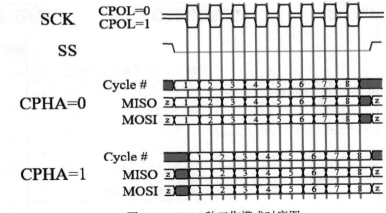

图 14-9　SPI 4 种工作模式时序图

```
struct rt_spi_bus
{
    struct rt_device parent;            /* 设备基类 */
    const struct rt_spi_ops *ops;       /* SPI 总线设备的操作方法 */

    struct rt_mutex lock;               /* 互斥锁，防止访问冲突 */
    struct rt_spi_device *owner;/* SPI 总线的持有者 SPI 从设备指针 */
};
```

SPI 从设备模型定义如下面的代码所示：

```
struct rt_spi_device
{
    struct rt_device parent;            /* 设备基类 */
    struct rt_spi_bus *bus;             /* 指向挂载的 SPI 总线设备 */
    struct rt_spi_configuration config;/* SPI 从设备传输模式配置结构体 */
}
```

SPI 设备使用序列如图 14-10 所示，主要有以下几点：

（1）SPI 总线设备驱动程序根据 SPI 总线设备模型定义，创建出具备硬件访问能力的 SPI 总线设备实例，将该 SPI 总线设备通过 rt_spi_bus_register() 接口注册到 SPI 设备驱动框架中。

（2）SPI 设备驱动框架通过 rt_device_register() 接口将 SPI 总线设备注册到 I/O 设备管理器中。

（3）SPI 从机驱动程序根据 SPI 从设备模型定义，创建出 SPI 从设备实例，通过 rt_spi_bus_attach_device() 接口将从设备挂载到 SPI 总线设备上，并注册到 SPI 设备驱动框架中。

（4）SPI 从机驱动通过 SPI 设备接口访问 SPI 从设备硬件。

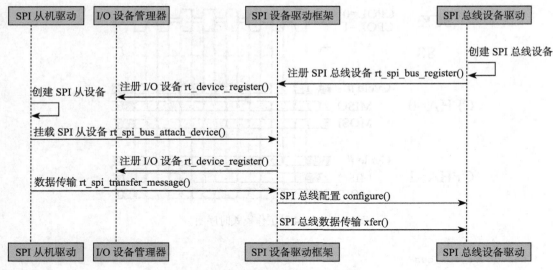

图 14-10   SPI 设备使用序列图

14.3.2   创建和注册 SPI 总线设备

SPI 总线设备驱动程序负责根据 SPI 总线设备模型定义来创建和注册 SPI 总线设备。

创建 SPI 总线设备主要是实现 SPI 总线设备 struct rt_spi_bus 的数据结构定义，并实现操作方法 struct rt_spi_ops，也就是实例化 SPI 总线设备。

```
struct rt_spi_ops
{
    rt_err_t (*configure)(struct rt_spi_device *device,
                          struct rt_spi_configuration *configuration);
    rt_uint32_t (*xfer)(struct rt_spi_device *device,
                        struct rt_spi_message *message);
};
```

SPI 总线设备的操作方法描述如表 14-11 所示。

表 14-11   SPI 总线设备的操作方法

方法名称	方法描述
configure	配置 SPI 设备的传输模式。此接口根据配置参数 configuration 配置 SPI 设备传输的数据宽度、时钟极性、时钟相位和总线速率等
xfer	数据传输接口。消息 message 可能是一条或者多条，xfer 接口通过对 SPI 硬件控制器的控制，把上层的数据按照 SPI 总线时序发送给从设备，同时把接收到的从设备数据返回给上层

SPI 总线设备被创建后，使用如下接口注册到 SPI 设备驱动框架中，函数参数及返回值见表 14-12。

```
rt_err_t rt_spi_bus_register(struct rt_spi_bus        *bus,
```

```
                      const char               *name,
                      const struct rt_spi_ops *ops);
```

表 14-12　注册 SPI 总线设备函数参数和返回值

参数	描述
bus	SPI 总线设备句柄
name	SPI 总线设备名称，一般与硬件控制器名称一致，如 spi0
ops	SPI 总线设备的操作方法
返回	描述
RT_EOK	注册成功
-RT_ERROR	注册失败，已有其他设备使用该 name 注册

14.3.3　创建和挂载 SPI 从设备

SPI 总线用于操作 SPI 从设备器件，比如 SPI Flash 等。SPI 从机驱动程序负责根据 SPI 从设备模型定义来创建 SPI 从设备，将从设备挂载到 SPI 总线设备上，并对从设备进行配置。

创建 SPI 从设备主要是实现 SPI 从设备 struct rt_spi_device 的数据结构定义，然后使用 rt_spi_bus_attach_device() 接口将 SPI 从设备挂载到 SPI 总线设备上，接口如下所示，函数参数及返回值见表 14-13。

```
rt_err_t rt_spi_bus_attach_device(struct rt_spi_device *device,
                      const char               *name,
                      const char               *bus_name,
                      void                     *user_data);
```

表 14-13　rt_spi_bus_attach_device() 的输入参数和返回值

参数	描述
device	SPI 从设备句柄
name	SPI 从设备名称，SPI 从设备命名原则为 spixy，如 spi10 表示挂载在总线 spi1 上的 0 号设备
bus_name	要挂载的 SPI 总线设备名称
user_data	用户数据指针，一般为 SPI 从设备对应的 CS 引脚信息，进行数据传输时 SPI 控制器会操作此引脚进行片选
返回	描述
RT_EOK	挂载成功
-RT_ERROR	挂载失败，已有其他设备使用 name 挂载或者 bus_name 对应的 SPI 总线设备不存在

为满足不同 SPI 从设备的时钟、数据宽度等要求，通常需要配置 SPI 模式、频率参数。SPI 从设备的模式决定主设备的模式，所以 SPI 主设备的模式必须和从设备一样两者才能正常通信，可以使用 rt_spi_configure 接口设置 SPI 从设备的相关参数，函数参数及返回值见表 14-14。

表 14-14　rt_spi_configure() 的输入参数和返回值

参数	描述
device	SPI 从设备句柄
cfg	SPI 配置参数
返回	描述
RT_EOK	成功

```
rt_err_t rt_spi_configure(struct rt_spi_device *device,
                          struct rt_spi_configuration *cfg);
```

配置参数的结构体 struct rt_spi_configuration 原型如下。

```
struct rt_spi_configuration
{
    rt_uint8_t mode;              /* SPI 模式 */
    rt_uint8_t data_width;        /* 数据宽度, 可取 8 位、16 位、32 位 */
    rt_uint16_t reserved;         /* 保留 */
    rt_uint32_t max_hz;           /* 最大频率 */
};
```

模式（mode）：使用以下宏定义，包含 MSB/LSB、主从模式、时序模式等，可取宏组合如下。

```
/* 设置数据传输顺序是 MSB 位在前还是 LSB 位在前 */
#define RT_SPI_LSB     (0<<2)                        /* bit[2]: 0-LSB */
#define RT_SPI_MSB     (1<<2)                        /* bit[2]: 1-MSB */

/* 设置 SPI 的主从模式, 目前仅支持 MASTER 模式 */
#define RT_SPI_MASTER  (0<<3)                        /* SPI 做主设备 */
#define RT_SPI_SLAVE   (1<<3)                        /* SPI 做从设备 */

/* 设置时钟极性和时钟相位 */
#define RT_SPI_MODE_0  (0 | 0)                       /* CPOL = 0, CPHA = 0 */
#define RT_SPI_MODE_1  (0 | RT_SPI_CPHA)             /* CPOL = 0, CPHA = 1 */
#define RT_SPI_MODE_2  (RT_SPI_CPOL | 0)             /* CPOL = 1, CPHA = 0 */
#define RT_SPI_MODE_3  (RT_SPI_CPOL | RT_SPI_CPHA)   /* CPOL = 1, CPHA = 1 */

#define RT_SPI_CS_HIGH (1<<4)                        /* 片选高电平有效 */
#define RT_SPI_NO_CS   (1<<5)                        /* 不使用片选 */
#define RT_SPI_3WIRE   (1<<6)                        /* MOSI 和 MISO 共用一根数据线 */
#define RT_SPI_READY   (1<<7)                        /* 从设备拉低暂停 */
```

数据宽度（data_width）：根据 SPI 主设备及 SPI 从设备可发送及接收的数据宽度格式，可设置为 8 位、16 位或者 32 位。

最大频率（max_hz）：设置 SPI 总线速率，用户根据 SPI 主设备及 SPI 从设备工作的速率范围设置期望的 SPI 总线速率。如果设置的 SPI 总线速率 max_hz 大于总线能工作的最大速率，底层 SPI 总线设备驱动会使用 SPI 总线能工作的最大速率；反之，则会使用用户设置的速率。

配置 SPI 从设备的示例代码如下所示：

```
... ...
    /* 配置 SPI 从设备 */
    {
    struct rt_spi_configuration cfg;
    cfg.data_width = 8;
    cfg.mode = RT_SPI_MASTER | RT_SPI_MODE_0 | RT_SPI_MSB;
```

```
        cfg.max_hz = 20 * 1000 *1000; /* 20M,SPI max 42MHz,ssd1351 4-wire spi */

        rt_spi_configure(&spi_dev, &cfg);
    }
    ... ...
```

14.3.4　访问 SPI 从设备

　　SPI 从设备被成功挂载和配置后，就可以使用 SPI 设备接口来访问 SPI 从机器件了，如图 14-11 所示为 SPI 设备接口的调用层次关系，SPI 从设备驱动使用 SPI 设备接口，会调用到 SPI 总线设备驱动提供的操作方法，最终访问 SPI 从设备硬件。

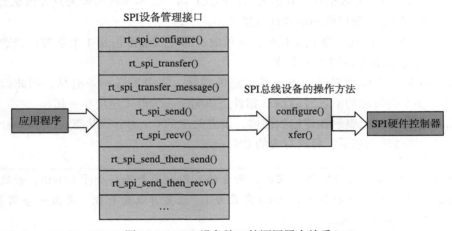

图 14-11　SPI 设备接口的调用层次关系

1. 自定义传输

可以通过如下函数传输消息，函数参数及返回值见表 14-15。

```
struct rt_spi_message *rt_spi_transfer_message(struct rt_spi_device  *device,
struct rt_spi_message *message);
```

表 14-15　rt_spi_transfer_message() 的输入参数和返回值

参数	描述
device	SPI 从设备句柄
message	消息指针
返回	**描述**
RT_NULL	发送成功
非空指针	发送失败，返回指向剩余未发送的 message 的指针

　　此函数可以传输一连串消息，用户可以自定义每个待传输的 message 结构体各参数的数值，从而可以很方便地控制数据传输方式。struct rt_spi_message 原型如下：

```
struct rt_spi_message
```

```
{
    const void *send_buf;             /* 发送缓冲区指针 */
    void *recv_buf;                   /* 接收缓冲区指针 */
    rt_size_t length;                 /* 发送 / 接收 数据字节数 */
    struct rt_spi_message *next;/* 指向继续发送的下一条消息的指针 */

    unsigned cs_take    : 1;          /* 片选选中 */
    unsigned cs_release : 1;          /* 释放片选 */
};
```

send_buf 为发送缓冲区指针，其值为 RT_NULL 时，表示本次传输为只接收状态，不需要发送数据。

recv_buf 为接收缓冲区指针，其值为 RT_NULL 时，表示本次传输为只发送状态，不需要保存接收到的数据，所以收到的数据直接丢弃。

length 的单位为 word，即数据长度为 8 位时，每个 length 占用 1 个字节；当数据长度为 16 位时，每个 length 占用 2 个字节。

参数 next 是指向继续发送的下一条消息的指针，若只发送一条消息，则此指针值为 RT_NULL。多个待传输的消息通过 next 指针以单向链表的形式连接在一起。

cs_take 值为 1 时，表示在传输数据前，设置对应的 CS 为有效状态。cs_release 值为 1 时，表示在数据传输结束后，释放对应的 CS。

注意：当 send_buf 或 recv_buf 不为空时，两者的可用空间都不得小于 length。若使用此函数传输消息，传输的第一条消息 cs_take 需置为 1，设置片选为有效，最后一条消息的 cs_release 需置为 1，释放片选。

2. 传输一次数据

如果只传输一次数据可以使用如下函数，函数参数及返回值见表 14-16。

```
rt_size_t rt_spi_transfer(struct rt_spi_device *device,
                          const void           *send_buf,
                          void                 *recv_buf,
                          rt_size_t            length);
```

此函数等同于调用 rt_spi_transfer_message() 传输一条消息，开始发送数据时片选选中，函数返回时释放片选，message 参数配置如下：

```
struct rt_spi_message msg;
msg.send_buf   = send_buf;
msg.recv_buf   = recv_buf;
msg.length     = length;
msg.cs_take    = 1;
msg.cs_release = 1;
```

表 14-16 rt_spi_transfer() 的输入参数和返回值

参数	描述
device	SPI 从设备句柄
send_buf	发送数据缓冲区指针
recv_buf	接收数据缓冲区指针
length	发送 / 接收数据字节数
返回	描述
0	传输失败
非 0 值	成功传输的字节数

```
msg.next          = RT_NULL;
```

3. 发送一次数据

如果只发送一次数据，而忽略接收到的数据可以使用如下函数，函数参数及返回值见表 14-17。

```
rt_size_t rt_spi_send(struct rt_spi_device *device,
                      const void           *send_buf,
                      rt_size_t            length)
```

调用此函数发送 send_buf 指向的缓冲区的数据，忽略接收到的数据，此函数是对 rt_spi_transfer() 函数的封装。

此函数等同于调用 rt_spi_transfer_message() 传输一条消息，开始发送数据时片选选中，函数返回时释放片选，message 参数配置如下：

表 14-17　rt_spi_send() 的输入参数和返回值

参数	描述
device	SPI 从设备句柄
send_buf	发送数据缓冲区指针
length	发送数据字节数
返回	描述
0	发送失败
非 0 值	成功发送的字节数

```
struct rt_spi_message msg;
msg.send_buf    = send_buf;
msg.recv_buf    = RT_NULL;
msg.length      = length;
msg.cs_take     = 1;
msg.cs_release  = 1;
msg.next        = RT_NULL;
```

4. 接收一次数据

如果只接收一次数据可以使用如下函数，函数参数及返回值见表 14-18。

```
rt_size_t rt_spi_recv(struct rt_spi_device *device,
                      void                 *recv_buf,
                      rt_size_t            length);
```

调用此函数接收数据并保存到 recv_buf 指向的缓冲区。此函数是对 rt_spi_transfer() 函数的封装。SPI 总线协议规定只能由主设备产生时钟，因此在接收数据时，主设备会发送数据 0XFF。

此函数等同于调用 rt_spi_transfer_message() 传输一条消息，开始接收数据时片选选中，函数返回时释放片选，message 参数配置如下：

表 14-18　rt_spi_recv() 的输入参数和返回值

参数	描述
device	SPI 从设备句柄
recv_buf	接收数据缓冲区指针
length	接收数据字节数
返回	描述
0	接收失败
非 0 值	成功接收的字节数

```
struct rt_spi_message msg;
    msg.send_buf    = RT_NULL;
```

```
msg.recv_buf    = recv_buf;
msg.length      = length;
msg.cs_take     = 1;
msg.cs_release  = 1;
msg.next        = RT_NULL;
```

5. 连续两次发送

如果需要先后连续发送 2 个缓冲区的数据，并且中间片选不释放，可以调用如下函数，函数参数及返回值见表 14-19。

```
rt_err_t rt_spi_send_then_send(struct rt_spi_device *device,
                               const void           *send_buf1,
                               rt_size_t            send_length1,
                               const void           *send_buf2,
                               rt_size_t            send_length2);
```

此函数可以连续发送 2 个缓冲区的数据，忽略接收到的数据，发送 send_buf1 时片选选中，发送完 send_buf2 后释放片选。

本函数适合向 SPI 从设备中写入一块数据，第一次先发送命令和地址等数据，第二次再发送指定长度的数据。之所以分两次发送而不是合并成一个数据块发送或调用两次 rt_spi_send()，是因为在大部分的数据写操作中，都需要先发命令和地址，长度一般只有几个字节。如果与后面的数据合并在一起发送，将

表 14-19 rt_spi_send_then_send() 的输入参数和返回值

参数	描述
device	SPI 从设备句柄
send_buf1	发送数据缓冲区 1 指针
send_length1	发送数据缓冲区 1 数据字节数
send_buf2	发送数据缓冲区 2 指针
send_length2	发送数据缓冲区 2 数据字节数
返回	描述
RT_EOK	发送成功
-RT_EIO	发送失败

需要进行内存空间申请和大量的数据搬运。而如果调用两次 rt_spi_send()，那么在发送完命令和地址后，片选会被释放，大部分 SPI 从设备都依靠设置片选一次有效为命令的起始，所以片选在发送完命令或地址数据后被释放，则此次操作被丢弃。

此函数等同于调用 rt_spi_transfer_message() 传输 2 条消息，message 参数配置如下：

```
struct rt_spi_message msg1,msg2;

msg1.send_buf    = send_buf1;
msg1.recv_buf    = RT_NULL;
msg1.length      = send_length1;
msg1.cs_take     = 1;
msg1.cs_release  = 0;
msg1.next        = &msg2;

msg2.send_buf    = send_buf2;
msg2.recv_buf    = RT_NULL;
```

```
msg2.length      = send_length2;
msg2.cs_take     = 0;
msg2.cs_release  = 1;
msg2.next        = RT_NULL;
```

6. 先发送后接收

如果需要向从设备先发送数据，然后接收从设备发送的数据，并且中间片选不释放，可以调用如下函数，函数参数及返回值见表 14-20。

```
rt_err_t rt_spi_send_then_recv(struct rt_spi_device *device,
                               const void          *send_buf,
                               rt_size_t            send_length,
                               void                *recv_buf,
                               rt_size_t            recv_length);
```

此函数发送第一条数据 send_buf 时开始片选，此时忽略接收到的数据，然后发送第二条数据，此时主设备会发送数据 0XFF，接收到的数据保存在 recv_buf 里，函数返回时释放片选。

本函数适合从 SPI 从设备中读取一块数据，第一次会先发送一些命令和地址数据，然后再接收指定长度的数据。

此 函 数 等 同 于 调 用 rt_spi_transfer_message() 传输 2 条消息，message 参数配置如下：

表 14-20　rt_spi_send_then_recv() 的输入参数和返回值

参数	描述
device	SPI 从设备句柄
send_buf	发送数据缓冲区指针
send_length	发送数据缓冲区数据字节数
recv_buf	接收数据缓冲区指针
recv_length	接收数据字节数
返回	描述
RT_EOK	成功
-RT_EIO	失败

```
struct rt_spi_message msg1,msg2;

    msg1.send_buf    = send_buf;
    msg1.recv_buf    = RT_NULL;
    msg1.length      = send_length;
    msg1.cs_take     = 1;
    msg1.cs_release  = 0;
    msg1.next        = &msg2;

    msg2.send_buf    = RT_NULL;
    msg2.recv_buf    = recv_buf;
    msg2.length      = recv_length;
    msg2.cs_take     = 0;
    msg2.cs_release  = 1;
    msg2.next        = RT_NULL;
```

SPI 设备管理模块还提供 rt_spi_sendrecv8() 和 rt_spi_sendrecv16() 函数，这两个函数都是对此函数的封装，rt_spi_sendrecv8() 发送一个字节数据的同时收到一个字节数据，rt_spi_sendrecv16() 发送 2 个字节数据的同时收到 2 个字节数据。

14.3.5 特殊使用场景

在一些特殊的使用场景，某个设备希望独占总线一段时间，且期间要保持片选一直有效，期间数据传输可能是间断的，则可以按照如下所示步骤使用相关接口。传输数据函数必须使用 rt_spi_transfer_message()，并且此函数每个待传输消息的片选控制域 cs_take 和 cs_release 都要设置为 0 值，因为片选已经使用了其他接口控制，不需要在数据传输的时候控制。

1. 获取总线

在多线程的情况下，可能会在不同的线程中使用同一个 SPI 总线，为了防止 SPI 总线正在传输的数据丢失，从设备在开始传输数据前需要先获取 SPI 总线的使用权，获取成功才能够使用总线传输数据，可使用如下函数获取 SPI 总线，函数参数及返回值见表 14-21。

```
rt_err_t rt_spi_take_bus(struct rt_spi_device *device);
```

2. 选中片选

从设备获取总线的使用权后，需要设置自己对应的片选信号为有效，可使用如下函数选中片选，函数参数及返回值见表 14-22。

表 14-21 rt_spi_take_bus() 的输入参数和返回值

参数	描述
device	SPI 从设备句柄

返回	描述
RT_EOK	成功
错误码	失败

表 14-22 rt_spi_take() 的参数和返回值

参数	描述
device	SPI 从设备句柄

返回	描述
0	成功
错误码	失败

```
rt_err_t rt_spi_take(struct rt_spi_device *device);
```

3. 增加一条消息

使用 rt_spi_transfer_message() 传输消息时，所有待传输的消息都是以单向链表的形式连接起来的，可使用如下函数往消息链表里增加一条新的待传输消息，函数参数及返回值见表 14-23。

```
void rt_spi_message_append(struct rt_spi_message *list,
                           struct rt_spi_message *message);
```

表 14-23 rt_spi_message_append() 的输入参数和返回值

参数	描述
list	待传输的消息链表节点
message	新增消息指针

4. 释放片选

从设备数据传输完成后，需要释放片选，可使用如下函数释放片选，函数参数及返回值见表 14-24。

```
rt_err_t rt_spi_release(struct rt_spi_device *device);
```

5. 释放总线

从设备不再使用 SPI 总线传输数据时，必须尽快释放总线，这样其他从设备才能使用 SPI 总线传输数据，可使用如下函数释放总线，函数参数及返回值见表 14-25。

表 14-24　rt_spi_release() 的输入参数和返回值

参数	描述
device	SPI 从设备句柄
返回	描述
0	成功
错误码	失败

```
rt_err_t rt_spi_release_bus(struct rt_spi_device *device);
```

表 14-25　rt_spi_release_bus() 的输入参数和返回值

参数	描述
device	SPI 从设备句柄
返回	描述
RT_EOK	成功

14.3.6　SPI 设备使用示例

SPI 设备的具体使用方式可以参考代码清单 14-6。

代码清单14-6　SPI设备使用示例源码

```c
/*
 * 程序清单: 这是一个 SPI 设备使用例程
 * 例程导出了 spi_w25q_sample 命令到控制终端
 * 命令调用格式: spi_w25q_sample spi10
 * 命令解释: 命令第二个参数是要使用的 SPI 设备名称, 为空则使用默认的 SPI 设备
 * 程序功能: 通过 SPI 设备读取 w25q 的 ID 数据
 */

#include <rtthread.h>
#include <rtdevice.h>

#define W25Q_SPI_DEVICE_NAME     "qspi10"

static void spi_w25q_sample(int argc, char *argv[])
{
    struct rt_spi_device *spi_dev_w25q;
    char name[RT_NAME_MAX];
    rt_uint8_t w25x_read_id = 0x90;
    rt_uint8_t id[5] = {0};

    if (argc == 2)
    {
        rt_strncpy(name, argv[1], RT_NAME_MAX);
    }
    else
    {
        rt_strncpy(name, W25Q_SPI_DEVICE_NAME, RT_NAME_MAX);
    }
```

```
        /* 查找 spi 设备获取设备句柄 */
        spi_dev_w25q = (struct rt_spi_device *)rt_device_find(name);
        if (!spi_dev_w25q)
        {
            rt_kprintf("spi sample run failed! can't find %s device!\n", name);
        }
        else
        {
            /* 方式1: 使用 rt_spi_send_then_recv() 发送命令读取 ID */
            rt_spi_send_then_recv(spi_dev_w25q, &w25x_read_id, 1, id, 5);
            rt_kprintf("use rt_spi_send_then_recv() read w25q ID is:%x%x\n",
id[3], id[4]);

            /* 方式2: 使用 rt_spi_transfer_message() 发送命令读取 ID */
            struct rt_spi_message msg1, msg2;

            msg1.send_buf    = &w25x_read_id;
            msg1.recv_buf    = RT_NULL;
            msg1.length      = 1;
            msg1.cs_take     = 1;
            msg1.cs_release  = 0;
            msg1.next        = &msg2;

            msg2.send_buf    = RT_NULL;
            msg2.recv_buf    = id;
            msg2.length      = 5;
            msg2.cs_take     = 0;
            msg2.cs_release  = 1;
            msg2.next        = RT_NULL;

            rt_spi_transfer_message(spi_dev_w25q, &msg1);
            rt_kprintf("use rt_spi_transfer_message() read w25q ID is:%x%x\n",
id[3], id[4]);

        }
    }
    /* 导出到 msh 命令列表中 */
    MSH_CMD_EXPORT(spi_w25q_sample, spi w25q sample);
```

14.4 I2C 总线

I2C（Inter Integrated Circuit）总线是 PHILIPS 公司开发的一种半双工、双向二线制同步串行总线。I2C 总线传输数据时只需两根信号线，一根是双向数据线 SDA（serial data），另一根是双向时钟线 SCL（serial clock）。SPI 总线有两根线，分别用于主从设备之间接收数据和发送数据，而 I2C 总线只使用一根线进行数据收发。

如图 14-12 所示，I2C 和 SPI 一样以主从的方式工作，不同于 SPI 一主多从的结构，它允许同时有多个主设备存在，每个连接到总线上的器件都有唯一的地址，主设备启动数据传输并产生时钟信号，从设备被主设备寻址，同一时刻只允许有一个主设备。

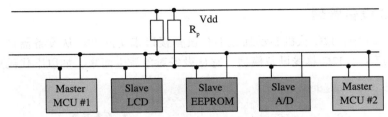

图 14-12 I2C 总线主从设备连接方式

I2C 总线主要的数据传输格式如图 14-13 所示。

图 14-13 I2C 总线数据传输格式

当总线空闲时,SDA 和 SCL 都处于高电平状态,当主机要和某个从机通信时,会先发送一个开始条件,然后发送从机地址和读写控制位,接下来传输数据(主机发送或者接收数据),数据传输结束时主机会发送停止条件传输的每个字节为 8 位,高位在前,低位在后。数据传输过程中的不同名词详解如下所示。

(1)**开始条件**:SCL 为高电平时,主机将 SDA 拉低,表示数据传输即将开始。

(2)**从机地址**:主机发送的第一个字节为从机地址,高 7 位为地址,最低位为 R/W 读写控制位,1 表示读操作,0 表示写操作,一般从机地址有 7 位地址模式和 10 位地址模式两种,如果是 10 位地址模式,第一个字节的头 7 位是 11110xx 的组合,其中最后两位(xx)是 10 位地址的两个最高位,第二个字节为 10 位从地址的剩下 8 位,如图 14-14 所示。

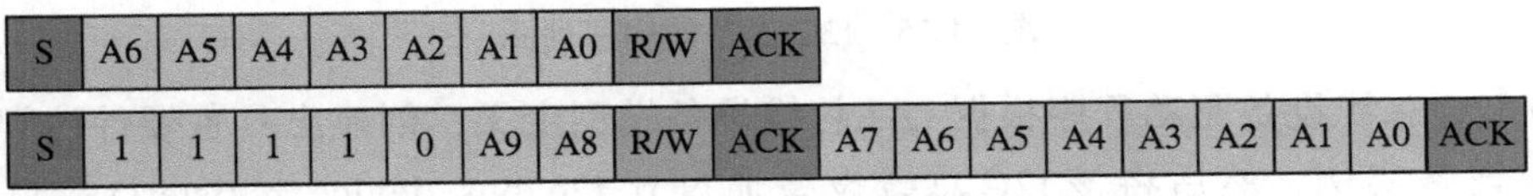

S	A6	A5	A4	A3	A2	A1	A0	R/W	ACK								

S	1	1	1	1	0	A9	A8	R/W	ACK	A7	A6	A5	A4	A3	A2	A1	A0	ACK

图 14-14 7 位地址和 10 位地址格式

(3)**应答信号**:每传输完成一个字节的数据,接收方就需要回复一个 ACK(acknowledge)。写数据时由从机发送 ACK,读数据时由主机发送 ACK。当主机读到最后一个字节数据时,可发送 NACK(Negative Acknowledgement),然后跟停止条件。

(4)**数据**:地址帧发送完后可能会发送一些指令,依从机而定,然后开始传输数据,由主机或者从机发送,每个数据为 8 位,数据的字节数没有限制。

(5)**重复开始条件**:在一次通信过程中,主机可能需要和不同的从机传输数据或者需要切换读写操作时,主机可以再发送一个开始条件。

(6)**停止条件**:在 SDA 为低电平时,主机将 SCL 拉高并保持高电平,然后再将 SDA 拉高,表示传输结束。

14.4.1 I2C 设备管理

在 RT-Thread 中，I2C 从机驱动通过 I2C 设备接口来访问 I2C 从设备器件，I2C 设备设备驱动框架中定义了 I2C 总线设备模型，它从设备对象派生而来，如以下代码所示：

```
struct rt_i2c_bus_device
{
    struct rt_device parent;                   /* 设备基类 */
    const struct rt_i2c_bus_device_ops *ops;   /* I2C 总线设备的操作方法 */
    rt_uint16_t  flags;
    rt_uint16_t  addr;
    struct rt_mutex lock;                      /* 互斥锁，防止访问冲突 */
    rt_uint32_t  timeout;
    rt_uint32_t  retries;
    void *priv;
};
```

I2C 设备使用序列如图 14-15 所示，主要有以下几点：

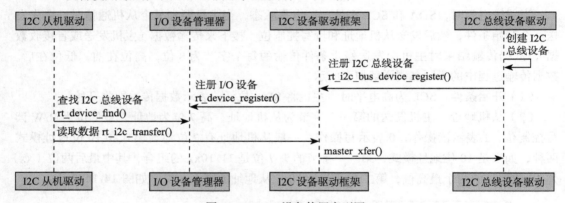

图 14-15　I2C 设备使用序列图

（1）I2C 总线设备驱动程序根据 I2C 总线设备模型定义，创建出具备硬件访问能力的 I2C 总线设备实例，然后将该 I2C 总线设备通过 rt_i2c_bus_device_register() 接口注册到 I2C 设备驱动框架中。

（2）I2C 设备驱动框架通过 rt_device_register() 接口将 I2C 总线设备注册到 I/O 设备管理器中。

（3）I2C 从机驱动通过 rt_device_find() 接口查找到 I2C 总线设备。

（4）I2C 从机驱动通过 I2C 接口访问 I2C 从设备器件。

14.4.2　创建和注册 I2C 总线设备

创建 I2C 总线设备主要是实现 I2C 总线设备 rt_i2c_bus_device 的数据结构定义，并实现 I2C 总线设备的操作方法 struct rt_i2c_bus_device_ops，也就是实例化 I2C 总线设备。

```
struct rt_i2c_bus_device_ops
```

```
{
    rt_size_t (*master_xfer)(struct rt_i2c_bus_device *bus,
                             struct rt_i2c_msg msgs[],
                             rt_uint32_t num);
    rt_size_t (*slave_xfer)(struct rt_i2c_bus_device *bus,
                            struct rt_i2c_msg msgs[],
                            rt_uint32_t num);
    rt_err_t (*i2c_bus_control)(struct rt_i2c_bus_device *bus,
                                rt_uint32_t,
                                rt_uint32_t);
};
```

I2C 总线设备的操作方法描述如表 14-26 所示。

表 14-26　I2C 总线设备的操作方法

方法名称	方法描述
master_xfer	I2C 设备作为主机模式的数据传输接口。master_xfer 控制底层 I2C 控制器完成一组 struct rt_i2c_msg 消息的传输
slave_xfer	I2C 控制器作为从机模式的数据传输接口，目前暂不支持
i2c_bus_control	控制 I2C 总线

I2C 总线设备被创建后，需要注册到 I/O 设备管理器中。注册 I2C 总线设备的函数如下所示，函数参数及返回值见表 14-27。

```
rt_err_t rt_i2c_bus_device_register(struct rt_i2c_bus_device *bus,
                                    const char               *bus_name);
```

表 14-27　rt_i2c_bus_device_register() 的输入参数和返回值

参数	描述
bus	I2C 总线设备句柄
bus_name	I2C 总线设备名称，一般与硬件控制器名称一致，如 "i2c0"
返回	描述
RT_EOK	注册成功
-RT_ERROR	注册失败，已有其他设备使用该 bus_name 注册

14.4.3　访问 I2C 设备

I2C 从机驱动通过 I2C 设备接口来访问 I2C 从设备器件，图 14-16 所示为使用 I2C 设备接口的函数调用层次关系。

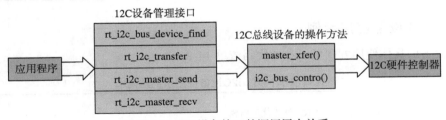

图 14-16　I2C 设备接口的调用层次关系

rt_i2c_transfer () 函数原型如下所示，函数参数及返回值见表 14-28。

```
rt_size_t rt_i2c_transfer(struct rt_i2c_bus_device *bus,
                          struct rt_i2c_msg         msgs[],
                          rt_uint32_t               num);
```

和 SPI 总线的自定义传输接口一样，I2C 总线的自定义传输接口传输的数据也是以一个消息为单位。参数 msgs[] 指向待传输的消息数组，用户可以自定义每条消息的内容，实现 I2C 总线所支持的 2 种不同的数据传输模式。如果主设备需要发送重复开始信号，则需要发送 2 个消息。

表 14-28   rt_i2c_transfer() 的输入参数和返回值

参数	描述
bus	I2C 总线设备句柄
msgs[]	待传输的消息数组指针
num	消息数组的元素个数
返回	描述
消息数组的元素个数	成功
错误码	失败

I2C 消息数据结构原型如下：

```
struct rt_i2c_msg
{
    rt_uint16_t addr;    /* 从机地址 */
    rt_uint16_t flags;   /* 读、写标志等 */
    rt_uint16_t len;     /* 读写数据字节数 */
    rt_uint8_t *buf;     /* 读写数据缓冲区指针 */
}
```

从机地址（addr）：支持 7 位和 10 位二进制地址，需查看不同设备的数据手册 。RT-Thread I2C 设备接口使用的从机地址均为不包含读写位的地址，读写位控制需修改标志 flags。

标志（flags）可取值为以下宏定义，根据需要可以与其他宏用位运算"|"组合起来使用。

代码清单14-7   flags可取值

```
#define RT_I2C_WR           0x0000              /* 写标志 */
#define RT_I2C_RD           (1u << 0)              /* 读标志 */
#define RT_I2C_ADDR_10BIT   (1u << 2)              /* 10 位地址模式 */
#define RT_I2C_NO_START     (1u << 4)              /* 无开始条件 */
#define RT_I2C_IGNORE_NACK  (1u << 5)              /* 忽视 NACK */
#define RT_I2C_NO_READ_ACK  (1u << 6)              /* 读的时候不发送 ACK */
```

14.4.4   I2C 设备应用示例

I2C 设备的具体使用方式可以参考代码清单 14-8。

代码清单14-8   I2C设备使用示例源码

```
/*
 * 程序清单：这是一个 I2C 设备使用例程
 * 例程导出了 i2c_aht10_sample 命令到控制终端
```

```
 * 命令调用格式: i2c_aht10_sample i2c1
 * 命令解释: 命令第二个参数是要使用的 I2C 总线设备名称, 为空则使用默认的 I2C 总线设备
 * 程序功能: 通过 I2C 设备读取温湿度传感器 aht10 的温湿度数据并打印
 */

#include <rtthread.h>
#include <rtdevice.h>

#define AHT10_I2C_BUS_NAME          "i2c2"    /* 传感器连接的 I2C 总线设备名称 */
#define AHT10_ADDR                  0x38      /* 从机地址 */
#define AHT10_CALIBRATION_CMD       0xE1      /* 校准命令 */
#define AHT10_NORMAL_CMD            0xA8      /* 一般命令 */
#define AHT10_GET_DATA              0xAC      /* 获取数据命令 */

static struct rt_i2c_bus_device *i2c_bus = RT_NULL;
static rt_bool_t initialized = RT_FALSE;      /* 传感器初始化状态 */

/* 写传感器寄存器 */
 static rt_err_t write_reg(struct rt_i2c_bus_device *bus, rt_uint8_t reg,
rt_uint8_t *data)
{
    rt_uint8_t buf[3];
    struct rt_i2c_msg msgs;

    buf[0] = reg; //cmd
    buf[1] = data[0];
    buf[2] = data[1];

    msgs.addr = AHT10_ADDR;
    msgs.flags = RT_I2C_WR;
    msgs.buf = buf;
    msgs.len = 3;

    /* 调用 I2C 设备接口传输数据 */
    if (rt_i2c_transfer(bus, &msgs, 1) == 1)
        return RT_EOK;
    else
        return -RT_ERROR;
}

/* 读传感器寄存器数据 */
 static rt_err_t read_regs(struct rt_i2c_bus_device *bus, rt_uint8_t len,
rt_uint8_t *buf)
{
    struct rt_i2c_msg msgs;

    msgs.addr = AHT10_ADDR;
    msgs.flags = RT_I2C_RD;
    msgs.buf = buf;
    msgs.len = len;

    /* 调用 I2C 设备接口传输数据 */
    if (rt_i2c_transfer(bus, &msgs, 1) == 1)
         return RT_EOK;
    else
```

```
            return -RT_ERROR;
    }

    static void read_temp_humi(float *cur_temp, float *cur_humi)
    {
        rt_uint8_t temp[6];

        write_reg(i2c_bus, AHT10_GET_DATA, 0);        /* 发送命令 */
        read_regs(i2c_bus, 6, temp);                  /* 获取传感器数据 */

        /* 湿度数据转换 */
        *cur_humi = (temp[1] << 12 | temp[2] << 4 | (temp[3] & 0xf0) >> 4) *
100.0 / (1 << 20);
        /* 温度数据转换 */
        *cur_temp = ((temp[3] & 0xf) << 16 | temp[4] << 8 | temp[5]) * 200.0 /
(1 << 20) - 50;
    }


    static void aht10_init(const char *name)
    {
        rt_uint8_t temp[2] = {0, 0};

        /* 查找 I2C 总线设备，获取 I2C 总线设备句柄 */
        i2c_bus = (struct rt_i2c_bus_device *)rt_device_find(name);

        if (i2c_bus == RT_NULL)
        {
            rt_kprintf("can't find %s device!\n", name);
        }
        else
        {
            write_reg(i2c_bus, AHT10_NORMAL_CMD, temp);
            rt_thread_mdelay(400);

            temp[0] = 0x08;
            temp[1] = 0x00;
            write_reg(i2c_bus, AHT10_CALIBRATION_CMD, temp);
            rt_thread_mdelay(400);
            initialized = RT_TRUE;
        }
    }


    static void i2c_aht10_sample(int argc, char *argv[])
    {
        float humidity, temperature;
        char name[RT_NAME_MAX];

        humidity = 0.0;
        temperature = 0.0;

        if (argc == 2)
        {
            rt_strncpy(name, argv[1], RT_NAME_MAX);
        }
        else
```

```
        {
            rt_strncpy(name, AHT10_I2C_BUS_NAME, RT_NAME_MAX);
        }

        if (!initialized)
        {
            /* 传感器初始化 */
            aht10_init(name);
        }
        if (initialized)
        {
            /* 读取温湿度数据 */
            read_temp_humi(&temperature, &humidity);

            rt_kprintf("read aht10 sensor humidity   : %d.%d %%\n", (int)
humidity, (int)(humidity * 10) % 10);
            rt_kprintf("read aht10 sensor temperature: %d.%d \n", (int)
temperature, (int)(temperature * 10) % 10);
        }
        else
        {
            rt_kprintf("initialize sensor failed!\n");
        }
    }
    /* 导出到 msh 命令列表中 */
    MSH_CMD_EXPORT(i2c_aht10_sample, i2c aht10 sample);
```

14.5　运行设备应用示例

本节将基于 RT-Thread IoT Board 开发板，运行设备应用示例，示例代码位于配套资料的 chapter14 目录下，打开 MDK5 工程文件 project.uvprojx 后如图 14-17 所示。

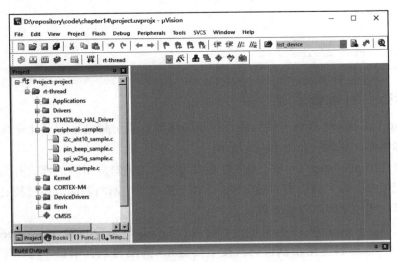

图 14-17　设备使用示例 MDK5 工程文件

本节示例代码使用的设备驱动代码位于 DeviceDrivers 分组，设备使用示例代码位于 peripheral-samples 分组，示例文件描述如表 14-29 所示。

表 14-29　示例文件描述表

示例文件	描述	示例文件	描述
i2c_aht10_sample.c	使用 I2C 设备的示例文件	uart_sample.c	使用串口设备的示例文件
pin_beep_sample.c	使用 PIN 设备的示例文件	spi_w25q_sample.c	使用 SPI 设备的示例文件

编译工程生成固件，将开发板的 ST-Link USB 口与 PC 机连接，然后将固件下载至开发板。在 PC 端使用终端工具打开开发板的 ST-Link 提供的虚拟串口，开发板的运行日志信息实时输出。按 Tab 键可以看到新增的设备使用示例对应的 4 个命令：

```
 \ | /
- RT -     Thread Operating System
 / | \     3.1.0 build Aug 27 2018
 2006 - 2018 Copyright by rt-thread team
msh >
RT-Thread shell commands:
i2c_aht10_sample - i2c aht10 sample
pin_beep_sample - pin beep sample
uart_sample     - uart device sample
spi_w25q_sample - spi w25q sample
```

输入 list_device 命令可以查看已经注册到系统的所有设备，包括本章使用的 2 个串口设备 uart1 和 uart2、PIN 设备 pin、SPI 设备 qspi10 和 I2C 设备 i2c1，如下所示。

```
msh >list_device
device        type              ref count
------ -------------------- ----------
qspi10 SPI Device               0
qspi1  SPI Bus                  0
i2c1   I2C Bus                  0
uart1  Character Device         2
uart2  Character Device         1
pin    Miscellaneous Device     0
```

14.5.1　运行 PIN 设备示例

RT-Thread IoT Board 板载有蜂鸣器，拉高蜂鸣器对应引脚电平即可让蜂鸣器响，拉低电平则关闭蜂鸣器，原理图如图 14-18 所示。

在控制台使用 pin_beep_sample 命令则会设置 2 个按键对应引脚的模式并绑定中断回调函数，然后配置蜂鸣器对应引脚为输出模式。2 个按键的中断回调函数通过拉高或者拉低蜂鸣器对应引脚达到控制蜂鸣器的效果。

该示例代码如代码清单 14-5 所示，系统运行起来后在命令行输入 pin_beep_sample 命令就可以运行 PIN 设备使用示例代码，按下按键 0，蜂鸣器响，串口 1 打印字符串 "turn on beep!"，按下按键 1，蜂鸣器停止响，串口 1 打印字符串 "turn off beep!"，运行结果如下所示：

```
 \ | /
- RT -     Thread Operating System
 / | \     3.1.0 build Aug 16 2018
 2006 - 2018 Copyright by rt-thread team

msh />pin_beep_sample
msh />turn on beep!
turn off beep!

msh />
```

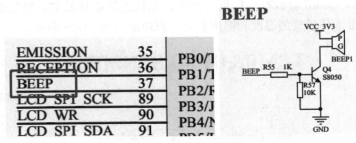

图 14-18　蜂鸣器原理图

14.5.2　运行 SPI 设备示例

RT-Thread IoT Board 板载有 SPI FLASH 设备 W25Q128，默认连接板载的 SPI 从设备 qspi10（底层 SPI 总线设备驱动注册的 SPI 设备名称），原理图如图 14-19 所示。

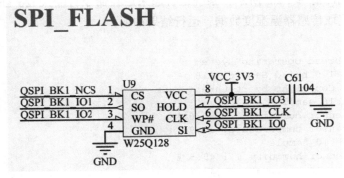

图 14-19　W25Q128 原理图

通过使用 SPI 设备管理接口，可以向 W25Q128 设备读写数据。在控制台使用 spi_w25q_sample 命令则会首先查找 SPI 设备 qspi10 获取设备句柄，然后根据这个设备句柄会使用 2 种方式发送命令读取 W25Q128 设备的 ID 信息。

示例代码如代码清单 14-6 所示，系统运行起来后在命令行输入 spi_w25q_sample 命令就可以运行 SPI 设备使用示例代码，运行结果如下：

```
 \ | /
- RT -      Thread Operating System
 / | \      3.1.0 build Aug 16 2018
 2006 - 2018 Copyright by rt-thread team
msh /> spi_w25q_sample
use rt_spi_send_then_recv() read w25q128 ID is:ef17
use rt_spi_transfer_message() read w25q128 ID is:ef17
msh />
```

14.5.3　运行 I2C 设备示例

RT-Thread IoT Board 板载有温湿度传感器，默认连接板载的 I2C 控制器，通过 I2C 控制器可以读取温湿度传感器的温度和湿度数据，原理图如图 14-20 所示。

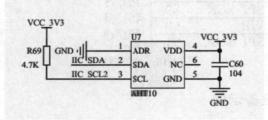

图 14-20　AHT10 原理图

示例代码如代码清单 14-8 所示，系统运行起来后在命令行输入 i2c_aht10_sample 命令就可以使用 I2C 读取传感器温湿度数据，运行结果如下：

```
 \ | /
- RT -      Thread Operating System
 / | \      3.1.0 build Sep 16 2018
 2006 - 2018 Copyright by rt-thread team
msh />i2c_aht10_sample
read aht10 sensor humidity   : 50.0 %
read aht10 sensor temperature: 31.9
msh /> i2c_aht10_sample
read aht10 sensor humidity   : 49.5 %
read aht10 sensor temperature: 31.7
msh />
```

14.5.4　运行串口设备示例

RT-Thread IoT Board 的串口示例代码见代码清单 14-2，串口 1 是控制台 shell 默认使用的串口，所以串口设备使用示例使用了串口 2，以便观察实验现象。在控制台使用 uart_sample 命令会创建一个 serial 线程，serial 线程运行起来后会查找串口设备，并以中断接收方式打开，设置中断回调函数，然后会持续等待接收串口数据，如果没有数据到来则会挂起在信号量上。当串口有数据到来，中断回调函数 uart_input 会被调用并释放信号量，从而将 serial 线程唤醒，随后 serial 线程将接收到的数据错位后输出。

系统运行起来后就可以在串口 1 终端上看到 RT-Thread 标志 log，如下所示。

```
 \ | /
- RT -     Thread Operating System
 / | \     3.0.4 build Jun 14 2018
 2006 - 2018 Copyright by rt-thread team
msh >uart_sample
```

串口 2 则需要使用 USB 转串口模块连接到 PC。本书终端软件使用 PuTTY，根据串口对应的端口号打开对应端口，波特率配置为 115200。输入 uart_sample 命令，可以看到串口 2 输出的字符串 "hello RT-Thread!"，输入字符 'a'，串口 2 接收到后将其错位后输出 'b'。运行效果如图 14-21 所示。

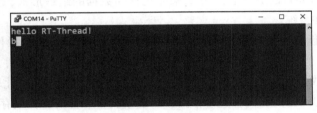

图 14-21　串口示例运行效果

14.6　本章小结

本章讲述了一些主要设备管理模块的软件架构和功能特点，以及这些设备的使用方法。在这里回顾一下需要注意的几点：

（1）对 PIN 设备的操作需要知道引脚在 PIN 设备驱动里定义的编号。

（2）SPI 设备驱动框架提供了一系列数据传输接口，用户可以根据使用场景选择对应接口。

（3）I2C 设备接口使用的从机地址均为不包含读写位的地址。

第 15 章
虚拟文件系统

在早期的嵌入式系统中，需要存储的数据比较少，数据类型也比较单一，往往使用直接在存储设备中的指定地址写入数据的方法来存储数据。然而随着嵌入式设备功能的发展，需要存储的数据越来越多，也越来越复杂，这时仍使用旧方法来存储并管理数据就变得非常困难。因此我们需要新的数据管理方式来简化存储数据的组织形式，这种方式就是我们接下来要介绍的文件系统。

文件系统是一套实现了数据的存储、分级组织、访问和获取等操作的抽象数据类型（abstract data type），是一种用于向用户提供底层数据访问的机制。文件系统通常存储的基本单位是文件，即数据是按照一个个文件的方式进行组织的。当文件比较多时，将导致文件不易分类、重名的问题。而文件夹可作为一个容纳多个文件的容器而存在。

本章讲解 RT-Thread 文件系统相关内容，带你了解 RT-Thread 虚拟文件系统的架构、功能特点和使用方式。

15.1 DFS 介绍

DFS 是 RT-Thread 提供的虚拟文件系统组件，全称为 Device File System，即设备虚拟文件系统，文件系统的名称使用类似于 UNIX 文件、文件夹的风格，目录结构如图 15-1 所示。

在 RT-Thread DFS 中，文件系统有统一的根目录，使用 / 来表示。而在根目录下的 f1.bin 文件则使用 /f1.bin 来表示，2018 目录下的 f1.bin 目录则使用 /data/2018/f1.bin 来表示。即目录的分割符号是 /，

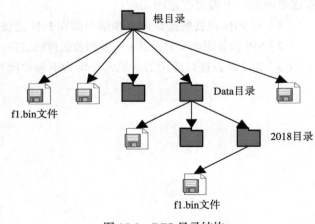

图 15-1　DFS 目录结构

这与 UNIX、Linux 完全相同，与 Windows 则不相同（Windows 操作系统上使用 \ 作为目录的分割符）。

15.1.1　DFS 架构

RT-THread DFS 组件的主要功能特点有：

❏ 为应用程序提供统一的 POSIX 文件和目录操作接口：read、write、poll/select 等。

❏ 支持多种类型的文件系统，如 FatFS、RomFS、DevFS 等，并提供普通文件、设备文件、网络文件描述符的管理。

❏ 支持多种类型的存储设备，如 SD Card、SPI Flash、Nand Flash 等。

DFS 的层次架构如图 15-2 所示，主要分为 POSIX 接口层、虚拟文件系统层和设备抽象层。

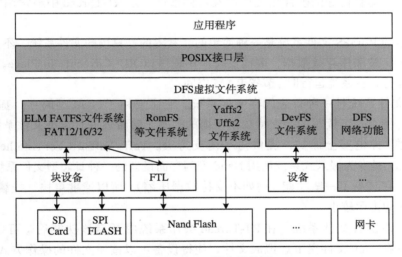

图 15-2　DFS 层次架构图

15.1.2　POSIX 接口层

POSIX 表示可移植操作系统接口（Portable Operating System Interface of UNIX，缩写为 POSIX），POSIX 标准定义了操作系统应该为应用程序提供的接口标准，是 IEEE 为要在各种 UNIX 操作系统上运行的软件而定义的一系列 API 标准的总称。

POSIX 标准意在期望获得源代码级别的软件可移植性。换句话说，为一个 POSIX 兼容的操作系统编写的程序，应该可以在任何其他 POSIX 操作系统（即使是来自另一个厂商）上编译执行。RT-Thread 支持 POSIX 标准接口，因此可以很方便地将 Linux/UNIX 的程序移植到 RT-Thread 操作系统上。

在类 UNIX 系统中，普通文件、设备文件、网络文件描述符是同一种文件描述符。而在 RT-Thread 操作系统中，使用 DFS 来实现这种统一性。有了文件描述符的统一性，我们就可以使用 poll/select 接口来对这几种描述符进行统一轮询，为实现程序功能带来方便。

使用 poll/select 接口可以阻塞地同时探测一组支持非阻塞的 I/O 设备是否有事件发生（如可读、可写、有高优先级的错误输出、出现错误等），直至某一个设备触发了事件或者超过了指定的等待时间。这种机制可以帮助调用者寻找当前就绪的设备，降低编程的复杂度。

15.1.3　虚拟文件系统层

用户可以将具体的文件系统注册到 DFS 中，如 FatFS、RomFS、DevFS 等，下面介绍几种常用的文件系统类型。

- ❑ FatFS 是专为小型嵌入式设备开发的一个兼容微软 FAT 格式的文件系统，采用 ANSI C 编写，具有良好的硬件无关性以及可移植性，是 RT-Thread 中最常用的文件系统类型。
- ❑ 传统型的 RomFS 文件系统是一种简单的、紧凑的、只读的文件系统，不支持动态擦写保存，按顺序存放数据，因而支持应用程序以 XIP（execute In Place，片内运行）方式运行，在系统运行时，节省 RAM 空间。
- ❑ Jffs2 文件系统是一种日志闪存文件系统。它主要用于 NOR 型闪存，基于 MTD 驱动层，特点是可读写的、支持数据压缩的、基于哈希表的日志型文件系统，并提供了崩溃 / 掉电安全保护，提供写平衡支持等。Yaffs/Yaffs2（Yet Another Flash File System）是专为嵌入式系统使用 Nand 型闪存而设计的一种日志型文件系统。与 Jffs2 相比，它减少了一些功能（例如不支持数据压缩），所以速度更快，挂载时间很短，对内存的占用较小。
- ❑ DevFS 即设备文件系统，在 RT-Thread 操作系统中开启该功能后，可以将系统中的设备在 /dev 文件夹下虚拟成文件，使得设备可以按照文件的操作方式使用 read、write 等接口进行操作。
- ❑ NFS 网络文件系统（Network File System）是一项在不同机器、不同操作系统之间通过网络共享文件的技术。在操作系统的开发调试阶段，可以利用该技术在主机上建立基于 NFS 的根文件系统，挂载到嵌入式设备上，从而很方便地修改根文件系统的内容。

15.1.4　设备抽象层

设备抽象层将物理设备如 SD Card、SPI Flash、Nand Flash 抽象成符合文件系统能够访问的设备，例如 FAT 文件系统要求存储设备必须是块设备类型。

不同文件系统类型是独立于存储设备驱动而实现的，因此把底层存储设备的驱动接口和文件系统对接起来之后，才可以正确地使用文件系统功能。

15.2　文件系统挂载管理

在使用文件系统前，需要先初始化 DFS、在 DFS 中注册文件系统、在存储器上创建块设备，并且进行格式化，然后挂载到 DFS 的目录中，当不再使用文件系统时，可以将它卸载掉。

15.2.1　DFS 组件初始化

DFS 的初始化主要由 dfs_init() 完成。dfs_init() 函数会初始化 DFS 所需的相关资源，创建一些关键的数据结构。有了这些数据结构，DFS 便能在系统中找到特定的文件系统，并获得对特定存储设备内文件的操作方法。

15.2.2　注册文件系统

在 DFS 初始化之后，需要将具体的文件系统注册到 DFS 中，elm_init() 函数会初始化 elm-FAT 文件系统，然后使用 dfs_register() 函数将 elm-FAT 文件系统注册到 DFS 中，文件系统注册过程如图 15-3 所示。

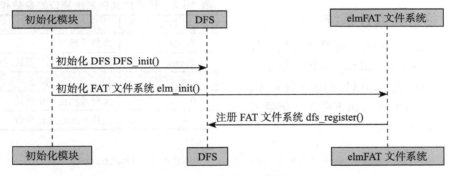

图 15-3　注册文件系统

注册文件系统的接口如下所示，函数参数和返回值见表 15-1。

```
int dfs_register(const struct dfs_filesystem_ops *ops)
```

表 15-1　注册文件系统接口的参数和返回值

参数	描述
ops	所需注册的文件系统的操作函数的集合
返回	描述
0	文件注册成功
−1	文件注册失败

15.2.3　将存储设备注册为块设备

因为只有块设备才可以挂载到文件系统上，所以需要在存储设备上创建所需的块设备。

如果存储设备是 SPI Flash，则可以使用"串行 Flash 通用驱动库 SFUD"组件，它提供了各种 SPI Flash 的驱动，并将 SPI Flash 抽象成块设备用于挂载，注册块设备过程如图 15-4 所示。

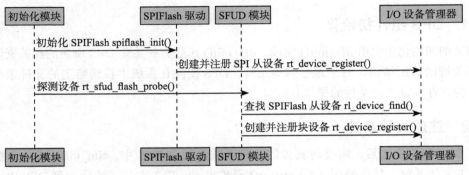

图 15-4　注册块设备时序图

15.2.4　格式化文件系统

注册了块设备之后，需要格式化文件系统，可以使用 dfs_mkfs() 函数对指定的存储设备进行格式化，以便创建文件系统，格式化文件系统的接口如下所示，函数参数和返回值见表 15-2。

表 15-2　格式化文件系统接口的参数和返回值

参数	描述
fs_name	文件系统名
device_name	需要格式化文件系统的设备名
返回	描述
0	文件系统格式化成功
−1	文件系统格式化失败

```
int dfs_mkfs(const char * fs_name, const char * device_name);
```

以 elm-FAT 文件系统格式化块设备为例，格式化过程如图 15-5 所示。

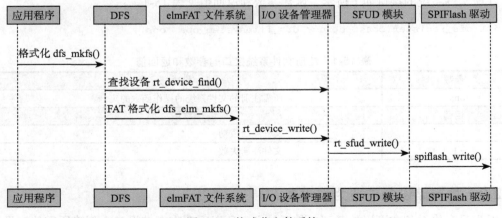

图 15-5　格式化文件系统

15.2.5 挂载文件系统

在 RT-Thread 中，挂载是指将一个存储设备挂接到一个已存在的目录上。我们要访问存储设备中的文件，必须将文件所在的分区挂载到一个已存在的目录上，然后通过访问这个目录来访问存储设备。挂载文件系统的接口如下所示，函数参数和返回值见表 15-3。

```
int dfs_mount(const char    *device_name, const char    *path,
              const char    *filesystemtype,
              unsigned long rwflag,
              const void    *data)
```

表 15-3 挂载文件系统接口的参数和返回值

参数	描述
device_name	一个包含了文件系统的设备名称
path	挂载文件系统的路径，即挂载点
filesystemtype	需要挂载的文件系统类型
rwflag	读写标志位
data	特定文件系统的私有数据
返回	描述
0	文件系统挂载成功
−1	文件系统挂载失败

15.2.6 卸载文件系统

当不需要再使用某个文件系统时，可以将它卸载掉。卸载文件系统的接口如下所示，函数参数和返回值见表 15-4。

```
int dfs_unmount(const char *specialfile)
```

表 15-4 卸载文件系统接口的参数和返回值

参数	描述
specialfile	挂载了文件系统的指定路径
返回	描述
0	卸载文件系统成功
−1	卸载文件系统失败

15.3 文件管理

本节介绍对文件进行操作的相关函数，对文件的操作一般都要基于文件描述符 fd，如图 15-6 所示。

15.3.1 打开和关闭文件

打开或创建一个文件时可以调用下面的 open() 函数，函数参数和返回值见表 15-5。

```
int open(const char *file, int flags, ...);
```

一个文件可以以多种方式打开，并且可以同时

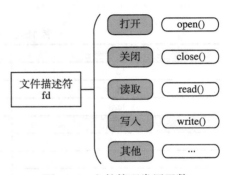

图 15-6 文件管理常用函数

指定多种打开方式。例如，一个文件以 O_WRONLY 和 O_CREAT 的方式打开，那么当指定打开的文件不存在时，就会先创建这个文件，然后再以只读的方式打开。文件打开方式如表 15-6 所示。

当使用完文件后若不再需要，则可使用 close() 函数关闭该文件，而 close() 会让数据写回磁盘，并释放该文件所占用的资源。函数参数和返回值见表 15-7。

表 15-5 打开文件操作接口的参数和返回值

参数	描述
file	打开或创建的文件名
flags	指定打开文件的方式，取值可参考表 15-6
返回	描述
文件描述符	文件打开成功
−1	文件打开失败

```
int close(int fd);
```

表 15-6 文件打开方式

参数	描述
O_RDONLY	只读方式打开文件
O_WRONLY	只写方式打开文件
O_RDWR	以读写方式打开文件
O_CREAT	如果要打开的文件不存在，则建立该文件
O_APPEND	当读写文件时会从文件尾开始移动，也就是所写入的数据会以附加的方式添加到文件的尾部
O_TRUNC	如果文件已经存在，则清空文件中的内容

表 15-7 关闭文件接口的参数和返回值

参数	描述
fd	文件描述符
返回	描述
0	文件关闭成功
−1	文件关闭失败

15.3.2 读写数据

读取文件内容可使用 read() 函数，函数参数和返回值见表 15-8。

```
int read(int fd, void *buf, size_t len);
```

表 15-8 读取数据接口的参数和返回值

参数	描述
fd	文件描述符
buf	缓冲区指针
len	读取文件的字节数
返回	描述
int	实际读取到的字节数
0	读取数据已到达文件结尾或者无可读取的数据
−1	读取出错，错误代码查看当前线程的 errno

该函数会把参数 fd 所指的文件的 len 个字节读取到 buf 指针所指的内存中。此外，文件的读写位置指针会随读取到的字节移动。

向文件中写入数据可使用 write() 函数，其参数和返回值见表 15-9。

```
int write(int fd, const void *buf, size_t len);
```

该函数会把 buf 指针所指向的内存中 len 个字节写入到参数 fd 所指的文件内。此外，文件的读写位置指针会随着写入的字节移动。

表 15-9　写入数据接口的参数和返回值

参数	描述
fd	文件描述符
buf	缓冲区指针
len	写入文件的字节数
返回	描述
int	实际写入的字节数
−1	写入出错，错误代码查看当前线程的 errno

15.3.3　重命名

重命名文件可使用 rename() 函数，参数和返回值见表 15-10。

```
int rename(const char *old, const char *new);
```

该函数会将参数 old 所指定的文件名称改为参数 new 所指的文件名称。若 new 所指定的文件已经存在，则该文件将会被覆盖。

表 15-10　更改文件名称接口的参数和返回值

参数	描述
old	旧文件名
new	新文件名
返回	描述
0	更改名称成功
−1	更改名称失败

15.3.4　获取状态

获取文件状态可使用下面的 stat() 函数，参数和返回值见表 15-11。

```
int stat(const char *file, struct stat *buf);
```

表 15-11　获取文件状态接口的参数和返回值

参数	描述
file	文件名
buf	结构指针，指向一个存放文件状态信息的结构体
返回	描述
0	获取状态成功
−1	获取状态失败

15.3.5　删除文件

删除指定目录下的文件可使用 unlink() 函数，参数和返回值见表 15-12。

```
int unlink(const char *pathname)
```

15.3.6   同步文件数据到存储设备

同步内存中所有已修改的文件数据到存储设备可使用 fsync() 函数，参数和返回值见表 15-13。

```
int fsync(int fildes)
```

表 15-12   删除文件接口的参数和返回值

参数	描述
pathname	指定删除文件的绝对路径
返回	描述
0	删除文件成功
−1	删除文件失败

表 15-13   同步文件数据到存储设备接口的参数和返回值

参数	描述
fildes	文件描述符
返回	描述
0	同步文件成功
−1	同步文件失败

15.3.7   查询文件系统相关信息

查询文件系统相关信息可使用 statfs() 函数，参数和返回值见表 15-14。

```
int statfs(const char *path, struct statfs *buf)
```

15.3.8   监视 I/O 设备状态

监视 I/O 设备是否有事件发生可使用 select() 函数，参数和返回值见表 15-15。

```
int select( int nfds,
            fd_set *readfds,
            fd_set *writefds,
            fd_set *exceptfds,
            struct timeval *timeout);
```

表 15-14   查询文件系统相关信息接口的参数和返回值

参数	描述
path	文件系统的挂载路径
buf	用于存储文件系统信息的结构体指针
返回	描述
0	查询文件系统信息成功
−1	查询文件系统信息失败

使用 select 接口可以阻塞地同时探测一组支持非阻塞的 I/O 设备是否有事件发生（如可读、可写、有高优先级的错误输出、出现错误等），直至某一个设备触发了事件或者超过了指定的等待时间。

表 15-15   监视 I/O 事件发生接口的参数和返回值

参数	描述
nfds	集合中所有文件描述符的范围，即所有文件描述符的最大值加 1
readfds	需要监视读变化的文件描述符集合
writefds	需要监视写变化的文件描述符集合
exceptfds	需要监视出现异常的文件描述符集合
timeout	select 的超时时间

（续）

返回	描述
正值	监视的文件集合出现可读写事件或出错
0	等待超时，没有可读写或错误的文件
负值	出错

15.4 目录管理

本节介绍目录管理中经常使用的函数，对目录的操作一般都基于目录地址，如图 15-7 所示。

15.4.1 创建和删除目录

创建目录可使用 mkdir() 函数，参数和返回值见表 15-16。

```
int mkdir(const char *path, mode_t mode);
```

该函数用来创建一个目录即文件夹，参数 path 为目录的绝对路径，参数 mode 在当前版本未启用，所以填入默认参数 0x777 即可。

删除目录可使用 rmdir() 函数，参数和返回值见表 15-17。

```
int rmdir(const char *pathname);
```

图 15-7 目录管理常用函数

表 15-16 创建目录接口的参数和返回值

参数	描述
path	目录的绝对地址
mode	创建模式
返回	描述
0	创建目录成功
−1	创建目录失败

表 15-17 删除目录接口的参数和返回值

参数	描述
pathname	需要删除目录的绝对路径
返回	描述
0	目录删除成功
−1	目录删除错误

15.4.2 打开和关闭目录

打开目录可使用 opendir() 函数，参数和返回值见表 15-18。

```
DIR* opendir(const char* name);
```

该函数用来打开一个目录，参数 name 为目录的绝对路径。

关闭目录可使用 closedir() 函数，参数和返回值见表 15-19。

```
int closedir(DIR* d);
```

表 15-18 打开目录接口的参数和返回值

参数	描述
name	目录的绝对地址

返回	描述
DIR	打开目录成功，返回目录流指针
NULL	打开失败

表 15-19 关闭目录接口的参数和返回值

参数	描述
d	目录流指针

返回	描述
0	目录关闭成功
−1	目录关闭错误

该函数用来关闭一个目录，必须和 opendir() 函数配合使用。

15.4.3 读取目录

读取目录可使用 readdir() 函数，参数和返回值见表 15-20。

```
struct dirent* readdir(DIR *d);
```

该函数用来读取目录，参数 d 为目录流指针。此外，每读取一次目录，目录流的指针位置将自动往后递推 1 个位置。

表 15-20 读取目录接口的参数和返回值

参数	描述
d	目录流指针

返回	描述
dirent	读取成功，返回指向目录条目的结构体指针
NULL	已读到目录尾

15.4.4 获取目录流的读取位置

要获取目录流的读取位置可使用 telldir() 函数，参数和返回值见表 15-21。

```
long telldir(DIR *d);
```

该函数的返回值记录着一个目录流的当前位置，此返回值代表距离目录文件开头的偏移量。你可以在随后的 seekdir() 函数调用中利用这个值来重置目录到当前位置。也就是说，telldir() 函数可以和 seekdir() 函数配合使用，重新设置目录流的读取位置到指定的偏移量。

表 15-21 获取目录流读取位置接口的参数和返回值

参数	描述
d	目录流指针

返回	描述
long	读取位置的偏移量

15.4.5 设置下次读取目录的位置

设置下次读取目录的位置可使用 seekdir() 函数，参数和返回值见表 15-22。

```
void seekdir(DIR *d, off_t offset);
```

该函数用来设置参数 d 目录流的读取位置，在调用 readdir() 时便从此新位置开始读取。

表 15-22 设置下次读取目录位置接口的参数

参数	描述
d	目录流指针
offset	偏移值，距离本次目录的位移

15.4.6　重设读取目录的位置为开头位置

重设目录流的读取位置为开头可使用 rewinddir() 函数，参数和返回值见表 15-23。

```
void rewinddir(DIR *d);
```

该函数可以用来设置 d 目录流目前的读取位置为目录流的初始位置。

表 15-23　重设读取目录位置接口的参数

参数	描述
d	目录流指针

15.5　DFS 功能配置

在 rtconfig.h 文件中关于 DFS 的功能配置相关的宏如表 15-24 所示。

表 15-24　DFS 虚拟文件系统配置选项

宏定义	取值类型	描述
#define RT_USING_DFS	布尔	开启 DFS
#define DFS_USING_WORKDIR	字符串	开启相对路径功能
#define DFS_FILESYSTEMS_MAX	整数	最大挂载文件系统的数量
#define DFS_FILESYSTEM_TYPES_MAX	整数	最大支持文件系统的数量
#define DFS_FD_MAX	整数	打开文件的最大数量
#define RT_USING_DFS_MNTTABLE	布尔	开启自动挂载表
#define RT_USING_DFS_ELMFAT	布尔	开启 ELMFAT 文件系统
#define RT_USING_DFS_DEVFS	布尔	开启 DEVFS 文件系统
#define RT_USING_DFS_ROMFS	布尔	开启 ROMFS 文件系统
#define RT_USING_DFS_RAMFS	布尔	开启 RAM 文件系统
#define RT_USING_DFS_UFFS	布尔	开启 UFFS 文件系统
#define RT_USING_DFS_JFFS2	布尔	开启 JFFS2 文件系统
#define RT_USING_DFS_NFS	布尔	开启 NFS 文件系统

注意：默认情况下，RT-Thread 操作系统为了获得较小的内存占用，并不会开启相对路径功能。当支持相对路径选项没有打开时，在使用文件、目录接口进行操作时应该使用绝对目录（因为此时系统中不存在当前工作的目录）。如果需要使用当前工作目录以及相对目录，可在文件系统的配置项中打开 DFS_USING_WORKDIR 宏所对应的选项。

15.6　DFS 应用示例

本节将基于 RT-Thread IoT Board 开发板，在 W25Q128 上运行文件系统，它是一个

128MB 的 SPI Flash。本节还将给出文件系统的示例代码，并展示示例的运行效果，以帮助读者使用文件系统提供的功能。

15.6.1　准备工作

1. 硬件准备

本次示例和存储器连接使用的硬件接口是 QSPI1，原理图如图 15-8 所示。

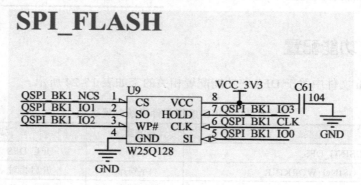

图 15-8　W25Q128 原理图

2. 软件准备

本节的示例代码位于代码包的 \code\chapter15 目录下，打开 MDK5 工程文件 project. uvprojx 后界面如图 15-9 所示。

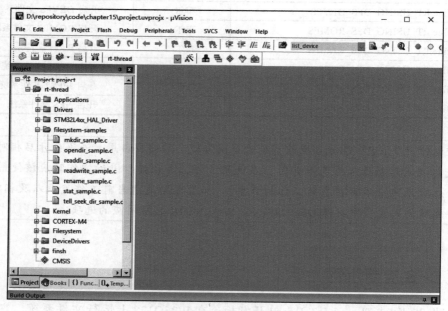

图 15-9　MDK 工程界面

和基础 MDK 工程比较，该工程中新增的分组如表 15-25 所示。

表 15-25　网络 MDK 工程目录组和描述

目录组	描述
Filesystem	DFS 组件
filesystem-samples	文件系统应用示例代码，本章的应用示例代码都在该目录下

将块设备 W25Q128 挂载到文件系统的代码位于 main() 函数中，如下所示：

```
/* 挂载 W25Q128 设备到根目录作为 elm-FAT 文件系统的 0 号分区 */
if (dfs_mount("w25q128", "/", "elm", 0, 0) == 0)
{
rt_kprintf("File System initialized!\n");
}
else
{
    rt_kprintf("Failed to initialize filesystem!\n");
}
```

3. 编译运行

对工程进行编译，然后下载固件到开发板运行，在串口工具上可以看到输出如下所示的日志信息。

```
 \ | /
- RT -     Thread Operating System
 / | \     3.1.0 build Oct  7 2018
 2006 - 2018 Copyright by rt-thread team
[SFUD] Find a Winbond flash chip. Size is 16777216 bytes.
[SFUD] w25q128 flash device is initialize success.
Failed to initialize filesystem!
msh />
```

上面的日志信息表示 W25Q128 已经被成功初始化，但是文件系统初始化失败，原因是当一个 SPI Flash 第一次被作为文件系统的存储设备时，需要先被格式化，以创建相应类型的文件系统。

4. 格式化文件系统

这就用到了文件系统格式化命令 mkfs，其功能是在指定的存储设备上创建指定类型的文件系统。使用格式为：mkfs [-t type] device。本次示例需要在 W25Q128 存储设备上创建 elm-FAT 类型的文件系统，此时可以在 FinSH 控制台中使用该命令：

```
msh />mkfs -t elm w25q128
```

然后重启开发板，在串口工具上可以看到输出的以下日志信息。

```
 \ | /
- RT -     Thread Operating System
 / | \     3.1.0 build Oct  7 2018
 2006 - 2018 Copyright by rt-thread team
```

```
[SFUD] Find a Winbond flash chip. Size is 8388608 bytes.
[SFUD] w25q128 flash device is initialize success.
Filesystem initialized!
msh />
```

"File System initialized!" 的日志信息表示文件系统挂载成功。此时使用 list_device 命令查看设备信息，可以看到 W25Q128 设备的引用计数由 0 变为 1。list_device 命令执行效果如下所示：

```
msh />list_device
device   type                    ref count
------   -------------------- ----------
w25q128 Block Device             1    【ref 的值由 0 变为 1，表明挂载成功】
qspi10  SPI Device               0
qspi1   SPI Bus                  0
uart1   Character Device         2
```

5. 文件系统命令操作

文件系统挂载成功后就可以进行文件和目录的操作了，文件系统操作常用的 FinSH 命令如表 15-26 所示。

表 15-26　文件系统常用 FinSH 命令

FinSH 命令	描述
ls	显示文件和目录的信息
cd	进入指定目录
cp	复制文件
rm	删除文件或目录
mv	将文件移动位置或改名
echo	将指定内容写入指定文件，当文件存在时，就写入该文件，当文件不存在时就新创建一个文件并写入
cat	展示文件的内容
pwd	打印出当前目录地址
mkdir	创建文件夹

使用 ls 命令查看当前目录信息，运行结果如下所示：

```
msh />ls                    # 使用 ls 命令查看文件系统目录信息
Directory /:                # 可以看到已经存在根目录 /
```

使用 mkdir 命令来创建文件夹，运行结果如下所示：

```
msh />mkdir rt-thread       # 创建 rt-thread 文件夹
msh />ls                    # 查看目录信息如下
Directory /:
rt-thread           <DIR>
```

使用 echo 命令将输入的字符串输出到指定输出位置，运行结果如下所示：

```
msh />echo "hello rt-thread!!!"                # 将字符串输出到标准输出
hello rt-thread!!!
msh />echo "hello rt-thread!!!" hello.txt      # 将字符串出输出到 hello.txt 文件
msh />ls
Directory /:
rt-thread            <DIR>
hello.txt            18
msh />
```

使用 cat 命令查看文件内容，运行结果如下所示：

```
msh />cat hello.txt                            # 查看 hello.txt 文件的内容并输出
hello rt-thread!!!
```

使用 rm 命令删除文件夹或文件，运行结果如下所示：

```
msh />ls                             # 查看当前目录信息
Directory /:
rt-thread            <DIR>
hello.txt            18
msh />rm rt-thread                   # 删除 rt-thread 文件夹
msh />ls
Directory /:
hello.txt            18
msh />rm hello.txt                   # 删除 hello.txt 文件
msh />ls
Directory /:
msh />
```

15.6.2　读写文件示例

文件系统正常工作后，就可以运行应用示例了。在该示例代码中，首先会使用 open() 函数创建一个文件 text.txt，并使用 write() 函数在文件中写入字符串 "RT-Thread Programmer!\n"，然后关闭文件。再次使用 open() 函数打开 text.txt 文件，读出其中的内容并打印出来，最后关闭该文件。

示例代码如代码清单 15-1 所示。

代码清单15-1　读写文件操作示例代码

```c
#include <rtthread.h>
#include <dfs_posix.h> /* 当要使用文件操作时，需要包含这个头文件 */

static void readwrite_sample(void)
{
    int fd, size;
    char s[] = "RT-Thread Programmer!", buffer[80];

    rt_kprintf("Write string %s to test.txt.\n", s);
```

```
    /* 以创建和读写模式打开 /text.txt 文件，如果该文件不存在则创建该文件 */
    fd = open("/text.txt", O_WRONLY | O_CREAT);
    if (fd >= 0)
    {
        write(fd, s, sizeof(s));
        close(fd);
        rt_kprintf("Write done.\n");
    }

     /* 以只读模式打开 /text.txt 文件 */
    fd = open("/text.txt", O_RDONLY);
    if (fd >= 0)
    {
        size = read(fd, buffer, sizeof(buffer));
        close(fd);
        rt_kprintf("Read from file test.txt : %s \n", buffer);
        if (size < 0)
            return ;
    }
}
/* 导出到 msh 命令列表中 */
MSH_CMD_EXPORT(readwrite_sample, readwrite sample);
```

在 FinSH 控制台运行该示例，运行结果如下：

```
msh />readwrite_sample
Write string RT-Thread Programmer! to test.txt.
Write done.
Read from file test.txt : RT-Thread Programmer!
```

在示例运行过程中，可以看到字符串"RT-Thread Programmer!"被写入文件 text.txt 中。在此之后，文件中的内容被读出并打印到终端上。

15.6.3　更改文件名称示例

本小节的示例代码展示如何修改文件名称，程序会创建一个操作文件的函数 rename_sample() 并导出到 msh 命令列表。该函数会调用 rename() 函数将名为 text.txt 的文件改名为 text1.txt。示例代码如代码清单 15-2 所示。

代码清单15-2　修改文件名称示例代码

```
#include <rtthread.h>
#include <dfs_posix.h> /* 当要使用文件操作时，需要包含这个头文件 */

static void rename_sample(void)
{
    rt_kprintf("%s => %s ", "/text.txt", "/text1.txt");

    if (rename("/text.txt", "/text1.txt") < 0)
        rt_kprintf("[error!]\n");
```

```
        else
            rt_kprintf("[ok!]\n");
}
/* 导出到 msh 命令列表中 */
MSH_CMD_EXPORT(rename_sample, rename sample);
```

在 FinSH 控制台运行该示例，运行结果如下：

```
msh />echo "hello" text.txt
msh />ls
Directory /:
text.txt                   5
msh />rename_sample
/text.txt => /text1.txt [ok!]
msh />ls
Directory /:
text1.txt                  5
```

在示例展示过程中，我们先使用 echo 命令创建一个名为 text.txt 文件，然后运行示例代码将文件 text.txt 的文件名修改为 text1.txt。

15.6.4　获取文件状态示例

本小节的示例代码展示如何获取文件状态，程序会创建一个操作文件的函数 stat_sample() 并导出到 msh 命令列表。该函数会调用 stat() 函数获取 text.txt 文件的文件大小信息。示例代码如代码清单 15-3 所示。

代码清单15-3　获取文件状态示例代码

```
#include <rtthread.h>
#include <dfs_posix.h>  /* 当要使用文件操作时，需要包含这个头文件 */

static void stat_sample(void)
{
    int ret;
     struct stat buf;
     ret = stat("/text.txt", &buf);
    if(ret == 0)
    rt_kprintf("text.txt file size = %d\n", buf.st_size);
    else
    rt_kprintf("text.txt file not fonud\n");
}
/* 导出到 msh 命令列表中 */
MSH_CMD_EXPORT(stat_sample, show text.txt stat sample);
```

在 FinSH 控制台运行该示例，运行结果如下：

```
msh />echo "hello" text.txt
msh />stat_sample
text.txt file size = 5
```

在示例运行过程中，首先会使用 echo 命令创建文件 text.txt，然后运行示例代码，将文件 text.txt 的文件大小信息打印出来。

15.6.5　创建目录示例

本小节的示例代码展示如何创建目录，程序会创建一个操作文件的函数 mkdir_sample()
并导出到 msh 命令列表，该函数会调用 mkdir() 函数创建一个名为 dir_test 的文件夹。示例
代码如代码清单 15-4 所示。

代码清单15-4　创建文件夹示例代码

```
#include <rtthread.h>
#include <dfs_posix.h> /* 当要使用文件操作时，需要包含这个头文件 */

static void mkdir_sample(void)
{
    int ret;

    /* 创建目录 */
    ret = mkdir("/dir_test", 0x777);
    if (ret < 0)
    {
        /* 创建目录失败 */
        rt_kprintf("dir error!\n");
    }
    else
    {
        /* 创建目录成功 */
        rt_kprintf("mkdir ok!\n");
    }
}
/* 导出到 msh 命令列表中 */
MSH_CMD_EXPORT(mkdir_sample, mkdir sample);
```

在 FinSH 控制台运行该示例，运行结果如下：

```
msh />mkdir_sample
mkdir ok!
msh />ls
Directory /:
dir_test                    <DIR>      # <DIR> 表示该目录的类型是文件夹
```

本例程演示了在根目录下创建名为 dir_test 的文件夹。

15.6.6　读取目录示例

本小节的示例代码展示如何读取目录，程序会创建一个操作文件的函数 readdir_sample()
并导出到 msh 命令列表，该函数会调用 readdir() 函数获取 dir_test 文件夹的内容并打印出
来。示例代码如代码清单 15-5 所示。

代码清单15-5　读取目录示例代码

```
#include <rtthread.h>
```

```
#include <dfs_posix.h> /* 当要使用文件操作时，需要包含这个头文件 */

static void readdir_sample(void)
{
    DIR *dirp;
    struct dirent *d;

    /* 打开 /dir_test 目录 */
    dirp = opendir("/dir_test");
    if (dirp == RT_NULL)
    {
        rt_kprintf("open directory error!\n");
    }
    else
    {
        /* 读取目录 */
        while ((d = readdir(dirp)) != RT_NULL)
        {
            rt_kprintf("found %s\n", d->d_name);
        }

        /* 关闭目录 */
        closedir(dirp);
    }
}
/* 导出到 msh 命令列表中 */
MSH_CMD_EXPORT(readdir_sample, readdir sample);
```

在 FinSH 控制台运行该示例，运行结果如下：

```
msh />ls
Directory /:
dir_test                    <DIR>
msh />cd dir_test
msh /dir_test>echo "hello" hello.txt    # 创建一个 hello.txt 文件
msh /dir_test>cd ..                     # 切换到上级文件夹
msh />readdir_sample
found hello.txt
```

本示例中，首先进入 dir_test 文件夹下创建 hello.txt 文件，然后退出 dir_test 文件夹。此时运行示例程序将 dir_test 文件夹中的内容打印出来。

15.6.7　设置读取目录位置示例

本小节的示例代码展示如何设置下次读取目录的位置，程序会创建一个操作文件的函数 telldir_sample() 并导出到 msh 命令列表。该函数会首先打开根目录，然后读取根目录下所有目录信息，并将这些目录信息打印出来。同时使用 telldir() 函数记录第三个目录项的位置信息。在第二次读取根目录下的目录信息前，使用 seekdir() 函数设置读取位置为之前记

录的第三个目录项的地址，此时再次读取根目录下的信息，并将目录信息打印出来。示例
代码如代码清单 15-6 所示。

代码清单15-6 设置下次读取目录位置示例代码

```c
#include <rtthread.h>
#include <dfs_posix.h> /* 当使用文件操作时，需要包含这个头文件 */

/* 假设文件操作是在一个线程中完成 */
static void telldir_sample(void)
{
    DIR *dirp;
    int save3 = 0;
    int cur;
    int i = 0;
    struct dirent *dp;

    /* 打开根目录 */
    rt_kprintf( "the directory is:\n" );
    dirp = opendir("/");

    for (dp = readdir(dirp); dp != RT_NULL; dp = readdir(dirp))
    {
        /* 保存第三个目录项的目录指针 */
        i++;
        if (i == 3)
            save3 = telldir(dirp);

        rt_kprintf("%s\n", dp->d_name);
    }

    /* 回到刚才保存的第三个目录项的目录指针 */
    seekdir(dirp, save3);

    /* 检查当前目录指针是否等于保存过的第三个目录项的指针 . */
    cur = telldir(dirp);
    if (cur != save3)
    {
        rt_kprintf("seekdir (d, %ld); telldir (d) == %ld\n", save3, cur);
    }

    /* 从第三个目录项开始打印 */
    rt_kprintf( "the result of tell_seek_dir is:\n" );
    for (dp = readdir(dirp); dp != NULL; dp = readdir(dirp))
{
        rt_kprintf("%s\n", dp->d_name);
    }
    /* 关闭目录 */
    closedir(dirp);
}
/* 导出到 msh 命令列表中 */
MSH_CMD_EXPORT(telldir_sample, telldir sample);
```

本次演示示例中，需要手动在根目录下用 mkdir 命令依次创建从 hello_1 到 hello_5 这 5 个文件夹，确保根目录下有运行示例所需的文件夹目录。

在 FinSH 控制台运行该示例，运行结果如下：

```
msh />ls
Directory /:
hello_1                 <DIR>
hello_2                 <DIR>
hello_3                 <DIR>
hello_4                 <DIR>
hello_5                 <DIR>
msh />telldir_sample
the directory is:
hello_1
hello_2
hello_3
hello_4
hello_5
the result of tell_seek_dir is:
hello_3
hello_4
hello_5
```

运行示例程序后，可以看到第一次读取根目录信息时从第一个文件夹开始读取，并打印出了根目录下所有的目录信息。第二次打印目录信息时，由于使用了 seekdir() 函数设置读取的起始位置为第三个文件夹的位置，因此第二次读取根目录时，是从第三个文件夹开始读取直到最后一个文件夹，只打印出了从 hello_3 到 hello_5 的目录信息。

15.7 本章小结

本章节讲述了 DFS 虚拟文件系统的概念、功能特点、工作流程、配置选项以及使用方法。在这里回顾一下本章的几个要点：

（1）RT-Thread 使用 DFS 虚拟文件系统向用户提供文件系统的功能。

（2）使用文件系统可以简化大量复杂数据在系统中的存储和管理，以文件夹和文件的形式管理数据。

（3）DFS 虚拟文件系统向上提供 POSIX API，开发者可以直接调用操作函数来完成功能，而无须关心文件存放在哪种类型的文件系统中，也无须关心文件存放在哪个存储设备上。

第 16 章
网 络 框 架

随着网络的普及，人们的生活越来越依赖于网络的应用，越来越多的产品需要连接互联网，设备联网已经成为一种趋势。要实现设备和网络的连接，需要遵循 TCP/IP 协议，可以在设备运行网络协议栈来联网，也可以使用设备配合自带硬件网络协议栈的接口芯片来联网。

设备连接上网络，就犹如插上了翅膀，可以利用网络实时地上传数据，用户在千里之外就可以看到设备现在的运行状态和采集到的数据，并远程控制设备以完成特定的任务。也可以通过设备播放网络音乐、拨打网络电话、充当局域网存储服务器等。

本章将讲解 RT-Thread 网络框架的相关内容，带你了解网络框架的概念、功能特点和使用方法，读完本章，大家将熟悉 RT-Thread 网络框架的概念和实现原理、了解如何使用 Socket API 进行网络编程。

16.1 TCP/IP 网络协议简介

TCP/IP（Transmission Control Protocol/Internet Protocol）是传输控制协议和网络协议的简称，它不是单个协议，而是一个协议族的统称，包含 IP 协议、ICMP 协议、TCP 协议以及 http、ftp、pop3、https 协议等，它定义了电子设备如何连入因特网，以及数据在它们之间传输的标准。

16.1.1 OSI 参考模型

OSI（Open System Interconnect），即开放式系统互联。一般都称为 OSI 参考模型，是 ISO（国际标准化组织）组织在 1985 年研究的网络互联模型。该体系结构标准定义了网络互联的七层框架（物理层、数据链路层、网络层、传输层、会话层、表示层和应用层），即 ISO 开放系统互联参考模型。第一层到第三层属于 OSI 参考模型的低三层，负责创建网络通信连接的链路；第四层到第七层为 OSI 参考模型的高四层，具体负责端到端的数据通信。在这一框架下进一步详细规定了每一层的功能，以实现开放系统环境中的互联性、互操作性和应用的可移植性。

16.1.2　TCP/IP 参考模型

TCP/IP 通信协议采用了 4 层的层级结构，每一层都呼叫它的下一层所提供的网络来完成自己的需求。这 4 层分别为：

- ❑ 应用层：不同类型的网络应用有不同的通信规则，因此应用层的协议是多种多样的，如简单电子邮件传输（SMTP）、文件传输协议（FTP）、网络远程访问协议（Telnet）等。
- ❑ 传输层：在此层中，它提供了节点间的数据传送服务，如传输控制协议（TCP）、用户数据报协议（UDP）等，TCP 和 UDP 给数据包加入传输数据并把它传输到下一层中，这一层负责传送数据，并且确定数据已被送达并接收。
- ❑ 网络层：负责提供基本的数据封包传送功能，让每一块数据包都能够到达目的主机（但不检查是否被正确接收），如网际协议（IP）。
- ❑ 网络接口层：对实际的网络媒体的管理，定义如何使用实际网络（如 Ethernet、Serial Line 等）来传送数据。

16.1.3　TCP/IP 参考模型和 OSI 参考模型的区别

图 16-1 为 TCP/IP 参考模型与 OSI 参考模型图。

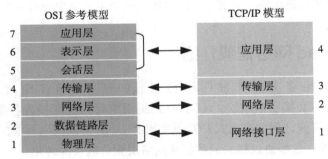

图 16-1　TCP/IP 参考模型与 OSI 参考模型

OSI 参考模型与 TCP/IP 参考模型都采用了分层结构，都是基于独立的协议栈的概念。OSI 参考模型有 7 层，而 TCP/IP 参考模型只有 4 层，即 TCP/IP 参考模型没有表示层和会话层，并且把数据链路层和物理层合并为网络接口层。不过，二者的分层之间有一定的对应关系。OSI 由于体系比较复杂，而且设计先于实现，有许多设计过于理想，不太方便用软件实现，因而完全实现 OSI 参考模型的系统并不多，应用范围有限。而 TCP/IP 参考模型最早在计算机系统中实现，在 UNIX、Windows 平台中都有稳定的实现，并且提供了简单方便的编程接口（API），可以在其上开发出丰富的应用程序，因此得到了广泛的应用。TCP/IP 参考模型已成为现在网际互联的国际标准和工业标准。

16.1.4 IP 地址

IP 地址是指互联网协议地址（Internet Protocol Address，又译为网际协议地址），是 IP 协议提供的一种统一的地址格式，它为互联网上的每一个网络和每一台主机分配一个逻辑地址，以此来屏蔽物理地址的差异。常见的局域网 IP 地址为 192.168.X.X。

16.1.5 子网掩码

子网掩码（subnet mask）又叫网络掩码、地址掩码、子网络遮罩，它是一种用来指明一个 IP 地址的哪些位标识的是主机所在的子网，以及哪些位标识的是主机的位掩码。子网掩码不能单独存在，它必须结合 IP 地址一起使用。子网掩码只有一个作用，就是将某个 IP 地址划分成网络地址和主机地址两部分。子网掩码为 1 的位，对应的 IP 地址为网络地址，子网掩码为 0 的位，对应的 IP 地址为主机地址。以 IP 地址 192.168.1.10 和子网掩码 255.255.255.0 为例，子网掩码前 24 位（将十进制转换成二进制）为 1，所以 IP 地址的前 24 位 192.168.1 表示网络地址，剩下的 0 为主机地址。

16.1.6 MAC 地址

MAC（Media Access Control 或者 Medium Access Control）地址，意译为媒体访问控制，或称为物理地址、硬件地址，用来定义网络设备的位置。在 OSI 模型中，第三层网络层负责 IP 地址，第二层数据链路层则负责 MAC 地址。一个主机至少会有一个 MAC 地址。

16.2 RT-Thread 网络框架介绍

RT-Thread 为了能够支持各种网络协议栈，开发了 SAL 组件，全称为 Socket Abstraction Layer，即套接字抽象层，RT-Thread 通过它可以无缝接入各类协议栈，包括几种常用的 TCP/IP 协议栈，例如嵌入式开发中常用的 LwIP 协议栈以及 RT-Thread 开发的 AT Socket 协议栈组件等，这些协议栈完成数据从网络层到传输层的转化。

RT-Thread 网络框架的主要功能特点如下所示：

❑ 支持标准网络套接字 BSD Socket API，支持使用 poll/select。

❑ 抽象、统一多种网络协议栈接口。

❑ 支持各类物理网卡、网络通信模块硬件。

❑ 资源占用小，SAL 套接字抽象层组件资源占用为 ROM 2.8KB 和 RAM 0.6KB。

RT-Thread 的网络框架采用了分层设计，共 4 层，每层都有不同的职责，图 16-2 为 RT-Thread 网络框架结构图。

网络框架向用户应用程序提供标准 BSD Socket 接口，开发者使用 BSD Socket 接口进行操作，无须关心网络底层如何实现，也无须关心网络数据通过的是哪个网络协议栈，套接字抽象层为上层应用层提供的接口有 accept、connect、send、recv 等。

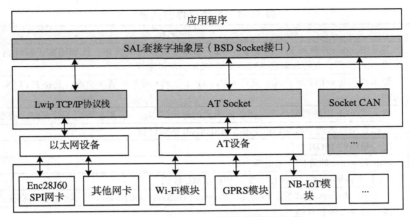

图 16-2　RT-Thread 网络框架结构图

SAL 层之下是协议栈层，当前网络框架中支持的几个主要协议栈如下：

（1）LwIP 是一个开源的 TCP/IP 协议栈实现，它在保持 TCP/IP 协议主要功能的基础上减少了对 RAM 的占用，这使得 LwIP 协议栈很适合在嵌入式系统中使用。

（2）AT Socket 是给支持 AT 指令的模块使用的组件。AT 命令采用标准串口进行数据收发，将复杂的设备通信方式转换成简单的串口编程，大大简化了产品的硬件设计和软件开发成本，这使得几乎所有的网络模组如 GPRS、3G/4G、NB-IoT、蓝牙、WiFi、GPS 等模组都很方便地接入 RT-Thread 网络框架，通过标准的 BSD Socket 方式开发网络应用，极大程度上简化了上层应用的开发难度。

（3）Socket CAN 是 CAN 编程的一种方式，它简单易用，编程顺手。通过接入 SAL 层，开发者就可以在 RT-Thread 上实现 Socket CAN 编程了。

协议栈层下面是抽象设备层，通过将硬件设备抽象成以太网设备或者 AT 设备，将硬件设备接入到各类网络协议栈中。

最底层是各式各样的网络芯片或模块（例如：W5500/CH395 这类自带协议栈的以太网芯片，带 AT 指令的 WiFi 模块、GPRS 模块、NB-IoT 模块等），这些硬件模块是真正进行网络通信功能的承载者，负责跟各类物理网络进行通信。

总体来说，RT-Thread 网络框架使开发者只需要关心和使用标准 BSD Socket 网络接口进行网络应用开发，而无须关心底层具体网络协议栈类型和实现，极大地提高了系统的兼容性，方便开发者完成网络相关应用的开发，也极大地提升了 RT-Thread 在物联网领域对于不同网络硬件的兼容性。

此外，基于网络框架，RT-Thread 提供了数量丰富的网络软件包，它们是基于 SAL 层的各种网络应用，例如 Paho MQTT、WebClient、cJSON、netutils 等，可以从在线软件包管理中心获得。这些软件包都是网络应用利器，使用它们可以大大简化网络应用的开发难度，缩短网络应用开发周期。目前网络软件包数量达十几个，表 16-1 目前列出了 RT-Thread 支持的部分网络软件包，软件包的数量还在不断增加中。

表 16-1　网络软件包列表

软件包名称	描述
Paho MQTT	基于 Eclipse 开源的 Paho MQTT，做了很多功能及性能优化，比如增加了断线自动重连功能、采用 pipe 模型、支持非阻塞 API、支持 TLS 加密传输等
WebClient	简单易用的 HTTP 客户端，支持 HTTP GET/POST 等常见请求功能，支持 HTTPS、断点续传等功能
mongoose	嵌入式 Web 服务器网络库，类似嵌入式世界里的 Nginx。授权许可不够友好，需要收费
WebTerminal	可以在浏览器或手机端访问 Finsh/MSHShell 的软件包
cJSON	超轻量级的 JSON 解析库
ljson	json 到 struct 的解析、输出库
ezXML	XML 文件解析库，目前还不支持解析 XML 数据
nanopb	Protocol Buffers 格式数据解析库，Protocol Buffers 格式比 JSON、XML 格式资源占用更少
GAgent	接入机智云的软件包
Marvell WiFi	Marvell WiFi 驱动
Wiced WiFi	Wiced 接口的 WiFi 驱动
CoAP	移植 libcoap 的 CoAP 通信软件包
nopoll	移植的开源 WebSocket 通信软件包
netutils	实用的网络调试小工具集合，包括 ping、TFTP、iperf、NetIO、NTP、Telnet 等
OneNet	与中国移动 OneNet 云对接的软件包

16.3　网络框架工作流程

使用 RT-Thread 网络框架，首先需要初始化 SAL，然后注册各类网络协议簇，确保应用程序能够使用 socket 网络套接字接口进行通信，本节主要以 LwIP 作为示例进行讲解。

16.3.1　网络协议簇注册

首先使用 sal_init() 接口对组件中使用的互斥锁等资源进行初始化，接口如下所示：

```
int sal_init(void);
```

SAL 初始化后，通过 sal_proto_family_register() 接口来注册网络协议簇，将 LwIP 网络协议簇注册到 SAL 中，示例代码如下：

```
static const struct proto_family LwIP_inet_family_ops = {
    "LwIP",
    AF_INET,
    AF_INET,
    inet_create,
    LwIP_gethostbyname,
    LwIP_gethostbyname_r,
    LwIP_freeaddrinfo,
    LwIP_getaddrinfo,
};

int LwIP_inet_init(void)
```

```
{
    sal_proto_family_register(&LwIP_inet_family_ops);

    return 0;
}
```

AF_INET 表示 IPv4 地址，例如 127.0.0.1；AF 是 Address Family 的简写，INET 是 Internet 的简写。

其中 sal_proto_family_register() 接口定义如下所示，参数和返回值描述见表 16-2。

```
int sal_proto_family_register(const struct proto_family *pf);
```

16.3.2 网络数据接收流程

LwIP 注册到 SAL 之后，应用程序可通过网络套接字接口进行网络数据收发。在 LwIP 中，创建了几个主要线程，分别是 tcpip 线程、erx 接收线程和 etx 发送线程，网络数据接收流程如图 16-3 所示，应用程序通过调用标准套接字接口 recv() 接收数据，以阻塞方式进行。

表 16-2 sal_proto_family_register() 的输入参数和返回值

参数	描述
pf	协议簇结构体指针
返回	描述
0	注册成功
−1	注册失败

当以太网硬件设备收到网络数据报文，将报文存放到接收缓冲区，然后通过以太网中断程序发送邮件，通知 erx 线程有数据到达，erx 线程会按照接收到的数据长度来申请 pbuf 内存块，并将数据放入 pbuf 的 payload 数据中，然后将 pbuf 内存块通过邮件发送给 tcpip 线程，tcpip 线程将数据返回给正在阻塞接收数据的应用程序。

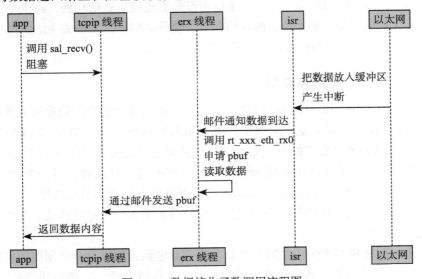

图 16-3 数据接收函数调用流程图

16.3.3 网络数据发送流程

网络数据发送流程如图 16-4 所示。当有数据需要发送时,应用程序调用标准网络套接字接口 send() 将数据交给 tcpip 线程,tcpip 线程会发送一个邮件来唤醒 etx 线程,etx 线程先判断以太网是否正在发送数据,如果没有,那么将待发送的数据放入发送缓冲区,然后通过以太网设备将数据发送出去。如果正在发送数据,etx 线程会将自己挂起,直到以太网设备空闲后再发送数据出去。

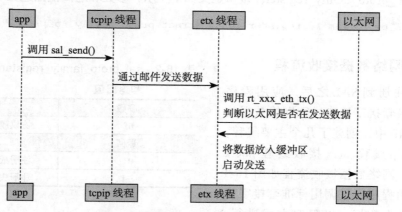

图 16-4 数据发送函数调用流程图

16.4 网络套接字编程

应用程序使用 socket(网络套接字)接口编程来实现网络通信功能,socket 是一组应用程序接口(API),它屏蔽了各个协议的通信细节,使得应用程序无须关注协议本身,直接使用 socket 提供的接口来进行互联以实现不同主机间的通信。

16.4.1 TCP socket 通信流程

TCP 是 Tranfer Control Protocol 的简称,是一种面向连接的保证数据可靠传输的协议。通过 TCP 协议传输,得到的是一个顺序的无差错的数据流。基于 TCP 的 socket 编程流程图见图 16-5,发送方和接收方的两个 socket 之间必须建立连接,以便在 TCP 协议的基础上进行通信,当一个 socket(通常都是 server socket)等待建立连接时,另一个 socket 可以要求进行连接,一旦这两个 socket 连接起来,它们就可以进行双向数据传输,双方都可以进行发送或接收操作。TCP 连接是可靠的连接,它能保证数据包按顺序到达,如果出现丢包,则会自动重发数据包。

举个例子,TCP 相当于生活中的打电话,当你打电话给对方时,必须要等待对方接听,只有对方接听了你的电话,和你建立了连接,双方才可以通话,互相传递信息。当然,这时候传递的信息是可靠的，因为对方听不清你说的内容可以要求你重新将内容复述一遍。当打电话的双方中的任何一方要结束本次通话时，会主动和对方告别，等到对方也和自己告别后，才会挂断电话，结束本次通信。

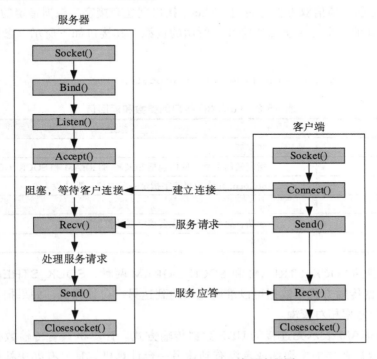

图 16-5　基于 TCP 的 socket 编程流程图

16.4.2　UDP socket 通信流程

UDP 是 User Datagram Protocol 的简称，是一种无连接的协议，每个数据报都是一个独立的信息，包括完整的源地址和目的地址，它在网络上以任何可能的路径传往目的地，因此能否到达目的地，到达目的地的时间以及内容的正确性都是不能保证的，基于 UDP 的 socket 编程流程如图 16-6 所示。

举个例子，UDP 就相当于生活中的对讲机通信，你设定好频道后就可以直接说你要表达的信息了，数据被对讲机发送了出去，但是你不知道你的消息有没有被

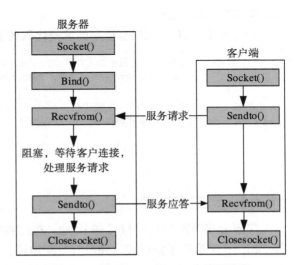

图 16-6　基于 UDP 的 socket 编程流程

别人接收到，除非别人也用对讲机回复你，因此这种方式是不可靠的。

16.4.3　创建套接字

在进行通信前，通信双方首先使用 socket() 接口创建套接字，根据指定的地址族、数据类型和协议来分配一个套接字描述符及其所用的资源。其接口如下所示，参数和返回值见表 16-3。

```
int socket(int domain, int type, int protocol);
```

表 16-3　socket() 接口的参数和返回值

参数	描述
domain	协议族
type	指定通信类型，取值包括 SOCK_STREAM 和 SOCK_DGRAM
protocol	protocol 允许为套接字指定一种协议，默认设为 0
返回	描述
>=0	成功，返回一个代表套接字描述符的整数
-1	失败

通信类型包括 SOCK_STREAM 和 SOCK_DGRAM 两种，SOCK_STREAM 表示面向连接的 TCP 数据传输方式。数据可以准确无误地到达另一台计算机，如果损坏或丢失，可以重新发送，但效率相对较慢。

SOCK_DGRAM 表示无连接的 UDP 数据传输方式。计算机只管传输数据，不进行数据校验，如果数据在传输中损坏或者没有到达另一台计算机，是没有办法补救的。也就是说，数据错了就错了，无法重传。因为 SOCK_DGRAM 所做的校验工作少，所以效率比 SOCK_STREAM 高。

创建一个 TCP 类型的套接字的示例代码如下：

```
/* 创建一个 socket，类型是 SOCKET_STREAM，TCP 类型 */
  if ((sock = socket(AF_INET, SOCK_STREAM, 0)) == -1)
  {
      /* 创建 socket 失败 */
      rt_kprintf("Socket error\n");

      return;
  }
```

16.4.4　绑定套接字

绑定套接字用于将端口号和 IP 地址绑定到指定套接字上。当使用 socket() 创建一个套接字时，只是给定了协议族，并没有分配地址，在套接字接收来自其他主机的连接前，必须用 bind() 给它绑定一个地址和端口号。其接口如下所示，参数和返回值见表 16-4。

```
int bind(int s, const struct sockaddr *name, socklen_t namelen);
```

表 16-4 bind() 接口的参数和返回值

参数	描述
s	套接字描述符
name	指向 sockaddr 结构体的指针，代表要绑定的地址
namelen	sockaddr 结构体的长度
返回	描述
0	成功
−1	失败

16.4.5 建立 TCP 连接

对于服务器端程序，使用 bind() 绑定套接字后，还需要使用 listen() 函数让套接字进入被动监听状态，再调用 accept() 函数，就可以随时响应客户端的请求了。

1. 监听套接字

监听套接字用于 TCP 服务器监听指定套接字连接。接口如下所示，参数和返回值见表 16-5。

表 16-5 listen() 接口的参数和返回值

参数	描述
s	套接字描述符
backlog	表示一次能够等待的最大连接数目
返回	描述
0	成功
−1	失败

```
int listen(int s, int backlog);
```

2. 接受连接

当应用程序监听来自其他客户端的连接时，要使用 accept() 函数初始化连接，它为每个连接创建新的套接字并从监听队列中移除这个连接。接口如下所示，参数和返回值见表 16-6。

```
int accept(int s, struct sockaddr *addr, socklen_t *addrlen);
```

3. 建立连接

用于客户端与指定服务器建立连接。接口如下所示，参数和返回值见表 16-7。

```
int connect(int s, const struct sockaddr *name, socklen_t namelen);
```

表 16-6 accept() 接口的参数和返回值

参数	描述
s	套接字描述符
addr	客户端设备地址信息
addrlen	客户端设备地址结构体的长度
返回	描述
>=0	成功，返回新创建的套接字描述符
−1	失败

表 16-7 connect() 接口的参数和返回值

参数	描述
s	套接字描述符
name	服务器地址信息
namelen	服务器地址结构体的长度
返回	描述
0	成功
−1	失败

客户端与服务端连接时，首先设置服务端地址，然后使用 connect() 函数进行连接，示例代码如下所示：

```
struct sockaddr_in server_addr;
/* 初始化预连接的服务端地址 */
server_addr.sin_family = AF_INET;
server_addr.sin_port = htons(port);
server_addr.sin_addr = *((struct in_addr *)host->h_addr);
rt_memset(&(server_addr.sin_zero), 0, sizeof(server_addr.sin_zero));

/* 连接到服务端 */
if (connect(sock, (struct sockaddr *)&server_addr, sizeof(struct sockaddr))
== -1)
{
    /* 连接失败 */
    closesocket(sock);

    return;
}
```

16.4.6　数据传输

TCP 和 UDP 的数据传输方式不同，TCP 需要建立连接后才能进行数据传输，使用 send() 函数进行数据发送，使用 recv 函数进行数据接收，而 UDP 则不需要建立连接，使用 sendto() 函数进行数据发送，使用 recvfrom() 函数进行数据接收。

1. TCP 数据发送

TCP 连接建立以后，使用 send() 函数进行数据发送，接口如下所示，参数和返回值见表 16-8。

```
int send(int s, const void *dataptr, size_t size, int flags);
```

2.TCP 数据接收

TCP 连接建立以后，使用 recv() 接收数据，接口如下所示，参数和返回值见表 16-9。

```
int recv(int s, void *mem, size_t len, int flags);
```

表 16-8　send() 接口的参数和返回值

参数	描述
s	套接字描述符
dataptr	要发送的数据指针
size	发送的数据长度
flags	标志，一般为 0
返回	描述
>0	成功，返回发送的数据的长度
<=0	失败

表 16-9　recv() 接口的参数和返回值

参数	描述
s	套接字描述符
mem	接收的数据指针
len	接收的数据长度
flags	标志，一般为 0
返回	描述
>0	成功，返回接收的数据的长度
=0	目标地址已传输完并关闭连接
<0	失败

3.UDP 数据发送

在未建立连接的情况下，可以使用 sendto() 函数向指定的目标地址发送 UDP 数据，接口如下所示，参数和返回值见表 16-10。

```
int sendto(int s, const void *dataptr, size_t size, int flags,
const struct sockaddr *to, socklen_t tolen);
```

4.UDP 数据接收

接收 UDP 数据则使用 recvfrom() 函数，接口如下所示，参数和返回值见表 16-11。

```
int recvfrom(int s, void *mem, size_t len, int flags,
struct sockaddr *from, socklen_t *fromlen);
```

表 16-10　sendto() 接口的参数和返回值

参数	描述
s	套接字描述符
dataptr	发送的数据指针
size	发送的数据长度
flags	标志，一般为 0
to	目标地址结构体指针
tolen	目标地址结构体长度

返回	描述
>0	成功，返回发送的数据的长度
<=0	失败

表 16-11　recvfrom() 接口的参数和返回值

参数	描述
s	套接字描述符
mem	接收的数据指针
len	接收的数据长度
flags	标志，一般为 0
from	接收地址结构体指针
fromlen	接收地址结构体长度

返回	描述
>0	成功，返回接收的数据的长度
0	接收地址已传输完并关闭连接
<0	失败

16.4.7　关闭网络连接

网络通信结束后，需要关闭网络连接，有两种方式，分别是使用 closesocket() 和 shutdown()。

closesocket() 接口用来关闭已经存在的 socket 连接，释放 socket 资源，将套接字描述符从内存清除，之后再也不能使用该套接字，与该套接字相关的连接和缓存也失去了意义，TCP 协议会自动关闭连接。接口如下所示，参数和返回值见表 16-12。

表 16-12　closesocket() 接口的参数和返回值

参数	描述
s	套接字描述符

返回	描述
0	成功
−1	失败

```
int closesocket(int s);
```

使用 shutdown() 函数也可以关闭网络连接。TCP 连接是全双工的，使用 shutdown() 函数可以实现半关闭，它可以关闭连接的读或者写操作，也可以两端都关闭，但它不释放 socket 资源，接口如下所示，参数和返回值见表 16-13。

```
int shutdown(int s, int how);
```

表 16-13 shutdown() 接口的参数和返回值

参数	描述
s	套接字描述符
how	SHUT_RD 关闭连接的接收端，不再接收数据 SHUT_WR 关闭连接的发送端，不再发送数据 SHUT_RDWR 两端都关闭
返回	描述
0	成功
−1	失败

16.5 网络功能配置

网络框架的主要功能配置选项如表 16-14 和表 16-15 所示，可以根据不同的功能需求进行配置。

表 16-14 SAL 组件配置选项

宏定义	取值类型	描述
RT_USING_SAL	布尔	开启 SAL
SAL_USING_LWIP	布尔	开启 LwIP 组件
SAL_USING_AT	布尔	开启 AT 组件
SAL_USING_POSIX	布尔	开启 POSIX 接口支持
SAL_PROTO_FAMILIES_NUM	整数	支持最大协议族数量

表 16-15 LwIP 配置选项

宏定义	取值类型	描述
RT_USING_LWIP	布尔	开启 LwIP 组件
RT_USING_LWIP_IPV6	布尔	开启 IPv6 功能
RT_LWIP_IGMP	布尔	开启 IGMP 协议
RT_LWIP_ICMP	布尔	开启 ICMP 协议
RT_LWIP_SNMP	布尔	开启 SNMP 协议
RT_LWIP_DNS	布尔	开启 DNS 功能
RT_LWIP_DHCP	布尔	开启 DHCP 功能
IP_SOF_BROADCAST	整数	IP 发送广播包过滤
IP_SOF_BROADCAST_RECV	整数	IP 接收广播包过滤
RT_LWIP_IPADDR	字符串	IP 地址
RT_LWIP_GWADDR	字符串	网关地址
RT_LWIP_MSKADDR	字符串	子网掩码
RT_LWIP_UDP	布尔	启用 UDP 协议
RT_LWIP_TCP	布尔	启用 TCP 协议

（续）

宏定义	取值类型	描述
RT_LWIP_RAW	布尔	启用 RAW API
RT_MEMP_NUM_NETCONN	整数	支持网络连接数
RT_LWIP_PBUF_NUM	整数	pbuf 内存块数量
RT_LWIP_RAW_PCB_NUM	整数	RAW 最大连接数量
RT_LWIP_UDP_PCB_NUM	整数	UDP 最大连接数量
RT_LWIP_TCP_PCB_NUM	整数	TCP 最大连接数量
RT_LWIP_TCP_SND_BUF	整数	TCP 发送缓冲区大小
RT_LWIP_TCP_WND	整数	TCP 滑动窗口大小
RT_LWIP_TCPTHREAD_PRIORITY	整数	TCP 线程的优先级
RT_LWIP_TCPTHREAD_MBOX_SIZE	整数	TCP 线程邮箱大小
RT_LWIP_TCPTHREAD_STACKSIZE	整数	TCP 线程栈大小
RT_LWIP_ETHTHREAD_PRIORITY	整数	接收发送线程的优先级
RT_LWIP_ETHTHREAD_STACKSIZE	整数	接收发送线程栈大小
RT_LwIP_ETHTHREAD_MBOX_SIZE	整数	接收发送线程邮箱大小

16.6　网络应用示例

本节将基于 RT-Thread IoT Board 开发板，运行网络功能，IoT Board 本身没有以太网接口，所以通过外接 ENC28J60 以太网模块的方式进行网络连接。

16.6.1　准备工作

1. 硬件准备

ENC28J60 是带 SPI 接口的独立以太网控制器，它兼容 IEEE 802.3，集成 MAC 和 10 BASE-T PHY，最高速度可达 10Mb/s。

ENC28J60 是通过板子上的 WIRELESS 插座连接开发板，利用 SPI2 和开发板进行通信。原理图和实物图如图 16-7 所示。

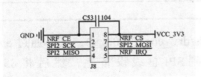

图 16-7　ENC28J60 原理图和实物图

然后接上网线，网线一端接在 ENC28J60 模块上，另外一端应该插在路由器或者交换机的 LAN 口。

2. 软件准备

本节的示例代码位于配套资料的 chapter16 目录下，打开 MDK5 工程文件 project.uvprojx 后如图 16-8 所示。

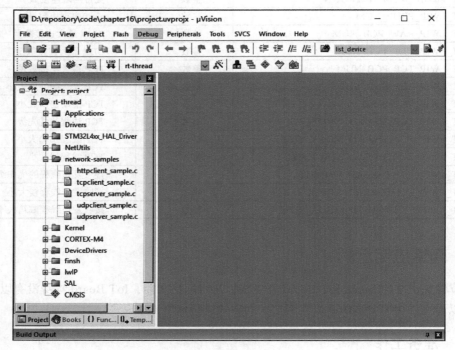

图 16-8　网络 MDK 工程

跟基础 MDK 工程比较，该工程中新增的分组如表 16-16 所示。

表 16-16　网络 MDK 工程目录组和描述

目录组	描述
NetUtils	NetUtils 软件包，里面是 Ping 源码
network-samples	网络应用示例代码，本章节使用的示例代码都在该目录下，包括了 TCP Client 示例和 UDP Client 示例
lwIP	LwIP TCP/IP 协议栈组件
SAL	套接字抽象层

ENC28J60 以太网模块的初始化代码在 Drivers/drv_enc28j60.c 中，其中通过 enc28j60_attach() 函数将 ENC28J60 作为 SPI 从设备挂载到 SPI 总线设备上，然后将 85 号引脚（PD4）作为 ENC28J60 的中断引脚，设置引脚被下拉时触发中断，运行 ENC28J60 的中断处理函数。

```
#include <drivers/pin.h>
#include <enc28j60.h>
```

```
#define ENC28J60_IRQ_PIN 85

int enc28j60_init(void)
{
    /* attach enc28j60 to spi. spi21 cs - PD6 */
    enc28j60_attach("spi21");

    /* init interrupt pin */
    rt_pin_mode(ENC28J60_IRQ_PIN, PIN_MODE_INPUT_PULLUP);
    rt_pin_attach_irq(ENC28J60_IRQ_PIN, PIN_IRQ_MODE_FALLING, enc28j60_isr,
RT_NULL);
    rt_pin_irq_enable(ENC28J60_IRQ_PIN, PIN_IRQ_ENABLE);

    return 0;
}
INIT_COMPONENT_EXPORT(enc28j60_init);
```

3. 编译运行

对工程进行编译，然后下载固件到开发板运行，ENC28J60 以太网模块上的蓝色 LED
灯会点亮，同时在串口工具上可以看到输出的以下日志信息。

```
 \ | /
- RT -       Thread Operating System
 / | \       3.1.0 build Oct  3 2018
 2006 - 2018 Copyright by rt-thread team
LwIP-2.0.2 initialized!
[I/SAL_SOC] Socket Abstraction Layer initialize success.
msh >
```

上面的日志信息表示 LwIP 组件和 SAL 都已经被成功初始化，并且 FinSH 控制台也已
成功运行。

4. 获取 IP 地址

示例工程中开启了使用 DHCP 获取 IP 的方式，在不插网线的情况下，在控制台可使用
ifconfig 命令查看网络情况：

```
msh >ifconfig
network interface: e0 (Default)
MTU: 1500
MAC: 00 04 a3 12 34 56
FLAGS: UP LINK_DOWN ETHARP BROADCAST IGMP
ip address: 0.0.0.0
gw address: 0.0.0.0
net mask  : 0.0.0.0
dns server #0: 0.0.0.0
dns server #1: 0.0.0.0
```

可以看到 IP 地址为 0.0.0.0，说明此时还未能获得 IP 地址，插上网线后，再次使用
ifconfig 命令进行查看：

```
msh >ifconfig
```

```
network interface: e0 (Default)
MTU: 1500
MAC: 00 04 a3 12 34 56
FLAGS: UP LINK_UP ETHARP BROADCAST IGMP
ip address: 192.168.12.26
gw address: 192.168.10.1
net mask  : 255.255.0.0 ·
dns server #0: 192.168.10.1
dns server #1: 223.5.5.5
```

此时，已经成功获得 IP 地址 192.168.12.26，并且 FLAGS 状态是 LINK_UP，表示网络已经配置好。

5. Ping 网络测试

接下来尝试连接网络，在 FinSh 控制台运行 ping 命令进行网络测试：

```
msh />ping rt-thread.org
60 bytes from 116.62.244.242 icmp_seq=0 ttl=49 time=11 ms
60 bytes from 116.62.244.242 icmp_seq=1 ttl=49 time=10 ms
60 bytes from 116.62.244.242 icmp_seq=2 ttl=49 time=12 ms
60 bytes from 116.62.244.242 icmp_seq=3 ttl=49 time=10 ms
msh />ping 192.168.10.12
60 bytes from 192.168.10.12 icmp_seq=0 ttl=64 time=5 ms
60 bytes from 192.168.10.12 icmp_seq=1 ttl=64 time=1 ms
60 bytes from 192.168.10.12 icmp_seq=2 ttl=64 time=2 ms
60 bytes from 192.168.10.12 icmp_seq=3 ttl=64 time=3 ms
msh />
```

以上的输出结果表示连接网络成功！

注意：需要保证电脑和板子在一个网段中，另外，需要关闭防火墙。

16.6.2　TCP 客户端示例

网络连接成功后就可以运行网络示例了，先运行 TCP 客户端的示例。本示例将在 PC 上开启一个 TCP 服务器，在 IoT Board 板上开启一个 TCP 客户端，双方进行网络通信。

在示例工程中已经有 TCP 客户端程序 tcpclient_sample.c，其功能是实现一个 TCP 客户端，能够接收并显示从服务端发送过来的信息，如果接收到开头是 'q' 或 'Q' 的信息，那么直接退出程序，关闭 TCP 客户端。该程序导出了 tcpclient 命令到 FinSH 控制台，命令调用格式是 tcpclient URL PORT，其中 URL 是服务器地址，PORT 是端口号。

示例代码如清单 16-1 所示。

代码清单16-1　TCP Client使用示例

```c
#include <rtthread.h>
#include <sys/socket.h> /* 使用 BSD socket，需要包含 socket.h 头文件 */
#include <netdb.h>
#include <string.h>
#include <finsh.h>
```

```
#define BUFSZ 1024

static const char send_date[] = "This is TCP Client from RT-Thread.";  /* 发送用
到的数据 */

void tcpclient(int argc, char **argv)
{
    int ret;
    char *recv_data;
    struct hostent *host;
    int sock, bytes_received;
    struct sockaddr_in server_addr;
    const char *url;
    int port;

    /* 接收到的参数小于 3 个 */
    if (argc < 3)
    {
        rt_kprintf("Usage: tcpclient URL PORT\n");
        rt_kprintf("Like: tcpclient 192.168.12.44 5000\n");
        return ;
    }

    url = argv[1];
    port = strtoul(argv[2], 0, 10);

    /* 通过函数入口参数 url 获得 host 地址（如果是域名，会进行域名解析）*/
    host = gethostbyname(url);

    /* 分配用于存放接收数据的缓冲 */
    recv_data = rt_malloc(BUFSZ);
    if (recv_data == RT_NULL)
    {
        rt_kprintf("No memory\n");
        return;
    }

    /* 创建一个 socket，类型是 SOCKET_STREAM，TCP 类型 */
    if ((sock = socket(AF_INET, SOCK_STREAM, 0)) == -1)
    {
        /* 创建 socket 失败 */
        rt_kprintf("Socket error\n");

        /* 释放接收缓冲 */
        rt_free(recv_data);
        return;
    }

    /* 初始化预连接的服务端地址 */
    server_addr.sin_family = AF_INET;
    server_addr.sin_port = htons(port);
    server_addr.sin_addr = *((struct in_addr *)host->h_addr);
    rt_memset(&(server_addr.sin_zero), 0, sizeof(server_addr.sin_zero));

    /* 连接到服务端 */
```

```c
    if (connect(sock, (struct sockaddr *)&server_addr, sizeof(struct
sockaddr)) == -1)
    {
        /* 连接失败 */
        rt_kprintf("Connect fail!\n");
        closesocket(sock);

        /* 释放接收缓冲 */
        rt_free(recv_data);
        return;
    }

    else
    {/* 连接成功 */
     rt_kprintf("Connect successful\n");
    }
while (1)
{
    /* 从 sock 连接中接收最大 BUFSZ - 1 字节数据 */
    bytes_received = recv(sock, recv_data, BUFSZ - 1, 0);
    if (bytes_received < 0)
    {
        /* 接收失败，关闭这个连接 */
        closesocket(sock);
        rt_kprintf("\nreceived error,close the socket.\r\n");

        /* 释放接收缓冲 */
        rt_free(recv_data);
        break;
    }
    else if (bytes_received == 0)
    {
        /* 打印 recv 函数返回值为 0 的警告信息 */
        rt_kprintf("\nReceived warning,recv function return 0.\r\n");

        continue;
    }

    /* 有接收到数据，把末端清零 */
    recv_data[bytes_received] = '\0';

    if (strncmp(recv_data, "q", 1) == 0 || strncmp(recv_data, "Q", 1) == 0)
    {
        /* 如果是首字母是 q 或 Q，关闭这个连接 */
        closesocket(sock);
        rt_kprintf("\n got a 'q' or 'Q',close the socket.\r\n");

        /* 释放接收缓冲 */
        rt_free(recv_data);
        break;
    }
    else
    {
        /* 在控制终端显示收到的数据 */
        rt_kprintf("\nReceived data = %s ", recv_data);
    }
    /* 发送数据到 sock 连接 */
    ret = send(sock, send_data, strlen(send_data), 0);
```

```
        if (ret < 0)
        {
            /* 发送失败，关闭这个连接 */
            closesocket(sock);
            rt_kprintf("\nsend error,close the socket.\r\n");

            rt_free(recv_data);
            break;
        }
        else if (ret == 0)
        {
            /* 打印 send 函数返回值为 0 的警告信息 */
            rt_kprintf("\n Send warning,send function return 0.\r\n");
        }
    }
    return;
}
MSH_CMD_EXPORT(tcpclient, a tcp client sample);
```

运行该示例时，首先在电脑上打开网络调试助手，开启一个 TCP 服务器。选择协议类型为 TCP Server，填入本机 IP 地址和端口 5000，如图 16-9 所示。

图 16-9　网络调试工具界面 1

然后在 FinSH 控制台输入以下命令启动 TCP 客户端来连接 TCP 服务器：

```
msh />tcpclient 192.168.12.45 5000        // 按照实际情况输入
Connect successful
```

当控制台输出 "Connect successful" 的日志信息，表示 TCP 连接被成功建立。接下来就可以进行数据通信了，在网络调试工具窗口，发送 Hello RT-Thread!，表示从 TCP 服务器发送一条数据给 TCP 客户端，如图 16-10 所示。

图 16-10　网络调试工具界面 2

FinSH 控制台上接收到数据后会输出相应的日志信息，可以看到：

```
msh >tcpclient 192.168.12.130 5000
Connect successful
Received data = hello world
Received data = hello world
Received data = hello world
Received data = hello world
Received data = hello world
 got a 'q' or 'Q',close the socket.
msh >
```

上面的信息表示 TCP 客户端接收到了从服务器发送的 5 条 "hello world" 数据，最后，从 TCP 服务器接收到退出指令 'q'，TCP 客户端程序退出运行，返回到 FinSH 控制台。

16.6.3　UDP 客户端示例

下面是一个 UDP 客户端的示例，本示例将在 PC 上开启一个 UDP 服务器，在 IoT Board 板上开启一个 UDP 客户端，双方进行网络通信。在示例工程中已经实现了一个 UDP 客户端程序，功能是发送数据到服务器端，示例代码如清单 16-2 所示。

代码清单16-2　UDP Client使用示例

```
#includ <rtthread.h>
#includ <sys/socket.h>  /* 使用 BSD socket，需要包含 sockets.h 头文件 */
#includ <netdb.h>
#includ <string.h>
#includ <finsh.h>

const char send_data[]= "This is UDP Client from RT-Thread.\n"; /* 发送用到的数据 */

void udpclient(int argc, char **argv)
{
    int sock, port, count;
    struct hostent *host;
    struct sockaddr_in server_addr;
    const char *url;

    /* 接收到的参数小于 3 个 */
    if (argc < 3)
    {
        rt_kprintf("Usage: udpclient URL PORT [COUNT = 10]\n");
        rt_kprintf("Like: tcpclient 192.168.12.44 5000\n");
        return ;
    }

    url = argv[1];
    port = strtoul(argv[2], 0, 10);

    if (argc > 3)
        count = strtoul(argv[3], 0, 10);
    else
        count = 10;

    /* 通过函数入口参数 url 获得 host 地址（如果是域名，会做域名解析）*/
    host = (struct hostent *) gethostbyname(url);

    /* 创建一个 socket，类型是 SOCK_DGRAM，UDP 类型 */
    if ((sock = socket(AF_INET, SOCK_DGRAM, 0)) == -1)
    {
        rt_kprintf("Socket error\n");
        return;
    }

    /* 初始化预连接的服务端地址 */
    server_addr.sin_family = AF_INET;
    server_addr.sin_port = htons(port);
    server_addr.sin_addr = *((struct in_addr *)host->h_addr);
    rt_memset(&(server_addr.sin_zero), 0, sizeof(server_addr.sin_zero));

    /* 总计发送 count 次数据 */
    while (count)
    {
        /* 发送数据到服务远端 */
        sendto(sock, send_data, strlen(send_data), 0,
```

```
                      (struct sockaddr *)&server_addr, sizeof(struct sockaddr));

        /* 线程休眠一段时间 */
        rt_thread_delay(50);

        /* 计数值减一 */
        count --;
    }

    /* 关闭这个 socket */
    closesocket(sock);
}
```

运行该示例时，首先，在电脑上打开网络调试助手，开启一个 UDP 服务器。选择协议类型为 UDP，填入本机 IP 地址和端口 5000，如图 16-11 所示。

然后可以在 FinSH 控制台输入以下命令来给 UDP 服务器发送数据：

```
msh />udpclient 192.168.12.45 1001              // 需按照真实情况输入
```

服务器会收到 10 条 This is UDP Client from RT-Thread. 的消息，如图 16-12 所示。

图 16-11　网络调试工具界面 3

图 16-12　网络调试工具界面 4

16.7　本章小结

本章介绍了 RT-Thread 提供的网络框架、网络方面的基础知识和网络编程常用的 Socket API。旨在让更多的开发者了解并使用 RT-Thread 的网络框架，这不仅可以使开发者方便地使用各种类型的网络协议栈来进行数据通信，而且使用通用的 API 编程还缩短了应用的移植时间，提高了开发效率，缩短了产品开发周期，以便把产品更快地推向市场。

附录 A
menuconfig 配置选项

本附录将对图形化配置工具 menuconfig 的主要的配置选项进行简单介绍。使用 Env 工具进入 BSP 根目录，输入 menuconfig 命令后即可打开配置界面，配置菜单主要分为以下 3 大类：

```
RT-Thread Kernel  --->              【内核配置】
RT-Thread Components  --->          【组件配置】
RT-Thread online packages  --->     【在线软件包】
```

A.1.1　内核配置

RT-Thread 内核配置菜单（RT-Thread Kernel）各选项及说明如代码清单 A-1 所示，通过查看 help 菜单可以知道每个配置选项对应的宏定义。

代码清单A-1　内核配置选项及说明

```
(8) The maximal size of kernel object name       【内核对象名称最大长度，单位是字节】
(4) Alignment size for CPU architecture data access  【设定对齐的字节个数】
The maximal level value of priority of thread (32)   【系统线程最大优先级数】
(100) Tick frequency, Hz                         【定义系统节拍，为 100 表示每
秒 100 个 tick，一个 tick 为 10ms】
[*] Using stack overflow checking                【检查栈是否溢出】
[*] Enable system hook                           【开启系统钩子函数功能】
(4)   The max size of idle hook list             【空闲线程钩子函数个数】
(256) The stack size of idle thread              【空闲线程的栈大小】
[*] Enable software timer with a timer thread    【使能软件定时器】
(4) The priority level value of timer thread     【软件定时器线程优先级】
(512) The stack size of timer thread             【软件定时器线程栈大小】
[ ] Enable debugging features  --->              【调试特性子菜单】
Inter-Thread communication  --->            【线程间同步与通信子菜单】
Memory Management  --->                          【内存管理子菜单】
Kernel Device Object  --->                       【内核设备对象管理子菜单】
```

注意："[ ] Enable debugging features --->"这个选项需要先按空格键选中后才能进入子菜单。"Inter-Thread communication --->"带有箭头的选项则可以直接进入子菜单。

调试特性选项可以配置组件初始化、调度、线程、定时器等调试信息。线程间同步与通信选项可以配置信号量、互斥锁、事件、邮箱、消息队列、信号。内核设备对象管理选项可以配置是否使用 I/O 设备管理框架及配置系统控制设备等。

A.1.2　组件配置

组件配置菜单（RT-Thread Components）各选项及说明如代码清单 A-2 所示，通过查看 help 菜单可以知道每个配置选项对应的宏定义。

代码清单A-2　组件配置选项及说明

```
[*]   Use components automatically initialization          【使用组件自动初始化机制】
[*]   The main() function as user entry function【把 main 函数作为用户入口函数】
(2048)  Set main thread stack size                         【设备 main 线程的堆栈大小】
C++ features  --->                                         【C++ 特性子菜单】
Command shell  --->                                        【FinSH 命令子菜单】
Device virtual file system  --->                           【文件系统子菜单】
Device Drivers  --->                                       【设备驱动子菜单】
POSIX layer and C standard library  --->                   【POSIX 和 C 标准库子菜单】
[ ] Using light-weight process (NEW)                       【使用轻量级进程模块】
Network stack  --->                                        【网络协议栈子菜单】
VBUS(Virtual Software BUS)  --->                    【虚拟软件总线子菜单】
Utilities  --->                                            【实用工具子菜单】
```

进入子菜单还可以对具体的组件进行配置，使其符合自己的工程需要。

1. 文件系统配置

进入组件配置（RT-Thread Components）子菜单的文件系统配置菜单（Device virtual file system），可以对文件系统的相关选项进行配置，各配置选项如代码清单 A-3 所示。

代码清单A-3　文件系统配置选项及说明

```
[*] Using device virtual file system                      【开启 DFS 虚拟文件系统】
[*]   Using working directory            【在 FinSH 中使用基于当前工作目录的相对路径】
(2)   The maximal number of mounted file system             【最大挂载文件系统的
数量】
(2)   The maximal number of file system type             【最大支持文件系统的数量】
(4)   The maximal number of opened files                【打开文件的最大数量】
[*]   Enable elm-chan fatfs                            【使用 elm-chan fatfs 文件系统】
-*-   Using devfs for device objects                      【开启 devfs 文件系统】
[ ]   Enable ReadOnly file system on flash             【在 Flash 上使用只读文件系统】
[ ]   Enable RAM file system                              【使用 RAM 文件系统】
[ ]   Enable UFFS file system: Ultra-low-cost Flash File System【使用 UFFS 文件
系统】
[ ]   Enable JFFS2 file system                            【使用 JFFS2 文件系统】
```

2. FinSH 配置

进入组件配置（RT-Thread Components）子菜单的 FinSH 配置菜单（Command shell），可以对 FinSH 的相关选项进行配置，各配置选项如代码清单 A-4 所示。

代码清单A-4　FinSH配置选项及说明

```
[*] finsh shell                                        【使能 FinSH】
(tshell) The finsh thread name                         【设置 FinSH 线程的名字】
[*]    Enable command history feature     【支持在 FinSH 中使用方向键（上下）回溯历史指令】
(5)    The command history line number                 【设定回溯历史指令的数目】
[*]    Using symbol table for commands                 【在 FinSH 中使用符号表】
[*]    Keeping description in symbol table   【给每个 FinSH 的符号添加一段字符串描述】
[ ]    Disable the echo mode in default                【关闭回显】
(20)   The priority level value of finsh thread        【设置 FinSH 线程的优先级】
(4096) The stack size for finsh thread                 【设置 FinSH 线程的栈大小】
(80)   The command line size for shell                 【设置 FinSH 命令行长度，命令
和参数加起来的长度超过设定值后将无法输入】
[ ]    shell support authentication                    【开启权限验证功能】
[*]    Using module shell                              【开启 msh 模式】
[*]    Using module shell in default               【设置 msh 模式为默认模式】
[*]    Only using module shell                         【只使用 msh 模式】
(10)   The command arg num for shell                   【最大输入参数数量】
```

3.网络配置

进入组件配置（RT-Thread Components）子菜单的网络配置（Network）菜单，各配置选项如下所示：

```
Socket abstraction layer  --->                 【SAL 配置】
light weight TCP/IP stack  --->                【lwIP 配置】
Modbus master and slave stack  --->            【Modbus 配置】
AT commands  --->                              【AT 组件配置】
```

进入网络配置（Network）子菜单 SAL 层配置（Socket abstraction layer），可以看到 SAL 层具体的配置如下所示：

```
[*] Enable socket abstraction layer                【开启 SAL】
[*]    Enable BSD socket operated by file system API 【开启 BSD Socket】
(4)    the maximum number of protocol family         【最大支持的协议簇数量】
```

A.1.3 软件包配置

在使用软件包之前需要先在 menuconfig 中开启你想要操作的软件包。在线软件包配置菜单（RT-Thread online packages）各选项及说明如下所示，通过查看 help 菜单可以知道每个配置选项对应的宏定义。

```
IoT - internet of things  --->             【物联网相关的软件包】
security packages  --->                     【安全相关的软件包】
language packages  --->                     【脚本语言相关的软件包】
multimedia packages  --->                   【多媒体软件包】
tools packages  --->                        【工具类软件包】
system packages  --->                       【系统相关软件包】
peripheral libraries and drivers  --->      【外设库和驱动】
miscellaneous packages  --->                【其他的软件包】
```

A.1.4　Env 配置

新版本的 Env 工具中加入了自动更新软件包和自动生成 mdk/iar 工程的选项，默认是不开启的。可以使用 `menuconfig -s` 或者 `menconfig --setting` 命令来进行配置。Env 配置菜单各选项及说明如下所示。

```
[*] Auto update pkgs config                    【软件包自动更新功能】
[*] Auto create a mdk/iar project              【自动创建 MDK 或 IAR 工程功能】
Project type (MDK5)  --->                       【自动创建的工程类型】
[*] pkgs download using mirror server          【使用镜像服务器下载软件包】
```

❑ **软件包自动更新功能**：在退出 menuconfig 功能后，会自动使用 pkgs --update 命令来下载并安装软件包，同时删除旧的软件包。本功能在下载在线软件包时使用。

❑ **自动创建 MDK 或 IAR 工程功能**：当修改 menuconfig 配置后，必须输入 scons --taget=xyz 来重新生成工程。开启此功能，就会在退出 menuconfig 时，自动重新生成工程，无须手动输入 scons 命令来重新生成工程。

❑ **使用镜像服务器下载软件包**：由于大部分软件包目前均存放在 GitHub 上，所以在国内的特殊环境下，下载体验非常差。开启此功能，可以通过国内镜像服务器下载软件包，以便大幅提高软件包的下载速度和稳定性，减少更新软件包和 submodule 时的等待时间，提升下载体验。此功能现在默认开启。

附录 B
SCons 构建系统

B.1　SCons 简介

SCons 是一套由 Python 语言编写的开源构建系统，类似于 GNU Make。它通常采用不同于 Makefile 文件的方式，而是使用 SConstruct 和 SConscript 文件来替代。这些文件也是 Python 脚本，能够使用标准的 Python 语法来编写。所以在 SConstruct、SConscript 文件中可以调用 Python 标准库进行各类复杂的处理，而不局限于 Makefile 设定的规则。

在 SCons 的网站上可以找到详细的 SCons 用户手册，本附录讲述 SCons 的基本用法，以及如何在 RT-Thread 中用好 SCons 工具。

B.1.1　什么是构建工具

构建工具（software construction tool）是一种软件，它可以根据一定的规则或指令，将源代码编译成可执行的二进制程序。这是构建工具最基本也是最重要的功能。实际上构建工具的功能不止于此，通常这些规则有一定的语法，并组织成文件。这些文件用来控制构建工具的行为，在完成软件构建之外，也可以做其他事情。

目前最流行的构建工具是 GNU Make。很多知名开源软件，如 Linux 内核就采用 Make 构建。Make 通过读取 Makefile 文件来检测文件的组织结构和依赖关系，并完成 Makefile 中所指定的命令。

由于历史原因，Makefile 的语法比较混乱，不利于初学者学习。此外在 Windows 平台上使用 Make 也不方便，需要安装 Cygwin 环境。为了克服 Make 的种种缺点，人们开发了其他构建工具，如 CMake 和 SCons 等。

B.1.2　RT-Thread 构建工具

RT-Thread 早期使用 Make/Makefile 构建。从 0.3.x 开始，RT-Thread 开发团队逐渐引入了 SCons 构建系统，引入 SCons 的唯一目的是：使大家从复杂的 Makefile 配置、IDE 配置中脱离出来，把精力集中在 RT-Thread 功能开发上。

有些读者可能会有些疑惑，这里介绍的构建工具与 IDE 有什么不同呢？IDE 通过图形化界面的操作来完成构建。大部分 IDE 会根据用户所添加的源码生成类似 Makefile 或

SConscript 的脚本文件，在底层调用类似 Make 或 SCons 的工具来构建源码。

B.1.3　安装 SCons 环境

在使用 SCons 系统前需要在 PC 主机中安装它，因为它是 Python 语言编写的，所以在使用 SCons 之前需要安装 Python 运行环境。

RT-Thread 提供的 Env 配置工具带有 SCons 和 Python，因此在 Windows 平台上使用 SCons 则不需要安装这两个软件。

在 Linux、BSD 环境中应该已经默认安装了 Python，一般也是 2.x 版本系列的。这时只需要安装 SCons 即可，例如在 Ubuntu 中可以使用如下命令安装 SCons：

```
sudo apt-get install scons
```

B.2　SCons 基本功能

RT-Thread 构建系统支持多种编译器。目前支持的编译器包括 ARM GCC、MDK、IAR、Visual Studio、Visual DSP。主流的 ARM Cortex M0、M3、M4 平台，基本上 ARM GCC、MDK、IAR 都是支持的。有一些 BSP 可能仅支持一种，读者可以阅读该 BSP 目录下的 rtconfig.py 里的 CROSS_TOOL 选项查看当前支持的编译器。

如果是 ARM 平台的芯片，则可以使用 Env 工具，输入 scons 命令直接编译 BSP，这时候默认使用的是 ARM GCC 编译器，因为 Env 工具带有 ARM GCC 编译器。图 B-1 所示为使用 scons 命令编译 stm32f10x-HAL BSP，后面讲解 SCons 时也将基于这个 BSP。

图 B-1　使用 scons 命令编译 stm32f10x-HAL BSP

如果用户要使用其他 BSP 已经支持的编译器编译工程，或者 BSP 为非 ARM 平台的芯片，那么不能直接使用 scons 命令编译工程，需要自己安装对应的编译器，并且指定使用的编译器路径。在编译工程前，可以在 Env 命令行界面使用下面的 2 个命令指定编译器为 MDK 且编译器路径为 MDK 的安装路径。

```
set RTT_CC=keil
set RTT_EXEC_PATH= C:/Keilv5
```

SCons 基本命令

本节介绍 RT-Thread 中常用的 SCons 命令。SCons 不仅完成基本的编译，还可以生成 MDK/IAR/VS 工程。

1. scons

在 Env 命令行窗口进入要编译的 BSP 工程目录，然后使用此命令可以直接编译工程。如果执行过 scons 命令后修改了一些源文件，再次执行 scons 命令时，则 SCons 会进行增量编译，仅编译修改过的源文件并链接。

如果在 Windows 上执行 scons 输出以下的警告信息：

```
scons: warning: No version of Visual Studio compiler found - C/C++ compilers
most likely not set correctly.
```

说明 scons 并没在你的机器上找到 Visual Studio 编译器，但实际上我们主要是针对设备开发，和 Windows 本地没有关系，请直接忽略它。

scons 命令后面还可以增加一个 -s 参数，即命令 scons -s，和 scons 命令不同的是此命令不会打印具体的内部命令。

2. scons -c

清除编译目标。这个命令会清除执行 scons 时生成的临时文件和目标文件。

3. scons --target=XXX

如果使用 mdk/iar 来进行项目开发，当修改了 rtconfig.h 打开或者关闭某些组件时，需要使用以下命令中的其中一种重新生成对应的定制化工程，然后在 mdk/iar 进行编译下载。

```
scons --target=iar
scons --target=mdk4
scons --target=mdk5
```

在命令行窗口进入要编译的 BSP 工程目录，使用 scons --target=mdk5 命令后会在 BSP 目录生成一个新的 MDK 工程文件，名为 project.uvprojx。双击它打开，就可以使用 MDK 来编译、调试。使用 scons --target=iar 命令后则会生成一个新的 IAR 工程文件，名为 project.eww。不习惯 SCons 的用户可以使用这种方式。如果打开 project.uvproj 失败，请删除 project.uvopt 后，重新生成工程。

注意： 要生成 MDK 或者 IAR 的工程文件，前提条件是 BSP 目录存在一个工程模板文件，然后 scons 才会根据这份模板文件加入相关的源码、头文件搜索路径、编译参数、链接参数等。而至于这个工程是针对哪颗芯片的，则直接由这份工程模板文件指定。所以大多数情况下，这个模板文件是一份空的工程文件，用于辅助 SCons 生成 project.uvprojx 或者 project.eww。

在 bsp/simulator 下，可以使用下面的命令生成 vs2012 的工程或 vs2005 的工程。

```
scons --target=vs2012
Scons --target=vs2005
```

如果 BSP 目录下提供其他 IDE 工程的模板文件，也可以使用此命令生成对应的新工程，比如 ua、vs、cb、cdk。

这个命令后面同样可以增加一个 -s 参数，如命令 scons --target=mdk5 -s，执行此命令时不会打印具体的内部命令。

4. scons -jN

多线程编译目标，在多核计算机上可以使用此命令加快编译速度。一般来说，一个 cpu 核心可以支持两个线程。双核机器上使用 scons -j4 命令即可。

注意： 如果你只是想看看编译错误或警告，最好不使用 -j 参数，这样错误信息不会因为多个文件并行编译而导致出错信息夹杂在一起。

---

5. scons --verbose

默认情况下，使用 scons 命令编译的输出不会显示编译参数，如下所示：

```
D:\repository\rt-thread\bsp\stm32f10x>scons
scons: Reading SConscript files ...
scons: done reading SConscript files.
scons: Building targets ...
scons: building associated VariantDir targets: build
CC build\applications\application.o
CC build\applications\startup.o
CC build\components\drivers\serial\serial.o
...
```

使用 scons –verbose 命令的效果如下：

```
armcc -o build\src\mempool.o -c --device DARMSTM --apcs=interwork -ID:/Keil/
ARM/
    RV31/INC -g -O0 -DUSE_STDPERIPH_DRIVER -DSTM32F10X_HD -Iapplications -IF:\
Projec
    t\git\rt-thread\applications -I. -IF:\Project\git\rt-thread -Idrivers -IF:\
Proje
    ct\git\rt-thread\drivers -ILibraries\STM32F10x_StdPeriph_Driver\inc -IF:\
Project
    \git\rt-thread\Libraries\STM32F10x_StdPeriph_Driver\inc -ILibraries\STM32_
```

```
USB-FS
   -Device_Driver\inc  -IF:\Project\git\rt-thread\Libraries\STM32_USB-FS-Device_
Driv
   er\inc  -ILibraries\CMSIS\CM3\DeviceSupport\ST\STM32F10x  -IF:\Project\git\rt-
thre
   ...
```

B.3　SCons 进阶

SCons 使用 SConscript 和 SConstruct 文件来组织源码结构，通常来说一个项目只有一个 SConstruct，但是会有多个 SConscript。一般情况下，每个存放有源代码的子目录下都会放置一个 SConscript。

为了使 RT-Thread 更好地支持多种编译器，以及方便地调整编译参数，RT-Thread 为每个 BSP 单独创建了一个名为 rtconfig.py 的文件。因此每一个 RT-Thread BSP 目录下都会存在 3 个文件，即 rtconfig.py、SConstruct 和 SConscript，它们控制 BSP 的编译。一个 BSP 中只有一个 SConstruct 文件，但是却会有多个 SConscript 文件，可以说 SConscript 文件是组织源码的主力军。

RT-Thread 大部分源码文件夹下也存在 SConscript 文件，这些文件会被 BSP 目录下的 SConscript 文件"找到"从而将 rtconfig.h 中定义的宏对应的源代码加入到编译器中来。后面将以 stm32f10x-HAL BSP 为例，讲解 SCons 是如何构建工程的。

B.3.1　SCons 内置函数

如果想要将自己的一些源代码加入到 SCons 编译环境中，一般可以创建或修改已有 SConscript 文件。SConscript 文件可以控制源码文件的加入，并且可以指定文件的 Group（与 MDK/IAR 等 IDE 中的 Group 的概念类似）。

SCons 提供了很多内置函数可以帮助我们快速添加源码程序，利用这些函数，再配合一些简单的 Python 语句，我们就能随心所欲地向项目中添加或者删除源码。下面将简单介绍一些常用函数。

1. GetCurrentDir()
获取当前路径

2. Glob('*.c')
获取当前目录下的所有 C 文件。修改参数的值为其他后缀就可以匹配当前目录下的所有某类型的文件。

3. GetDepend(macro)
该函数定义在 tools/ 目录下的脚本文件中，它会从 rtconfig.h 文件读取配置信息，其参数为 rtconfig.h 中的宏名。如果 rtconfig.h 打开了某个宏，则这个方法（函数）返回真，否则返回假。

4. Split(str)

将字符串 str 分割成一个列表 list。

5. DefineGroup(name，src，depend，**parameters)

这是 RT-Thread 基于 SCons 扩展的一个方法（函数）。DefineGroup 用于定义一个组件。组件可以是一个目录或者一个目录下的文件或子目录，也是可以后续一些 IDE 工程文件中的一个 Group 或文件夹。参数描述见表 B-1。

表 B-1　DefineGroup() 函数的参数

参数	描述
name	Group 的名字
src	Group 中包含的文件，一般指的是 C/C++ 源文件。方便起见，也能够通过 Glob 函数采用通配符的方式列出 SConscript 文件所在目录中匹配的文件
depend	Group 编译时所依赖的选项（例如 FinSH 组件依赖于 RT_USING_FINSH 宏定义）。编译选项一般指 rtconfig.h 中定义的 RT_USING_xxx 宏。当在 rtconfig.h 配置文件中定义了相应宏时，那么这个 Group 才会被加入到编译环境中进行编译。如果依赖的宏并没在 rtconfig.h 中被定义，那么这个 Group 将不会被加入编译。类似的，在使用 scons 生成为 IDE 工程文件时，如果依赖的宏未被定义，相应的 Group 也不会在工程文件中出现
parameters	配置其他参数，可取值见表 B-2，实际使用时不需要配置所有参数

表 B-2　parameters 可加入的参数

参数	描述
CCFLAGS	C 源文件编译参数
CPPPATH	头文件路径
CPPDEFINES	链接时参数
LIBRARY	包含此参数，则会将组件生成的目标文件打包成库文件

6. SConscript(dirs，variant_dir，duplicate)

读取新的 SConscript 文件，参数如表 B-3 所示。

表 B-3　SConscript() 函数的参数

参数	描述
dirs	SConscript 文件路径
variant_dir	指定生成的目标文件的存放路径
duiplicate	设定是否复制或链接源文件到 variant_dir

B.3.2　SConscript 示例

我们先从 stm32f10x-HAL BSP 目录下的 SConcript 文件开始讲解，这个文件管理 BSP 下面的所有其他 SConscript 文件，内容如下所示。

```
import os
cwd = str(Dir('#'))
```

```
objs = []
list = os.listdir(cwd)
for d in list:
    path = os.path.join(cwd, d)
        if os.path.isfile(os.path.join(path, 'SConscript')):
            objs = objs + SConscript(os.path.join(d, 'SConscript'))
Return('objs')
```

`import os` 导入 Python 系统编程 os 模块，可以调用 os 模块提供的函数用于处理文件和目录。

`cwd = str(Dir('#'))` 获取工程的顶级目录并赋值给字符串变量 cwd，也就是工程的 SConstruct 所在的目录，在这里它的效果与 `cwd = GetCurrentDir()` 相同。`objs = []` 定义了一个空的 list 型变量 objs。

`list = os.listdir(cwd)` 得到当前目录下的所有子目录，并保存到变量 list 中。

随后是一个 python 的 for 循环，这个 for 循环会遍历一遍 BSP 的所有子目录并运行这些子目录的 SConscript 文件。具体操作是取出一个当前目录的子目录，利用 os.path.join（cwd，d）拼接成一个完整路径，然后判断这个子目录中是否存在一个名为 SConscript 的文件，若存在则执行 objs = objs + SConscript(os.path.join(d, 'SConscript'))。这一句中使用了 SCons 提供的一个内置函数 SConscript()，它可以读入一个新的 SConscript 文件，并将 SConscript 文件中所指明的源码加入到源码编译列表 objs 中。

通过这个 SConscript 文件，BSP 工程所需的源代码就被加入编译列表中。

1. SConscript 示例 1

那么 stm32f10x-HAL BSP 其他的 SConcript 文件又是怎样的呢？我们看一下 drivers 目录下的 SConcript 文件，该文件将管理 drivers 目录下面的源代码。drivers 目录用于存放根据 RT-Thread 提供的驱动框架实现的底层驱动代码。SConcript 文件内容如代码清单 B-1 所示。

代码清单B-1 SConscript示例1

```
Import('rtconfig')
from building import *

cwd = GetCurrentDir()

# add the general drivers.
src = Split("""
board.c
stm32f1xx_it.c
""")

if GetDepend(['RT_USING_PIN']):
    src += ['drv_gpio.c']
if GetDepend(['RT_USING_SERIAL']):
    src += ['drv_usart.c']
if GetDepend(['RT_USING_SPI']):
```

```
    src += ['drv_spi.c']
if GetDepend(['RT_USING_USB_DEVICE']):
    src += ['drv_usb.c']
if GetDepend(['RT_USING_SDCARD']):
    src += ['drv_sdcard.c']

if rtconfig.CROSS_TOOL == 'gcc':
    src += ['gcc_startup.s']

CPPPATH = [cwd]

group = DefineGroup('Drivers', src, depend = [''], CPPPATH = CPPPATH)

Return('group')
```

Import('rtconfig')：导入 rtconfig 对象，后面用到的 rtconfig.CROSS_TOOL 定义在这个 rtconfig 模块。

from building import *：把 building 模块的所有内容全都导入到当前模块，后面用到的 DefineGroup 定义在这个模块。

cwd = GetCurrentDir()：获得当前路径并保存到字符串变量 cwd 中。

后面使用 Split() 函数来将一个文件字符串分割成一个列表，其效果等价于

src = ['board.c', ' stm32f1xx_it.c ']

然后使用了 if 判断和 GetDepend() 检查 rtconfig.h 中的某个宏是否打开，如果打开，则使用 src += [src_name] 来向列表变量 src 中追加源代码文件。

CPPPATH = [cwd]：将当前路径保存到一个列表变量 CPPPATH 中。

最后一行使用 DefineGroup 创建一个名为 Drivers 的组，这个组也就对应 MDK 或者 IAR 中的分组。这个组的源代码文件为 src 指定的文件，depend 为空表示该组不依赖任何 rtconfig.h 的宏。 CPPPATH = CPPPATH 表示将当前路径添加到系统的头文件路径中。左边的 CPPPATH 是 DefineGroup 中内置参数，表示头文件路径。右边的 CPPPATH 是本文件上面一行定义的。这样我们就可以在其他源码中引用 drivers 目录下的头文件了。

2. SConscript 示例 2

我们再看一下 applications 目录下的 SConcript 文件，这个文件将管理 applications 目录下面的源代码，用于存放用户自己的应用代码。SConcript 文件内容如代码清单 B-2 所示。

代码清单B-2　SConscript示例1

```
from building import *

cwd = GetCurrentDir()
src = Glob('*.c')
CPPPATH = [cwd, str(Dir('#'))]

group = DefineGroup('Applications', src, depend = [''], CPPPATH = CPPPATH)

Return('group')
```

`src = Glob('*.c')`：得到当前目录下所有的 C 文件。

`CPPPATH = [cwd, str(Dir('#'))]`：将当前路径和工程的 SConstruct 所在的路径保存到列表变量 CPPPATH 中。

最后一行使用 DefineGroup 创建一个名为 Applications 的组。这个组的源代码文件为 src 指定的文件，depend 为空表示该组不依赖任何 rtconfig.h 的宏，并将 CPPPATH 保存的路径添加到了系统头文件搜索路径中。这样 applications 目录和 stm32f10x-HAL BSP 目录里面的头文件在源代码的其他地方就可以引用了。

这个源程序会将当前目录下的所有 C 程序加入到组 Applications 中，因此如果在这个目录下增加或者删除文件，就可以将文件加入到工程中或者从工程中删除。它适用于批量添加源码文件。

3. SConscript 示例 3

下面是 RT-Thread 源代码 component/finsh/SConscript 文件的内容，这个文件将管理 finsh 目录下面的源代码，SConcript 文件内容如代码清单 B-3 所示。

代码清单B-3　SConscript示例3

```
Import('rtconfig')
from building import *

cwd     = GetCurrentDir()
src     = Split('''
shell.c
symbol.c
cmd.c
''')

fsh_src = Split('''
finsh_compiler.c
finsh_error.c
finsh_heap.c
finsh_init.c
finsh_node.c
finsh_ops.c
finsh_parser.c
finsh_var.c
finsh_vm.c
finsh_token.c
''')

msh_src = Split('''
msh.c
msh_cmd.c
msh_file.c
''')

CPPPATH = [cwd]
if rtconfig.CROSS_TOOL == 'keil':
```

```
        LINKFLAGS = ' --keep *.o(FSymTab)'

        if not GetDepend('FINSH_USING_MSH_ONLY'):
            LINKFLAGS = LINKFLAGS + ' --keep *.o(VSymTab) '
    else:
        LINKFLAGS = ''

    if GetDepend('FINSH_USING_MSH'):
        src = src + msh_src
    if not GetDepend('FINSH_USING_MSH_ONLY'):
        src = src + fsh_src

    group = DefineGroup('finsh', src, depend = ['RT_USING_FINSH'], CPPPATH =
CPPPATH, LINKFLAGS = LINKFLAGS)

    Return('group')
```

我们来看一下文件中第一个 Python 条件判断语句的内容，如果编译工具是 keil，则变量 LINKFLAGS = ' --keep *.o(FSymTab)'，否则置空。

DefinGroup 同样将 finsh 目录下的 src 指定的文件创建为 finsh 组。depend = ['RT_USING_FINSH'] 表示这个组依赖 rtconfig.h 中的宏 RT_USING_FINSH。当 rtconfig.h 中打开宏 RT_USING_FINSH 时，finsh 组内的源码才会被实际编译，否则 SCons 不会编译。

然后将 finsh 目录加入到系统头文件目录中，这样我们就可以在其他源码中引用 finsh 目录下的头文件。

LINKFLAGS = LINKFLAGS 的含义与 CPPPATH = CPPPATH 类似。左边的 LINKFLAGS 表示链接参数，右边的 LINKFLAGS 则是前面 if else 语句所定义的值。也就是给工程指定链接参数。

B.4　使用 SCons 管理工程

前面小节对 RT-Thread 源代码的相关 SConscript 做了详细讲解，大家也应该知道了 SConscript 文件的一些常见写法，本小节将指导大家如何使用 SCons 管理自己的工程。

B.4.1　添加应用代码

前文提到过 BSP 下的 Applications 文件夹用于存放用户自己的应用代码，目前只有一个 main.c 文件。如果用户的应用代码不是很多，建议相关源文件都放在这个文件夹下面。在 Applications 文件夹下新增了 2 个简单的文件 hello.c 和 hello.h，内容如代码清单 B-4 所示。

代码清单B-4　hello.c和hello.h内容

```
/* file: hello.h */

#ifndef _HELLO_H_
```

```
#define _HELLO_H_

int hello_world(void);

#endif /* _HELLO_H_ */

/* file: hello.c */
#include <stdio.h>
#include <finsh.h>
#include <rtthread.h>

int hello_world(void)
{
    rt_kprintf("Hello, world!\n");

    return 0;
}

MSH_CMD_EXPORT(hello_world, Hello world!)
```

Applications 目录下的 SConcript 文件会把当前目录下的所有源文件都添加到工程中。需要使用 scons --target=xxx 命令才会把新增的 2 个文件添加到工程项目中。注意每次新增文件都要重新生成工程。

B.4.2　添加模块

前文提到，在自己源代码文件不多的情况下，建议所有源代码文件都放在 applications 文件夹里面。如果用户源代码很多，并且想创建自己的工程模块，或者需要使用自己获取的其他模块，怎么做会比较合适呢？

同样以上文提到的 hello.c 和 hello.h 为例，这两个文件将会放到一个单独的文件夹里管理，并且在 MDK 工程文件里有自己的分组，且可以通过 menuconfig 选择是否使用这个模块。在 BSP 下新增 hello 文件夹，如图 B-2 所示

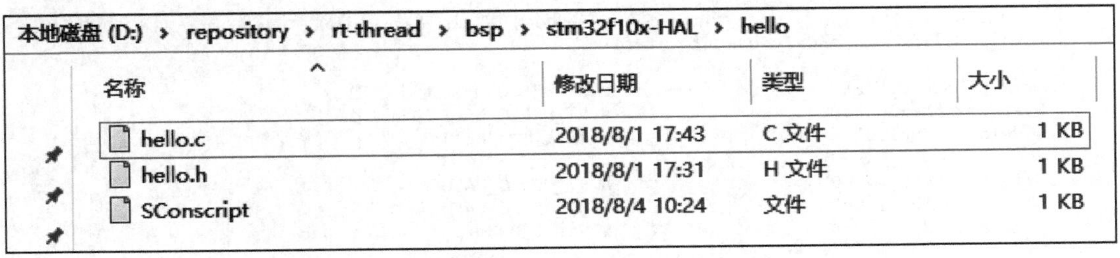

图 B-2　新增 hello 文件夹

大家注意到文件夹里多了一个 SConscript 文件，如果想要将自己的一些源代码加入到 SCons 编译环境中，一般可以创建或修改已有的 SConscript 文件。参考上文对 RT-Thread 源代码和对 SConscript 文件的分析，这个新增的 hello 模块 SConscript 文件内容如代码清

单 B-5 所示。

代码清单B-5　hello模块的SConscript文件内容

```
from building import *

cwd          = GetCurrentDir()
include_path = [cwd]
src          = []

if GetDepend(['RT_USING_HELLO']):
    src += ['hello.c']

group = DefineGroup('hello', src, depend = [''], CPPPATH = include_path)

Return('group')
```

通过上面几行简单的代码，就创建了一个新组 hello，并且可以通过宏定义控制要加入到组里面的源文件，还将这个组所在的目录添加到了系统头文件路径中。那么自定义宏 RT_USING_HELLO 又是通过怎样的方式定义的呢？这里要介绍一个新的文件 Kconfig。Kconfig 用来配置内核，使用 Env 配置系统时使用的 menuconfig 命令生成的配置界面就依赖 Kconfig 文件。menuconfig 命令通过读取工程的各个 Kconfig 文件，生成配置界面供用户配置内核，最后所有配置相关的宏定义都会自动保存到 BSP 目录里的 rtconfig.h 文件中，每一个 BSP 都有一个 rtconfig.h 文件，也就是这个 BSP 的配置信息。

在 stm32f10x-HAL BSP 目录下已经有了关于这个 BSP 的 Kconfig 文件，我们可以基于这个文件添加自己需要的配置选项。关于 hello 模块添加了如下配置选项，如图 B-3 所示，# 号后面为注释。

```
menu "hello module"                              # 菜单 hello module

    config RT_USING_HELLO                        # RT_USING_HELLO配置选项
        bool "Enable hello module"               # RT_USING_HELLO类型为 bool，选中值为 y,不选中值为 n
        default y                                # 默认选中
        help                                     # 菜单选中 help 后显示的提示信息，解释配置选项的含义
        this hello module only used for test

    config RT_HELLO_NAME                         # RT_HELLO_NAME配置选项
        string "hello name"                      # RT_HELLO_NAME类型为字符串
        default "hello"                          # 默认值为"hello"

    config RT_HELLO_VALUE                        # RT_HELLO_VALUE配置选项
        int "hello value"                        # RT_HELLO_VALUE类型为 int
        default 8                                # 默认值为8

endmenu
```

图 B-3　hello 模块相关配置选项

使用 Env 工具进入 stm32f10x-HAL BSP 目录后，使用 menuconfig 命令在主页面最下面就可以看到新增的 hello 模块的配置菜单，进入菜单后如图 B-4 所示。

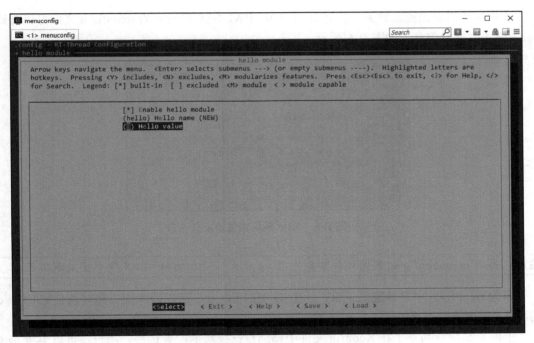

图 B-4　hello 模块配置菜单

还可以修改 hello value 的值，如图 B-5 所示。

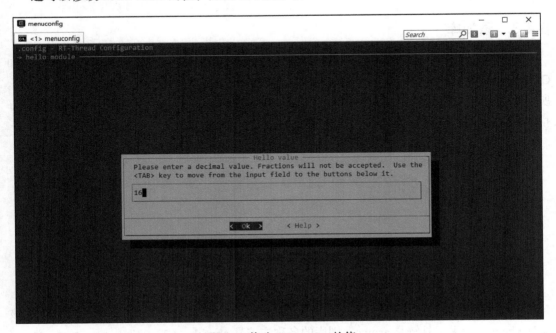

图 B-5　修改 hello value 的值

保存配置后退出配置界面，打开 stm32f10x-HAL BSP 目录下的 rtconfig.h 文件可以看到 hello 模块的配置信息，如图 B-6 所示。

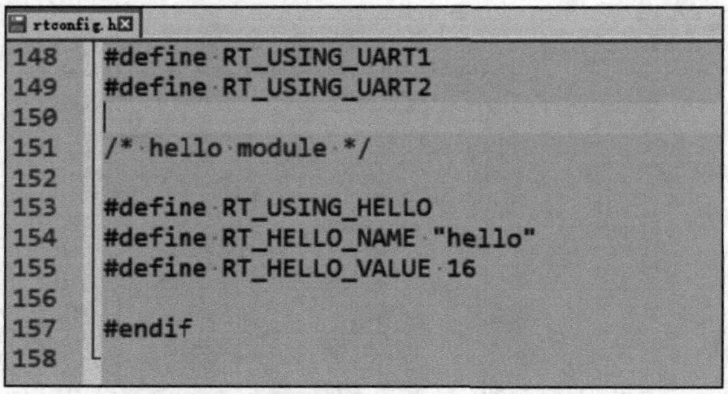

```
rtconfig.h
148    #define RT_USING_UART1
149    #define RT_USING_UART2
150
151    /* hello module */
152
153    #define RT_USING_HELLO
154    #define RT_HELLO_NAME "hello"
155    #define RT_HELLO_VALUE 16
156
157    #endif
158
```

图 B-6　hello 模块相关宏定义

注意：每次 menuconfig 配置完成后都要使用 `scons --target=XXX` 命令生成新工程。

因为 rtconfig.h 中已经定义了 RT_USING_HELLO 宏，所以新生成工程时就会把 hello.c 的源文件添加到新工程中。

上面只是简单列举了在 Kconfig 文件中添加自己模块的配置选项，用户还可以参考 Env 使用手册，里面也有对配置选项进行修改和添加的讲解，也可以自己百度搜索 Kconfig 的相关文档，实现其他更复杂的配置选项。

B.4.3　添加库

如果要向工程中添加一个额外的库，需要注意不同的工具链对二进制库的命名。例如 GCC 工具链，它识别的是 libabc.a 这样的库名称，在指定库时是指定 abc，而不是 libabc。所以在链接额外库时需要在 SConscript 文件中特别注意。另外，在指定额外库时，也最好指定相应的库搜索路径，以下是一个示例：

```
Import('rtconfig')
from building import *

cwd = GetCurrentDir()
src = Split('''
''')

LIBPATH = [cwd + '/libs']
LIBS = ['abc']

group = DefineGroup('ABC', src, depend = [''], LIBS = LIBS, LIBPATH=LIBPATH)
```

LIBPATH 指定库的路径，LIBS 指定库的名称。如果工具链是 GCC，则库的名称应该是 libabc.a；如果工具链是 armcc，则库的名称应该是 abc.lib。LIBPATH = [cwd + '/

libs'] 表示库的搜索路径是当前目录下的 'libs' 目录。

B.4.4　编译器选项

rtconfig.py 是一个 RT-Thread 标准的编译器配置文件，它控制大部分编译选项，是一个使用 python 语言编写的脚本文件，主要用于完成以下工作：

❑ 指定编译器（从支持的多个编译器中选择一个你现在使用的编译器）。

❑ 指定编译器参数，如编译选项、链接选项等。

当我们使用 scons 命令编译工程时，就会按照 rtconfig.py 的编译器配置选项编译工程。代码清单 B-6 所示为 stm32f10x-HAL BSP 目录下 rtconfig.py 的部分代码。

代码清单B-6　rtconfig.py部分代码

```python
import os

# toolchains options
ARCH='arm'
CPU='cortex-m3'
CROSS_TOOL='gcc'

if os.getenv('RTT_CC'):
    CROSS_TOOL = os.getenv('RTT_CC')

# cross_tool provides the cross compiler
# EXEC_PATH is the compiler execute path, for example, CodeSourcery, Keil
MDK, IAR

if  CROSS_TOOL == 'gcc':
    PLATFORM    = 'gcc'
    EXEC_PATH   = '/usr/local/gcc-arm-none-eabi-5_4-2016q3/bin/'
elif CROSS_TOOL == 'keil':
    PLATFORM    = 'armcc'
    EXEC_PATH   = 'C:/Keilv5'
elif CROSS_TOOL == 'iar':
    PLATFORM    = 'iar'
     EXEC_PATH      = 'C:/Program Files/IAR Systems/Embedded Workbench 6.0
Evaluation'

if os.getenv('RTT_EXEC_PATH'):
    EXEC_PATH = os.getenv('RTT_EXEC_PATH')

BUILD = 'debug'

if PLATFORM == 'gcc':
    # toolchains
    PREFIX = 'arm-none-eabi-'
    CC = PREFIX + 'gcc'
    AS = PREFIX + 'gcc'
    AR = PREFIX + 'ar'
    LINK = PREFIX + 'gcc'
```

```
TARGET_EXT = 'elf'
SIZE = PREFIX + 'size'
OBJDUMP = PREFIX + 'objdump'
OBJCPY = PREFIX + 'objcopy'

DEVICE = ' -mcpu=cortex-m3 -mthumb -ffunction-sections -fdata-sections'
CFLAGS = DEVICE
AFLAGS = ' -c' + DEVICE + ' -x assembler-with-cpp'
 LFLAGS = DEVICE + ' -Wl,--gc-sections,-Map=rtthread-stm32.map,-cref,-
u,Reset_Handler -T stm32_rom.ld'
```

其中 CFLAGS 是 C 文件的编译选项，AFLAGS 则是汇编文件的编译选项，LFLAGS 是链接选项。BUILD 变量控制代码优化的级别。默认 BUILD 变量取值为' debug '，即使用 debug 方式编译，优化级别 0。如果将这个变量修改为其他值，就会使用优化级别 2 编译。下面几种都是可行的写法（总之只要不是' debug '就可以了）。

```
BUILD = ''
BUILD = 'release'
BUILD = 'hello, world'
```

建议在开发阶段都使用 debug 方式编译，不开优化，等产品稳定之后再考虑优化。

关于这些选项的具体含义需要参考编译器手册，如上面使用的 armcc 是 MDK 的底层编译器。其编译选项的含义在 MDK help 中有详细说明。

前文提到过，如果用户执行 scons 命令时希望使用其他编译器编译工程，可以在 Env 的命令行端使用相关命令指定编译器和编译器路径。但是这样修改只对当前的 Env 进程有效，再次打开时又需要重新使用命令设置，我们可以直接修改 rtconfig.py 文件达到永久配置编译器的目的。一般来说，我们只需要修改 CROSS_TOOL 和 EXEC_PATH 两个选项。

❑ CROSS_TOOL：指定编译器。可选的值有 keil、gcc、iar，浏览 rtconfig.py 可以查看当前 BSP 所支持的编译器。如果您的机器上安装了 MDK，那么可以将 CROSS_TOOL 修改为 keil，则使用 MDK 编译工程。

❑ EXEC_PATH：编译器的安装路径。这里有两点需要注意：

❑ 安装编译器时（如 MDK、GNU GCC、IAR 等），不要安装到带有中文或者空格的路径中。否则，某些解析路径时会出现错误。有些程序默认会安装到 C:\Program Files 目录下，中间带有空格。建议安装时选择其他路径，养成良好的开发习惯。

❑ 修改 EXEC_PATH 时，需要注意路径的格式。在 Windows 平台上，默认的路径分割符号是反斜杠"\"，而这个符号在 C 语言以及 Python 中都是转义字符。所以修改路径时，可以将"\"改为"/"，或者在前面加 r (python 特有的语法，表示原始数据)。假如某编译器安装位置为 D:\Dir1\Dir2 下。下面几种是正确的写法：

❑ EXEC_PATH = r'D:\Dir1\Dir2' 注意，字符串前带有 r，则可正常使用"\"。

❑ EXEC_PATH = 'D:/Dir1/Dir2' 注意，改用"/"，前面没有 r。

❑ EXEC_PATH = 'D:\\Dir1\\Dir2' 注意，这里使用"\"的转义性来转义"\"

自己。

这是错误的写法：EXEC_PATH = 'D:\Dir1\Dir2'。

如果 rtconfig.py 文件中有以下代码，在配置自己的编译器时请将下列代码注释掉。

```
if os.getenv('RTT_CC'):
    CROSS_TOOL = os.getenv('RTT_CC')
... ...
if os.getenv('RTT_EXEC_PATH'):
    EXEC_PATH = os.getenv('RTT_EXEC_PATH')
```

上面两个 if 判断会设置 CROSS_TOOL 和 EXEC_PATH 为 Env 的默认值。

编译器配置完成之后，我们就可以使用 SCons 来编译 RT-Thread 的 BSP 了。在 BSP 目录打开命令行窗口，执行 scons 命令就会启动编译过程。

B.4.5 RT-Thread 辅助编译脚本

在 RT-Thread 源代码的 tools 目录下有 RT-Thread 自己定义的一些辅助编译的脚本，例如用于自动生成 RT-Thread 针对一些 IDE 集成开发环境的工程文件。其中最主要的是 building.py 脚本。

B.4.6 SCons 的更多使用

对于复杂、大型的系统，显然不仅仅是一个目录下的几个文件就可以搞定的，很可能是由数个文件夹一级一级组合而成的。

在 SCons 中，可以编写 SConscript 脚本文件来编译这些相对独立目录中的文件，同时也可以使用 SCons 中的 Export 和 Import 函数在 SConstruct 与 SConscript 文件之间共享数据（也就是 Python 中的一个对象数据）。更多 SCons 的使用方法请参考 SCons 官方文档。

推荐阅读

RT-Thread内核实现与应用开发实战指南：基于STM32

作者：刘火良 杨森 编著 书号：978-7-111-61366-4 定价：99.00元

深入剖析RT-Thread内核实现，详解各个组件如何使用。由浅入深，配套野火STM32全系列开发板，提供完整源代码，极具可操作性。超越了个别工具或平台。任何从事大数据系统工作的人都需要阅读。

推荐阅读

ARC EM处理器嵌入式系统开发与编程

作者：雷鑑铭 等 ISBN：978-7-111-51778-8 定价：45.00元

本书以实际的嵌入式系统产品应用与开发为主线，力求透彻讲解开发中所涉及的庞大而复杂的相关知识。书中第1~5章为基础篇，介绍了ARC嵌入式系统的基础知识和开发过程中需要的一些理论知识，具体包括ARC嵌入式系统简介、ARC EM处理器介绍、ARC EM编程模型、中断及异常处理、汇编语言程序设计以及C/C++与汇编语言的混合编程等内容。第6~9章为实践篇，介绍了建立嵌入式开发环境、搭建嵌入式硬件开发平台及开发案例，具体包括ARCEM处理器的开发及调试环境、MQX实时操作系统、EM Starter Kit FPGA开发板介绍以及嵌入式系统应用实例开发等内容。第10~11章介绍了ARC EM处理器特有的可配置及可扩展APEX属性，以及如何在处理器设计中利用这种可配置及可扩展性实现设计优化。书中附录包含了本书涉及的指令、专业词汇的缩写及其详尽解释。

射频微波电路设计

作者：陈会 张玉兴 ISBN：978-7-111-49287-0 定价：45.00元

本书讲述了广泛应用于无线通信、雷达、遥感遥测等现代电子系统中的射频微波电路，通过大量实例阐述了经典射频微波电路的设计方法与步骤，主要内容涉及射频微波电路概论、

传输线基本理论与散射参数、射频CAD基础、射频微波滤波器、放大器、功分器与合成器、天线等。同时，针对近年来出现的一些新型微带电路与技术也进行了介绍与讨论，主要包括：微带/共面波导（CPW）、微带/槽线波导、基片集成波导（SIW）等双面印制板电路。因此，本书不仅适合于无线通信与雷达等电子技术相关专业的本科生与研究生作为教材使用，而且也可以作为各种从事电子技术相关工作的专业人士的参考书。

电子元器件的可靠性

作者：王守国 ISBN：978-7-111-47170-7 定价：49.00元

本书从可靠性基本概念、可靠性科学研究的主要内容出发，给出可靠性数学的基础知识，讨论威布尔分布的应用；通过电子元器件的可靠性试验，如筛选试验、寿命试验、鉴定试验等内容，诠释可靠性物理的核心知识。接着，详细介绍电子元器件的类型、失效模式和失效分析等，阐述电子元器件的可靠性应用。最后，着重介绍器件的生产制备和可靠性保证等可靠性管理的内容。本书内容立足于专业基础，结合数理统计等数学工具，实用性强，旨在帮助读者掌握可靠性科学的理论工具，以及电子元器件可靠性应用的工程技术，提高实际操作能力。

解读物联网

作者：吴功宜 吴英 ISBN：978-7-111-52150-1 定价：79.00元

本书采用"问/答"形式，针对物联网学习者常见的困惑和问题进行解答。通过全书300多个问题，辅以400余幅插图以及大量的数据、表格，深度解析了物联网的背景知识和疑难问题，帮助学习者理解物联网的方方面面。

物联网设备安全

作者：Nitesh Dhanjani 等 ISBN：978-7-111-55866-8 定价：69.00元

未来，几十亿互联在一起的"东西"蕴含着巨大的安全隐患。本书向读者展示了恶意攻击者是如何利用当前市面上流行的物联网设备（包括无线LED灯泡、电子锁、婴儿监控器、智能电视以及联网汽车等）实施攻击的。

从M2M到物联网：架构、技术及应用

作者：Jan Holler 等 ISBN：978-7-111-54182-0 定价：69.00元

本书由长期从事M2M和物联网领域研发的技术和商务专家撰写，他们致力于从不同视角勾画出一个完整的物联网技术体系架构。书中全面而又详实地论述了M2M和物联网通信与服务的关键技术，以及向物联网演进的过程中所要应对的挑战与需求，同时还介绍了主要的国际标准和一些业界最新研究成果。本书在强调概念的同时，通过范例讲解概念和相关的技术，力求进行深入浅出的阐明和论述。